普通高等院校机械类"十三五"规划教材

U0296899

工程材料与金属热加工

主　编　王斌武　魏　真

副主编　韩兴国　陈进武　毕明华

西南交通大学出版社

·成　都·

图书在版编目（ＣＩＰ）数据

工程材料与金属热加工 / 王斌武，魏真主编. 一成
都：西南交通大学出版社，2019.8
普通高等院校机械类"十三五"规划教材
ISBN 978-7-5643-7117-3

Ⅰ．①工… Ⅱ．①王… ②魏… Ⅲ．①工程材料－高
等学校－教材②热加工－高等学校－教材 Ⅳ．①TB3
③TG306

中国版本图书馆 CIP 数据核字（2019）第 186440 号

普通高等院校机械类"十三五"规划教材

Gongcheng Cailiao yu Jinshu Rejiagong

工程材料与金属热加工

主 编／王斌武　魏　真

责任编辑／李华宇
封面设计／何东琳设计工作室

西南交通大学出版社出版发行

（四川省成都市金牛区二环路北一段 111 号西南交通大学创新大厦 21 楼　610031）
发行部电话：028-87600564　028-87600533
网址：http://www.xnjdcbs.com
印刷：成都中永印务有限责任公司

成品尺寸　185 mm×260 mm
印张　20.75　字数　515 千
版次　2019 年 8 月第 1 版　印次　2019 年 8 月第 1 次

书号　ISBN 978-7-5643-7117-3
定价　53.50 元

前　言

随着科学技术的发展，新材料和新技术不断涌现，加上经济社会的发展和"中国制造 2025"战略对人才所需具备的知识和能力的要求，这就对高等教育教学提出了新的更高的要求。

本书为机械类和近机类专业的一门专业基础课教材。本书是结合教育部首批新工科研究与实践项目、广西本科高校特色专业及实验实训教学基地（中心）建设项目、桂林航天工业学院教育教学改革研究等项目的部分成果，在广泛借鉴国内外教材编写方法和思路的基础上，又结合了近几年教学实践的情况编写而成的。本书采用项目与模块的方式编写，共分为 12 个项目，主要包括金属材料的性能、金属的结构与结晶、铁碳合金相图、钢的热处理、工业用钢、铸铁、非铁金属、其他常用工程材料、铸造、压力加工、焊接、工程材料的选用与毛坯的选择等内容。

本书内容精炼实用，图文并茂，操作性强。

（1）为便于教师和学习者使用，在每个项目中设有学习目标与技能要求、教学提示、案例导入栏目内容，供教学参考。

（2）在每个项目中的知识与技能模块、技能训练等内容中，兼顾本课程的性质，精炼知识和技能的要点，注重培养学生的创新思维及工程应用能力。

（3）为激发学生的好奇心和求知欲，加强学生的阅读能力，培养学生良好的阅读习惯，在每个项目中开设了知识广场栏目，用以介绍相关的一些学科前沿知识。

（4）学习小结栏目是对本项目知识要点的总结，为学生复习和自学提供方便。在综合能力训练栏目中附有一定量的不同题型的自测习题，便于巩固所学内容。

为使本书的适应性更广，在内容方面有较大的选择余地，与以往出版的常见的此类教材相比，增加了铸造、压力加工、焊接和工程材料的选用与毛坯的选择等内容，不同专业可根据需要及课时要求选择适当内容进行讲授。

本书由桂林航天工业学院王斌武、魏真担任主编，韩兴国、陈进武、毕明华担任副主编。全书由王斌武统稿，孙艳华老师协助整理。

具体编写分工为：韩兴国编写项目 1、4、6；陈进武编写项目 3、5；魏真编写项目 7、8、11；毕明华编写项目 2、9；王斌武编写项目 10、12。

本书在编写过程中，参考了《工程材料及热处理》《工程材料与热加工技术》等多本教材，在此向所涉及的作者表示诚挚的谢意。

由于编者水平有限，书中难免存在不足之处，敬请广大读者斧正。

编　者

2019 年 7 月

目　录

项目 1　金属材料的性能

【学习目标与技能要求】

（1）掌握金属材料的力学性能指标及其含义与测试方法。
（2）熟悉金属材料的工艺性能。
（3）了解金属材料的物理性能、化学性能。

【教学提示】

　　了解工程材料的分类、性能及测试方法。重点了解工程材料的力学性能指标和测试方法，以及各个指标的物理意义。设计零件和选择材料时要考虑零件的工作环境，根据零件或材料承受的载荷情况重点考虑某些力学性能指标。

【案例导入】

　　工程上所用的各种金属材料、非金属材料和复合材料统称为工程材料。迄今为止，人类发现和使用的材料种类繁多，但应用最多的还是金属材料。金属材料在工业生产中被广泛应用的最主要原因是它具有良好的性能。为了便于材料的生产、应用与管理，也为了便于材料的研究与开发，有必要对材料进行分类并研究其性能。力学性能不仅是机械零件设计、选材、验收、鉴定的主要依据，还是对产品加工过程实行质量控制的重要参数。因此，熟悉金属材料的力学性能具有重要意义。

　　金属材料的性能包括使用性能和工艺性能。使用性能是指保证零件正常工作应具备的性能，即在使用过程中表现出的性能，如力学性能、物理性能、化学性能等。工艺性能是指材料在被加工过程中，适应各种冷热加工的性能，如热处理性能、铸造性能、锻压性能、焊接性能、切削加工性能等。

1.1 金属的力学性能

金属材料的力学性能是指材料在各种载荷作用下，抵抗变形和断裂的能力。金属材料的力学性能主要有强度、塑性、硬度、韧性、疲劳强度等。

1.1.1 弹性、刚度及强度

1. 拉伸曲线与应力应变曲线

材料的力学性能，要通过试验测定得出，材料的弹性、刚度、强度及塑性一般是通过静拉伸试验测定的。它是把一定尺寸和形状的试样装夹在拉力试验机上，两端缓慢施加拉伸载荷，试样的工作部分受轴向拉力作用产生变形，随着拉力的增大，变形也相应增加，直至把试样拉断。拉伸前后的试样如图 1-1 所示，根据国家标准 GB/T 228.1—2010《金属材料拉伸试验第 1 部分：室温试验方法》，拉伸试样通常有 $L_0 = 10d_0$（长试样）和 $L_0 = 5d_0$（短试样）两种。通常以应力 R（试样单位横截面上的拉力）与应变 e（试样单位长度的伸长量）为坐标绘出应力-应变曲线（R-e 曲线）。图 1-2 所示为低碳钢的应力-应变曲线，低碳钢试样在拉伸过程中，可分为弹性变形、塑性变形和断裂三个阶段。

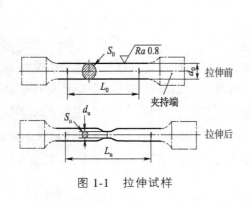

图 1-1　拉伸试样

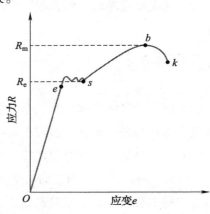

图 1-2　低碳钢的应力-应变曲线

2. 弹　性

在低碳钢的应力-应变曲线上，Oe 段为弹性阶段，若在此阶段卸去载荷，则试样伸长量消失，试样恢复原状。材料的这种不产生永久残余变形的能力称为弹性。e 点对应的应力值称为弹性极限，用符号 R_p 表示。

3. 刚 度

材料在弹性范围内应力与应变的比值称为弹性模量，也就是应力-应变曲线中 Oe 直线的斜率，用符号 E 表示，即

$$E = \frac{R}{e} \quad (\text{MPa})$$

弹性模量 E 反映了材料抵抗弹性变形的能力，又称为刚度。E 值主要取决于材料内部原子间的作用力，如晶体材料的晶格类型、原子间距等，某些处理方法（如热处理、冷热加工、合金化等）对它影响很小。

4. 强 度

材料在力的作用下抵抗永久变形和断裂的能力称为强度。金属材料的强度按外力作用方式的不同，分为抗拉强度、抗压强度、抗弯强度、抗剪强度等。在机械制造中常通过拉伸试验测定材料的屈服强度和抗拉强度，作为金属材料强度的主要判据。

1）屈服强度

在低碳钢的应力-应变曲线上，$e \sim s$ 段试样所承受的载荷虽不再增加，但试样仍继续产生塑性变形，应力-应变曲线上产生了近似水平段，这种现象称为材料的屈服。s 点对应的应力称为屈服强度，用符号 R_e 表示，即

$$R_e = \frac{F_e}{S_0} \quad (\text{MPa})$$

式中　F_e——试样发生屈服现象时所承受的最大外力，N；

　　　S_0——试样的初始截面积，mm^2。

机械零件在使用时，一般不允许发生塑性变形，所以屈服强度是大多数机械零件设计时选材的主要依据，也是评定金属材料承载能力的重要力学性能指标。

由于许多工程材料没有明显的屈服现象（如高碳钢、铸铁等），测定较困难，因此规定用试样标距长度产生 0.2% 塑性变形时的应力值作为该材料的屈服强度，用符号 $R_{p0.2}$ 表示，即

$$R_{p0.2} = \frac{F_{0.2}}{S_0} \quad (\text{MPa})$$

式中　$F_{0.2}$——试样标距长度产生 0.2% 塑性变形时所承受的外力，N；

　　　S_0——试样的初始截面积，mm^2。

2）抗拉强度

在低碳钢的应力-应变曲线上，b 点的拉力是试样在拉断前所承受的最大载荷，其所对应的应力 R_m 称为抗拉强度，即

$$R_m = \frac{F_b}{S_0} \quad (\text{MPa})$$

式中　F_b——试样断裂前承受的最大拉力，N；

　　　S_0——试样的初始截面积，mm^2。

抗拉强度也是零件设计和评定材料时的重要强度指标，其值测量方便，如果单从保证零件不产生断裂的安全角度考虑，可作为设计依据，但所取的安全系数应该大一些。

屈服强度与抗拉强度的比值 R_e/R_m 称为屈强比。屈强比小，工程构件的可靠性高，即使外载或某些意外因素使金属变形，也不会导致其立即断裂。但屈强比过小，则材料强度的有效利用率便太低。

1.1.2　塑　性

材料在外力作用下，产生永久残余变形而不断裂的能力称为塑性。塑性指标也主要是通过拉伸试验测得的。工程上常用延伸率和断面收缩率作为材料的塑性指标。

1. 伸长率

在拉伸试验中，试样拉断后，标距的伸长与原始标距的百分比称为伸长率，用符号 A 表示。即

$$A = \frac{L_1 - L_0}{L_0} \times 100\%$$

式中　L_0——试样原始标距长度，mm；

　　　L_1——试样拉断后的标距长度，mm。

同一材料用不同长度的试样所测得的伸长率 A 的数值是不同的，用长度为直径 5 倍的试样测得的伸长率用 A_5 表示，用长度为直径 10 倍的试样测得的伸长率用 A_{10} 表示。A_{10} 常写成 A，但 A_5 不能将下角标的 5 省去，一般 $A_5 > A_{10}$。

2. 断面收缩率

试样被拉断后横截面积的相对收缩量称为断面收缩率，用符号 Z 表示，即

$$Z = \frac{S_0 - S_1}{S_0} \times 100\%$$

式中　S_0——试样原始的横截面积，mm^2；

　　　S_1——试样拉断处的横截面积，mm^2。

相同条件下，材料的塑性越好，其伸长率和断面收缩率的值越大。塑性对材料进行冷塑性变形来说非常重要。此外，在偶然过载条件下，工件可因塑性变形而防止突然断裂；工件的应力集中处，也可因塑性变形使应力松弛，从而使工件不至于过早断裂。这就是大多数机械零件除要求达到一定强度指标外，还要求达到一定塑性指标的原因。

1.1.3 硬 度

材料抵抗局部变形，特别是塑性变形、压痕或划痕的能力称为硬度。用于机械加工的各种工具（刀具、量具、模具）都应具备足够的硬度，某些机械零件（如齿轮、轴等）也应有一定的硬度。生产中常用压入法测量硬度，其方法是用比工件更硬的一定几何形状的压头，缓慢压入被测工件表面，使材料局部塑性变形而形成压痕，根据压痕面积大小或压痕深度来确定硬度值。工程上常用的硬度指标有布氏硬度、洛氏硬度和维氏硬度等。

1. 布氏硬度（HB）

布氏硬度的原理如图 1-3 所示。用一定的载荷 F，将直径为 D 的压头（硬质合金球）压入被测材料的表面，保持一定时间后卸去载荷，可在被测材料表面得到直径为 d 的压痕。用载荷 F 除以压痕的表面积 S，所得数值即为布氏硬度值，用符号 HBW 表示。

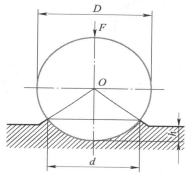

图 1-3　布氏硬度试验原理示意图

$$HBW = 0.102\frac{F}{S} = 0.102\frac{F}{\pi Dh} = 0.102\frac{2F}{\pi D(D - \sqrt{D^2 - d^2})}$$

式中　F——载荷，N；

S——压痕表面积，mm^2；

D——压头（硬质合金球）直径，mm；

d——在两相互垂直方向测量的压痕平均直径，mm；

h——压痕深度，mm。

实际测量时，可由测出的压痕平均直径 d 直接查表得到布氏硬度值（见 GB/T 231.4—2009）。采用布氏硬度测量时，由于残余压痕面积较大，能较真实地反映材料的平均硬度，测量数据稳定，可用于测量组织粗大或组织不均匀的材料（如铸铁）。当测量较高硬度的材料时，因压头球体变形会使测量结果不准确，所以用钢球测量时，材料的硬度必须小于 450 HBS。采用硬质合金压头时，材料的硬度值必须小于 650 HBW。布氏硬度与抗拉强度之间存在一定的关系，故可根据其值大小估计材料的强度值。由于布氏硬度测量压痕大，不宜用来测量成品或薄片金属的硬度，而主要用于原材料或半成品的硬度测量，如测量铸铁、非铁金属（有色金属）、硬度较低的钢（如退火、正火、调质处理的钢）等。

2. 洛氏硬度（HR）

如图 1-4 所示，洛氏硬度是用顶角为 120° 的金刚石圆锥或直径为 1.588 mm 的淬火钢球压头，在试验压力 F 的作用下，将压头压入材料表面，保持规定时间后，去除主试验力，保持初始试验力，用残余压痕深度增量计算硬度值，实际测量时，可通过试验机的表盘直接读出洛氏硬度的数值。洛氏硬度值用符号 HR 表示，即

$$HR = N - \frac{h}{0.002}$$

式中　N——当采用金刚石作压头时，N 为 100；当采用淬火钢球作压头时，N 为 130。

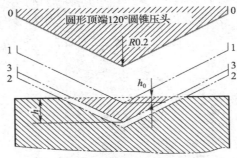

图 1-4　洛氏硬度试验原理示意图

洛氏硬度可以测量从软到硬较大范围的硬度值，根据被测对象不同，可用不同的压头和试验力，洛氏硬度根据压头的材料及压头所加的负荷不同又可分为 HRA，HRB，HRC 三种，其试验规范见表 1-1。洛氏硬度操作简便、迅速、压痕小，硬度值可直接从试验机表盘上读出，所以得到了广泛的应用，三种洛氏硬度中以 HRC 应用最多。但洛氏硬度由于压痕小，所以其硬度值的代表性较差。

表 1-1　洛氏硬度试验规范

标度	压头	预载荷/N	总载荷/N	适用范围	适用的材料
HRA	120° 的金刚石圆锥	98.07	60×9.807	$20 \sim 88$ HRA	硬质合金、表面淬火钢等
HRB	$\phi 1.588$ mm 的淬火钢球	98.07	100×9.807	$20 \sim 100$ HRB	软钢、退火钢、铜合金等
HRC	120° 的金刚石圆锥	98.07	150×9.807	$20 \sim 70$ HRC	淬火钢等

洛氏硬度测量具有迅速、简便、压痕小、硬度测量范围大等优点，可用于成品或较薄工件的测量。但其数据准确性、稳定性、重复性不如布氏硬度，通常需在试样表面不同部位测试三个点，取其平均值作为该材料的洛氏硬度值。为确保硬度测量的准确性，洛氏硬度一般不宜测量组织不均匀的材料。

3. 维氏硬度（HV）

如图 1-5 所示，维氏硬度的试验原理与布氏硬度相似，不同点是采用相对面夹角为 136 ℃ 的金刚石正四棱锥压头，以规定的试验力 F 压入材料的表面（所加负荷较小，一般为 5 ~ 120 kgf）（1 kgf = 9.8 N），保持规定时间后卸除试验力，然后根据压痕对角线长度的算术平均值来计算硬度，用正四棱锥压痕单位表面积上所受的平均压力表示硬度值。实际测量时，只需测出压痕对角线长度的算术平均值，然后查表获得维氏硬度值。维氏硬度用符号 HV 表示，即

$$HV = \frac{F}{S} = 0.1891 \frac{F}{d^2}$$

式中　d——压痕对角线长度，mm。

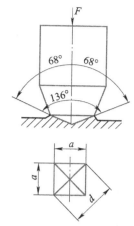

图 1-5　维氏硬度试验原理示意图

维氏硬度所测定的硬度值比布氏、洛氏精确，压入深度浅，适于测定经过表面处理的零件表面层的硬度，改变载荷可测定从极软到极硬的各种材料的硬度，但测定过程比较烦琐。

1.1.4　韧　性

材料的韧性是其断裂时所需能量的度量，描述材料韧性的指标通常有冲击韧性和断裂韧性。

1. 冲击韧性

冲击韧性是在冲击载荷作用下，材料抵抗冲击力的作用而不被破坏的能力，通常用符号 a_K 表示。图 1-6 所示为一次摆锤式冲击试验原理图。将标准冲击试样放在试验机的机架上，试样缺口背对摆锤，将摆锤抬高到一定高度，然后使其下落，冲断试样后又上升到一定高度。冲击韧性 a_K 是试件在一次冲击弯曲试验时，单位横截面积上所消耗的冲击功，用公式表示为

$$a_K = \frac{K}{S} = \frac{mg(H-h)}{S} \quad (\text{J/cm}^2)$$

式中　K——冲击吸收功，J；

　　　S——缺口原始截面积，cm^2。

实际工作中承受冲击载荷的机械零件，很少因一次大能量冲击而遭破坏，绝大多数受损是因小能量多次冲击使损伤积累，导致裂纹产生和扩展的结果。所以需采用小能量多冲击作为衡量这些零件承受冲击抗力的指标。试验证明，在小能量多次冲击下，冲击韧性主要取决于材料的强度和塑性。

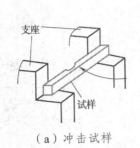

（a）冲击试样

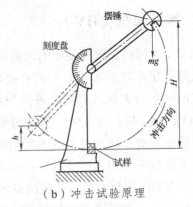

（b）冲击试验原理

图 1-6　一次摆锤式冲击试验原理图

2. 断裂韧性

在实际生产中，有的大型传动零件、高压容器、船舶、桥梁等，常在其工作应力远低于 R_e 的情况下，突然发生低应力脆断。大量研究证明，这种破坏与零件本身存在裂纹和裂纹扩展有关。实际使用的零部件，不可避免地存在一定的冶金或加工等方面的缺陷，如气孔、夹杂物、机械缺陷等，它们破坏了材料的连续性，实际上成为零件内部的微裂纹。在服役过程中，裂纹的扩展，便是造成零件在较低应力状态下（即低于材料的屈服强度，而材料本身的塑性和冲击韧性又不低于传统的经验值的情况下）发生低应力脆断的原因。

材料中存在的微裂纹，在外加应力的作用下，裂纹尖端处存在有较大的应力场。断裂力学分析指出，这一应力场的强弱程度可用应力强度因子 K_I 来描述。K_I 值的大小与裂纹尺寸和外加应力的关系为

$$K_I = YR\sqrt{a} \quad (MPa \cdot m^{1/2})$$

式中　Y——与裂纹形状、加载方式及试样几何尺寸有关的系数，一般 $Y = 1 \sim 2$；

　　　R——外加应力，MPa；

　　　a——裂纹的半长，m。

由上式可知，随着应力的增大，K_I 也随之增大，当 K_I 增大到一定值时，就可使裂纹前端某一区域内的内应力大到足以使裂纹失去稳定而迅速扩展，以致发生脆断。这个 K_I 的临界值称为临界应力强度因子或断裂韧性，用符号 K_{IC} 表示。它反映了材料抵抗裂纹扩展和抗脆断的能力。

材料的断裂韧性 K_{IC} 与裂纹的形状、大小无关，也和外加应力无关，只决定于材料本身的特性（如成分、热处理条件、加工工艺等），是一个反映材料性能的常数，可通过试验来测定。

1.1.5　疲　劳

许多零件和制品，经常受到大小及方向变化的交变载荷，在这种载荷的反复作用下，材料常在远低于其屈服强度的应力下突然发生断裂，这种现象称为疲劳（疲劳断裂）。

疲劳强度是用来表示材料抵抗交变应力的能力，常用 S_r 表示，其下角标 r 称为应力循环对称因素，即

$$r = \frac{S_{\min}}{S_{\max}}$$

式中　$S_{\min}$——交变循环应力中的最小应力值，MPa；

　　　$S_{\max}$——交变循环应力中的最大应力值，MPa。

对于对称循环交变应力，$r = -1$，这种情况下材料的疲劳代号为 S_{-1}。

材料所受交变应力 S 与其断裂前所经受的循环次数 N 之间的曲线称为疲劳曲线或 S-N 曲线，如图 1-7 所示。对于一般具有应变时效的金属材料，如碳钢、合金结构钢、球铁等，当循环应力水平降低到某一临界值时，低应力段变成水平线段，表示试样可以经无限次应力循环也不发生疲劳断裂，将对应的应力称为疲劳极限，用符号 S_{-1} 表示。实际生产中通常将材料在规定次数（一般钢铁材料取 10^7 次，有色金属及其合金取 10^8 次）的交变载荷作用下，不致引起断裂的最大应力称为疲劳极限。

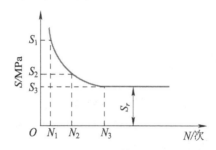

图 1-7　疲劳曲线（S-N 曲线）

疲劳断裂的原因一般认为是由于材料表面与内部含有缺陷（如夹杂、划痕、尖角等），造成局部应力集中，形成微裂纹。这种微裂纹随应力循环次数的增加而逐渐扩展，使零件的有效承载面积逐渐减小，以至于最后承受不起所加载荷而突然断裂。通过合理选材，改善材料的结构形状，避免应力集中，减少材料和零件的缺陷，降低零件表面粗糙度，对表面进行强化（如表面淬火、喷丸处理、表面滚压等），可以提高材料的疲劳抗力。

1.2　金属的工艺性能

工艺性能是指材料在加工过程中所反映出来的性能，即可加工性，如铸造性能、压力加工性能、焊接性能、切削加工性能和热处理性能等。材料工艺性能的好坏，直接影响到制造零件的工艺方法、质量和制造成本。因此，选材时必须充分考虑其工艺性能。

1.2.1　铸造性能

铸造性能是指浇铸铸件时，材料能充满比较复杂的铸型并获得优质铸件的能力。对金属

材料而言，铸造性能主要包括流动性、收缩率、偏析倾向等指标。流动性好、收缩率小、偏析倾向小的材料其铸造性能也好。

1.2.2　压力加工性能

压力加工性能（可锻性）是指材料是否易于进行压力加工的性能。压力加工性能的好坏主要以材料的塑性和变形抗力来衡量。一般来讲，钢的压力加工性能较好，而铸铁不能进行任何压力加工。

1.2.3　焊接性能

焊接性能是指材料是否易于焊接在一起并能保证焊缝质量的性能。焊接性能一般用焊接处出现各种缺陷的倾向来衡量。低碳钢具有优良的焊接性能，而铸铁和铝合金的焊接性能就很差。

1.2.4　机械加工性能

机械加工性能是指材料是否易于切削加工的性能。它与材料的种类、成分、硬度、韧性、导热性及内部组织状态等许多因素有关。有利于切削的硬度为 160～230 HB。切削加工性能好的材料，切削容易，刀具磨损小，加工表面光洁。

1.2.5　热处理性能

热处理性能是指金属经热处理后其组织和性能改变的能力。在热处理过程中，材料的成分、组织、结构发生变化，从而引起材料的机械性能发生变化。热处理性能包括淬透性、变形开裂倾向、过热敏感性、回火脆性、氧化脱碳和冷脆性等。

1.3　材料的物理和化学性能

1.3.1　材料的物理性能

材料受到自然界中光、重力、温度场、电场和磁场等作用所反映的性能称为物理性能。物理性能是材料承受非外力的物理环境作用的重要性能，随着高性能材料的发展，材料的物理性能越来越受到重视。

材料的物理性能包括热性能、电性能、磁性能和光学性能等。金属及合金的物理性能主要有密度、熔点、导热性、导电性、热膨胀性和磁性等。

1. 密　度

某种物质单位体积的质量称为该物质的密度，其表达式为

$$\rho = \frac{m}{V} \ (\ kg/m^3\ )$$

式中　ρ——物质的密度，kg/m^3；

　　　m——物质的质量，kg；

　　　V——物质的体积，m^3。

密度是最常见的物理性能。按照密度大小的不同，金属可分为轻金属（密度小于 $4.5 \times 10^3\ kg/m^3$）和重金属（密度大于 $4.5 \times 10^3\ kg/m^3$）。抗拉强度与密度之比称为比强度，弹性模量与密度之比称为比弹性模量。这两者也是考虑某些零件材料性能的重要指标，如飞机和宇宙飞船上使用的结构材料，就对比强度的要求特别高。

2. 熔　点

金属和合金从固态向液态转变时的温度称为熔点，金属都有固定的熔点。按照熔点的高低，金属可分为易熔金属（熔点小于 $1\ 700\ ℃$）和难熔金属（熔点大于 $1\ 700\ ℃$）。通常，材料的熔点越高，高温性能就越好。陶瓷熔点一般都显著高于金属及合金的熔点，所以陶瓷材料的高温性能普遍比金属材料好。合金的熔点决定于它的成分，例如，钢和生铁虽然都是铁和碳的合金，但由于含碳量不同，熔点也不同。熔点对于金属和合金的冶炼、铸造、焊接来说是非常重要的工艺参数。

3. 导热性

材料传导热量的能力称为导热性。导热性是金属材料的重要性能之一，在制定焊接、铸造、锻造和热处理工艺时，必须考虑材料的导热性，防止金属材料在加热或冷却过程中形成过大的内应力，以避免金属材料的变形或破坏。导热性好的金属散热也好，因此在制造散热器、热交换器与活塞等零件时，要选用导热性好的金属材料。通常情况下，金属及合金的导热性远高于非金属材料。

4. 导电性

材料传导电流的能力称为导电性。一般用电阻率来表示材料的导电性能，电阻率越低，材料的导电性越好。电阻率的单位用Ω·m 表示。金属及其合金一般具有良好的导电性，而高分子材料和陶瓷材料一般都是绝缘体，但有些高分子材料也具有良好的导电性，某些特殊成分的陶瓷材料则是具有一定导电性的半导体。

5. 热膨胀性

金属材料随温度变化而膨胀、收缩的特性称为热膨胀性。一般来讲，金属受热时膨胀，体积增大；冷却时收缩，体积缩小。

热膨胀性的大小用线膨胀系数 α_1 和体膨胀系数 α_v 来表示。线膨胀系数计算公式为

$$\alpha_1 = \frac{l_2 - l_1}{l_1 \Delta t} = \frac{\Delta l}{l_1 \Delta t} \quad （1/K \text{ 或 } 1/°C）$$

6. 磁　　性

金属材料在磁场中受到磁化的性能称为磁性。根据金属材料在磁场中受到磁化程度的不同，可分为铁磁性材料（如铁、钴等）、顺磁性材料（如锰、铬等）和抗磁性材料（如铜、锌等）三类。铁磁性材料在外磁场中能强烈地被磁化；顺磁性材料在外磁场中只能微弱地被磁化；抗磁性材料能抗拒或削弱外磁场对材料本身的磁化作用。工程上实用的强磁性材料是指铁磁性材料。

铁磁性材料可用于制造变压器、电动机、测量仪表等。抗磁性材料则可用于制造要求避免电磁场干扰的零件与结构材料。

当铁磁性材料的温度升高到一定数值时，磁畴被破坏，变为顺磁体，这个转变温度称为居里点，铁的居里点是 770 ℃。

1.3.2　材料的化学性能

1. 耐腐蚀性

耐腐蚀性是指材料抵抗介质侵蚀的能力，材料的耐腐蚀性常用每年腐蚀深度（mm/年）来表示，一般非金属材料的耐腐蚀性比金属材料高得多。对金属材料而言，其腐蚀形式主要有两种：一种是化学腐蚀，另一种是电化学腐蚀。化学腐蚀是金属直接与周围介质发生纯化学作用，如钢的氧化反应；电化学腐蚀是金属在酸、碱、盐等电解质溶液中，由于原电池的作用而引起的腐蚀，电化学腐蚀比化学腐蚀更常见。

提高材料耐腐蚀性的方法有很多，如进行均匀化处理、表面处理等。

2. 高温抗氧化性

对于像发动机这样在高温下工作的设备而言，除了要在高温下保持基本力学性能外，还要具备抗氧化性能。所谓高温抗氧化性通常是指材料在迅速氧化后，能在表面形成一层连续且致密并与母体结合牢靠的膜，从而阻止进一步氧化的特性。

3. 化学稳定性

化学稳定性是金属材料的耐腐蚀性和抗氧化性的总称。金属材料在高温下的化学稳定性

称为热稳定性。在高温条件下工作的设备（如锅炉、加热设备、汽轮机、喷气发动机等）上的部件需要选择热稳定性好的材料来制造。

【知识广场】

1. 高温力学性能

高压蒸汽锅炉、汽轮机、内燃机、航空航天发动机、炼油设备等机器设备中的一些构件是长期在较高温度下运行的，对这类构件仅考虑常温下的力学性能是不够的。一方面是因为温度对材料的力学性能指标影响较大，温度的升高会使材料的强度、刚度、硬度下降，塑性增加；另一方面是在较高温度下，载荷的持续时间对力学性能也有影响，会产生明显的蠕变。因此，分析材料的高温力学性能十分重要。

高温力学性能指标主要有蠕变极限和持久强度等。

1）蠕变及塑性应变强度

金属在一定温度和静载荷长期作用下，发生缓慢塑性变形的现象称为蠕变。例如，当碳钢温度超过 300 ℃，合金钢超过 400 ℃ 时，在一定的静载荷作用下，都会产生蠕变，温度越高，蠕变现象越显著。典型的蠕变曲线如图 1-8 所示，它可分为减速蠕变（ab 段）、恒速蠕变（bc 段）和加速蠕变（cd 段）三个阶段。

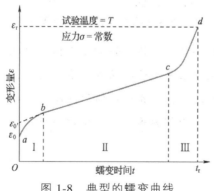

图 1-8　典型的蠕变曲线

为了保证在高温长期载荷下机件不致产生过量变形，要求材料具有一定的蠕变极限。和常温下的屈服强度相似，蠕变极限是高温长期载荷作用下材料对塑性变形的抗力指标。

塑性应变强度是指在规定试验温度下经过一定的试验时间所能产生预计塑性应变的应力，用符号 R_P 表示。并以最大塑性应变量 x（%）作为第二角标，达到应变量的时间 t_r（h）为第三角标，试验温度 T（℃）为第四角标的符号。例如，$R_{P1,100/700}$ 表示材料在 700 ℃ 时，持续时间为 100 h 产生 1% 的塑性变形量的应力。

2）持久强度

持久强度（蠕变断裂强度）表征材料在高温载荷长期作用下抵抗断裂的能力，指在规定试验温度下经一定试验时间（蠕变断裂时间 t_u）所引起断裂的应力，用符号 R_u 表示。并以蠕

变断裂时间 $t_u(h)$ 作为第二角标，试验温度 $T(℃)$ 为第三角标的符号来表示。例如，$R_{u10000/700}$ 表示在 700 ℃ 时，持续时间为 10 000 h 所引起的断裂应力。

蠕变极限和持久强度都是反映材料高温性能的重要指标，其区别在于侧重点不同。蠕变极限以考虑变形为主，而持久强度主要考虑材料在长期使用下的断裂破坏抗力。

2. 低温力学性能

体心立方金属及合金或某些密排晶体金属及其合金，尤其是工程上常用的中、低强度结构钢随温度的下降会出现脆性增加，严重时甚至发生脆断，这种现象称为材料的低温脆性。低温脆性对压力容器、桥梁和船舶结构及在低温下服役的机件来说是非常重要的。

在冲击吸收功-温度关系曲线（见图 1-9）上，材料由韧性状态转变为脆性状态的温度称为韧脆转变温度，又称为冷脆转变温度，用符号 t_K 表示。

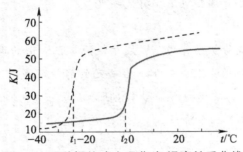

图 1-9　两种钢的冲击吸收功-温度关系曲线

韧脆转变温度是衡量材料冷脆转化倾向的重要指标。它也是材料的韧性指标，因为它反映了对韧脆性的影响。t_K 是从韧性角度选材的重要依据之一，可用于抗脆断设计，保证机件服役安全，但它不能直接用来设计和计算机件的承载能力或截面尺寸。对于低温下服役的机件，依据材料的 t_K 值，可以直接或间接地估计它们的最低使用温度。

【技能训练】

（1）金属材料力学性能实验。
（2）金属的冲击试验。

【学习小结】

本项目主要介绍了金属材料常用力学性能的分类、各个指标及其物理意义、表示符号、技术含义、使用范围和测试方法等内容，见表 1-2。

表 1-2　金属材料常用力学性能指标

性能名称	力学性能指标			
	名　　称	符号	单位	含　　义
强度	上屈服强度	R_{eH}	MPa	试样发生屈服而载荷首次下降前的最高应力
	下屈服强度	R_{eL}		在屈服期间的恒定应力或不计初始瞬时效应时的最低应力
	规定残余延伸强度	$R_{r0.2}$		卸除载荷后试样的规定残余延伸率达到 0.2%时的应力
	抗拉强度	R_m		试样在拉断前所能承受的最大应力
塑性	断后伸长率	A		试样拉断后标距的伸长量与原始标距的百分比
	断面收缩率	Z		缩颈处横截面积的缩减量与原始横截面积的百分比
硬度	布氏硬度	HBW		球形压痕单位面积上所承受的平均应力
	洛氏硬度	HRC		$HR = \dfrac{0.2 - h}{0.002}$（$h$ 为压痕深度）
		HRA		
		HRB		$HR = \dfrac{0.26 - h}{0.002}$（$h$ 为压痕深度）
	维氏硬度	HV		正四棱锥形压痕单位表面积上所承受的平均压力
韧性	吸收能量	K	J	使冲击试样变形和断裂所消耗的功
疲劳	疲劳极限	S_{-1}	MPa	试样承受无数次（或给定次数）对称循环应力仍不断裂的最大应力

【综合能力训练】

一、名词解释

强度，刚度，塑性，韧性，屈强比，韧脆转变温度，疲劳强度。

二、填空题

1. 金属的性能包括＿＿＿＿性能、＿＿＿＿性能、＿＿＿＿性能和＿＿＿＿性能。

2. 金属材料的强度是指在静载荷作用下，材料抵抗＿＿＿＿或＿＿＿＿的能力。

3. 金属塑性的指标主要有＿＿＿＿和＿＿＿＿两种。

4. 常用压入法硬度测试有＿＿＿＿和维氏硬度测试法。

5. 500 HBW5/750 表示用直径为＿＿＿＿mm、材质为＿＿＿＿的压头，在＿＿＿＿kgf 载荷作用下保持＿＿＿＿s，测得的硬度值为＿＿＿＿。

6. 金属材料在＿＿＿＿作用下抵抗破坏的能力称为韧性，其表征指标称为＿＿＿＿，符号

15

是_____。

7. 疲劳极限是表示材料经_____作用而_____的最大应力值。

8. 零件的疲劳失效过程可分为_____、_____和_____三个阶段。

9. 疲劳断裂与静载荷下的断裂不同，在静载荷下无论显示脆性还是韧性的材料，在疲劳断裂时都不产生明显的_____断裂是_____发生的。

10. 大小、方向或大小和方向随时间发生周期性变化的载荷称为_____。

三、判断题

1. 拉伸试验可以测定材料的强度、塑性等性能指标，因此金属材料的力学性能指标可以通过拉伸试验测定。（　　）

2. 金属的屈服强度越高，则其允许的工作应力越大。（　　）

3. 塑性变形能随载荷的去除而消失。（　　）

4. 所有金属在拉伸试验时都会出现屈服现象。（　　）

5. 冲击试样缺口的作用是便于夹取试样。（　　）

6. 零件图上的技术要求标注为 10 ~ 15 HRC。（　　）

7. 屈强比越大，越能发挥材料的潜力，也越能减小工程结构的自重。（　　）

8. 工程中使用的中低强度钢存在冷脆倾向。（　　）

9. 布氏硬度测量法不宜用于测量成品及较薄零件。（　　）

10. 一般金属材料在低温时比高温时脆性大。（　　）

四、选择题

1. 起重机吊运重物需要用钢丝绳，是因为钢丝绳的（　　）高。

　　A. 塑性　　　　　　　　B. 硬度　　　　　　　　C. 强度　　　　　　　　D. 弹性

2. 疲劳试验时，试样承受的载荷为（　　）

　　A. 静载荷　　　　　　　B. 交变载荷　　　　　　C. 冲击载荷

3. 钢制工件淬火后，测量硬度的适宜方法是（　　）。

　　A. 布氏硬度　　　　　　B. 洛氏硬度　　　　　　C. 维氏硬度　　　　　　D. 以上方法都不适宜

4. 为了保证安全，当飞机达到设计允许的使用时间后，必须强制退役，这主要是考虑材料的（　　）。

　　A. 强度　　　　　　　　B. 硬度　　　　　　　　C. 韧性　　　　　　　　D. 疲劳

5. 常用的塑性判断依据是（　　）。

　　A. 伸长率和断面收缩率　　　　　　　　　　　　B. 塑性和韧性

　　C. 断面收缩率和塑性　　　　　　　　　　　　　D. 伸长率和塑性

五、简答题

1. 15 钢从钢厂出厂时，其力学性能指标应不低于下列数值：$R_m = 375$ MPa，$R_e = 225$ MPa，$A_5 = 27\%$，$Z = 55\%$，现将本厂购进的 15 钢制成 $d_0 = 10$ mm 的圆形截面短试样，经过拉伸试验后，测得 $F_b = 33.81$ kN，$F_s = 20.68$ kN，$l_k = 65$ mm，$d_k = 65$ mm，试问这批 15 钢的力学性能是否合格？为什么？

2. 下列各种工件应该采用何种硬度试验方法来测定硬度？写出硬度符号。

（1）锉刀；（2）黄铜轴套；（3）供应状态的各种碳钢钢材；（4）硬质合金刀片；（5）耐磨工件的表面硬化层。

3. 有关零件图的图纸上，出现了以下几种硬度技术条件的标注方法，问标注是否正确？为什么？

（1）12～15 HRC；（2）71～77 HRC；（3）HRC 55～60 kgf/mm²；（4）HBW 220～250 kgf/mm²。

4. 工程材料的工艺性能有哪些？物理化学性能有哪些？

5. 疲劳断裂是怎样产生的？提高零件疲劳强度的方法有哪些？

项目2　金属的结构与结晶

✏️【学习目标与技能要求】

（1）掌握晶体的晶格、晶胞、晶格常数、晶界等概念。
（2）掌握纯金属的晶体结构、同素异构转变等内容，深入、微观地认识金属的本质。
（3）掌握晶体缺陷的种类、特征及对晶体结构和性能的影响。
（4）掌握合金的相结构，了解固溶体和金属化合物在合金组织中的作用。
（5）了解结晶基本过程及晶粒大小的控制。
（6）掌握二元合金相图的建立、物理意义。
（7）掌握匀晶相图、杠杆定律、枝晶偏析、共晶相图、共析相图及典型合金的结晶过程。
（8）掌握合金性能与相图的关系。

✒️【教学提示】

（1）本项目是学习本课程内容的重要基础知识。概念、名词术语多，学习时应加强对基本术语概念的记忆，加深理解和分析各概念之间的相互联系。通过对概念的理解，能够想象整个晶体结构，培养想象能力。要逐步认识金属的晶体结构、微观组织特征。教学中要多运用影像资料，增加直观性，加深理解。通过对晶体结构模型的观察，提高观察能力。
（2）教学重点和难点：基本概念，晶体结晶过程，二元合金相图的分析及应用，共晶相图、共析相图及典型合金的结晶过程。

📝【案例导入】

物质是由原子构成的。根据原子在物质内部排列方式不同，可将固态物质分为晶体和非晶体两大类。纯金属和合金在固态下通常都是晶体。金属是由原子组成的，原子堆成的不仅仅是金属的"外表"，还像人类的基因组一样决定了金属的"性格"差异。

我们知道，活性炭、石墨和金刚石都是由碳元素构成的，可谓"一奶同胞"。但三者所表现出的宏观性能却截然不同，主要原因就在于它们内部的碳原子排列方式不同。金刚石构造属等轴晶系同极键四面体型构造，碳原子位于四面体的角顶及中心，具有高度的对称性，不导电，但硬度极高，能做割玻璃刀；石墨具有层状的六边形结构，能导电，但硬度低，还有润滑作用等；活性炭和木炭一样具有疏松多孔的结构，有吸附作用。

要了解金属材料内部的组织结构，就需要了解金属晶体结构的基本知识、典型金属理想晶体结构及实际晶体中的各种晶体缺陷。

📖 【知识与技能模块】

2.1　纯金属的晶体结构

2.1.1　晶体结构常识

金属在固态下通常为晶体，晶体中原子排列的规律不同，其性能也不同，晶体结构是指晶体中原子排列的具体方式。

1. 晶格、晶胞和晶格常数

晶体是指原子（离子、分子或原子团）在三维空间有规则的周期性重复排列的物质。在自然界中，除了少数物质（如玻璃、松香及木材等）以外，包括金属在内的绝大多数固体都是晶体。晶体之所以具有这种规则的原子排列，主要是由于原子之间的相互吸引力与排斥力平衡的结果。晶体往往具有规则的外形，如钻石、食盐及明矾等。各种金属制品，如门锁、钥匙，以及汽车、飞机上的各种金属构件等，虽然看不到规则的外形，但它们同样是晶体。

为了便于研究，人们把金属晶体中的原子近似地设想为刚性小球，这样就可将金属看成是由刚性小球按一定的几何规则紧密堆积而成的晶体，如图 2-1（a）所示。

在实际晶体中每个原子都在围绕着它的平衡位置不停地振动，而且这种振动随温度的升高而加剧。把不停振动原子看成在其平衡位置上静止不动，且处在振动中心，用直线将其中心连接起来而构成的空间格子称为晶格或点阵，如图 2-1（b）所示。

由于晶体中原子重复排列的规律性，通常只从晶格中选取一个能够完全反映晶格特征的、最小的几何单元来分析晶体中原子的排列规律，这个最小的几何单元称为晶胞，如图 2-1（c）所示。在选取晶胞时，尽可能地反应出原子堆砌的对称性，尽可能在平行六面体上的八个顶角上有原子。

晶胞的大小和形状常以晶胞的棱边长度 a，b，c 和棱边夹角 α，β，γ 6 个参数来表示。其中，a，b，c 称为晶格常数，其长度单位为 Å（埃），$1\,\text{Å} = 10^{-10}\,\text{m}$。实际上整个晶格就是由许多大小、形状和位向相同的晶胞在三维空间重复堆积排列而成的。

图 2-1（c）中的简单立方晶胞，其晶格常数 $a = b = c$，且 $\alpha = \beta = \gamma = 90°$，这种具有简单立方晶胞的晶格称为简单立方晶格。简单立方晶格只见于非金属晶体中，在金属中则看不到。

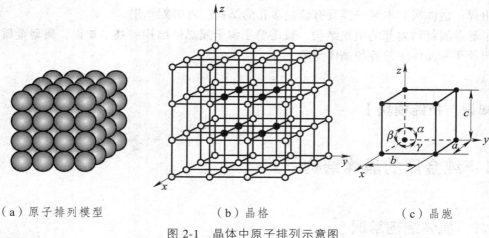

（a）原子排列模型　　　　　　　　（b）晶格　　　　　　　　（c）晶胞

图 2-1　晶体中原子排列示意图

根据晶胞的几何形状或自身的对称性，可把晶体结构分为七大晶系十四种空间点阵。各种晶体由于其晶格类型和晶格常数不同，可表现出不同的物理、化学和机械性能。

2. 常见的晶格类型

金属中由于原子间通过较强的金属键结合，金属原子趋于紧密排列，构成少数几种高对称性的简单晶体结构。约有 90% 以上的金属晶体都属于以下三种典型晶格形式。

1）体心立方晶格（BCC 晶格）

如图 2-2 所示，体心立方晶格的晶胞是由八个原子构成的立方体，体心处还有一个原子，因其晶格常数 $a = b = c$，故通常只用一个常数 a 表示即可。晶胞在其立方体对角线方向上的原子是彼此紧密接触排列的，故可计算出其原子半径 $r = \dfrac{\sqrt{3}}{4} a$。因每个顶点上的原子同属于周围八个晶胞所共有，故每个体心立方晶胞实际包含原子数为：$\dfrac{1}{8} \times 8 + 1 = 2$（个）。具有体心立方晶格的金属有铬（Cr）、钨（W）、钼（Mo）、钒（V）、α铁（α-Fe）等 30 多种。

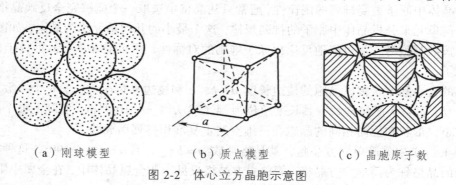

（a）刚球模型　　　　　　　（b）质点模型　　　　　　　（c）晶胞原子数

图 2-2　体心立方晶胞示意图

2）面心立方晶格（FCC 晶格）

如图 2-3 所示，面心立方晶格的晶胞也是由八个原子构成的立方体，但在立方体的每个面中心还各有一个原子。每个面对角线上各个原子彼此相互接触，因此其原子半径 $r = \frac{\sqrt{2}}{4}a$。

又因每一面心位置上的原子是同时属于两个晶胞所共有，故每个面心立方晶胞中包含原子数为：$\frac{1}{8} \times 8 + \frac{1}{2} \times 6 = 4$（个）。具有面心立方晶格的金属有铝（Al）、铜（Cu）、镍（Ni）、金（Au）、银（Ag）、γ 铁（γ-Fe）、铅（Pb）等约 20 种。

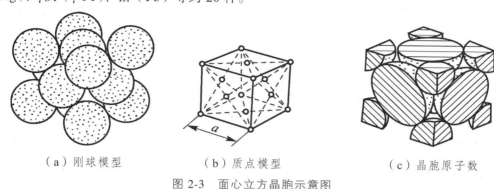

（a）刚球模型　　　　（b）质点模型　　　　（c）晶胞原子数

图 2-3　面心立方晶胞示意图

3）密排六方晶格（HCP 晶格）

密排六方晶格属于六方晶系。如图 2-4 所示，在六棱柱晶胞十二个角上和两个端面中心各有一个原子，在两个六边形面之间还有三个原子。晶格常数为六方底面的边长 a 和上下底面间距 c，在上述紧密排列情况下有：$\frac{c}{a} = \sqrt{\frac{8}{3}} = 1.633$。最近邻原子间距为 a，故原子半径 $r = \frac{1}{2}a$。

每个密排六方晶胞中包含原子数为：$\frac{1}{6} \times 12 + \frac{1}{2} \times 2 + 3 = 6$（个）。具有密排六方晶格的金属有镁（Mg）、锌（Zn）、镉（Cd）等。

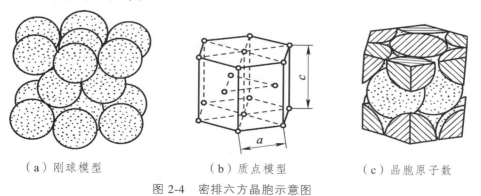

（a）刚球模型　　　　（b）质点模型　　　　（c）晶胞原子数

图 2-4　密排六方晶胞示意图

3. 常见晶格的致密度

金属晶体结合方式是金属键，金属键没有方向性和饱和性，结合对象的选择性不强，金属原子结合在一起总是趋于结合得最紧凑和最紧密。金属晶格中原子排列的紧密程度是反映金属晶体结构特征的一个重要因素，晶体中原子排列的紧密程度常用晶格的致密度表示。晶格的致密度是指晶胞中所含原子的体积与该晶胞的体积之比。

表 2-1 列出了 3 种常见金属晶格的特点。可以看出，在 3 种常见的晶体结构中，原子排列最致密的是面心立方晶格和密排六方晶格，体心立方晶格最稀疏。

表 2-1　3 种常见金属晶格的结构特点

晶格类型	晶胞原子数	原子半径	致密度	常 见 金 属
体心立方晶格	2	$\dfrac{\sqrt{3}}{4}a$	0.68	铬(Cr)、钨(W)、钼(Mo)、钒(V)、α 铁(α-Fe)
面心立方晶格	4	$\dfrac{\sqrt{2}}{4}a$	0.74	铜(Cu)、镍(Ni)、金(Au)、银(Ag)、γ 铁(γ-Fe)
密排六方晶格	6	$\dfrac{1}{2}a$	0.74	镁(Mg)、锌(Zn)、镉(Cd)

4. 晶面、晶向和晶体的各向异性

金属晶体中通过原子中心所构成的不同方位上的原子面称为晶面。通过原子中心所构成的不同方向上的原子列，可以代表晶格空间的一定方向，称为晶向。为便于研究和表述不同晶面和晶向的原子排列情况及其在空间的位向，需要给各种晶面和晶向定出一定的符号，即晶面指数和晶向指数。

1）晶面指数

晶面指数的确定步骤如下（见图 2-5 中带影线的晶面）：

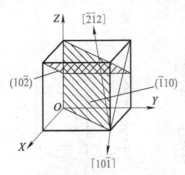

图 2-5　晶面指数和晶向指数的确定

（1）以晶胞的 3 个棱边为坐标轴（ X 轴、Y 轴、Z 轴），原点选在结点上，但不便选在待标定的晶面上。

（2）以棱边长度（即晶格常数）a，b，c 为相应坐标轴的量度单位，求出待定晶面在各轴上的截距。

（3）取各截距的倒数，按比例化为最小整数，并依次写在圆括号内，数字之间不用标点隔开，负号改写到数字的顶部，即所求晶面指数。晶面指数的一般形式为（hkl）。

立方晶格中，最具有意义的是如图 2-6 所示的三种晶面，即（100）、（110）与（111）3 种晶面。

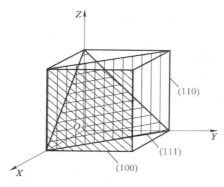

图 2-6　立方晶格中的三种重要晶面

2）晶向指数

晶向指数的确定步骤如下（见图 2-5 中带箭头的晶向）：

（1）以晶胞的 3 个棱边为坐标轴（X 轴、Y 轴、Z 轴），原点选在待定晶向的直线上。

（2）以棱边长度（即晶格常数）a，b，c 为相应坐标轴的量度单位，求出待定晶向上任意一点的三维坐标值。

（3）将 3 个坐标值按比例化为最小整数，并依次写在方括号内，数字之间不用标点隔开，负号改写到数字的顶部，即所求晶向指数。晶向指数的一般形式为 $[uvw]$。

晶面指数并非仅指晶格中的某一个晶面，而是代表着与之平行的所有晶面，它们的指数或数字相同而正、负相反。

如图 2-8 所示的 [100]、[110] 及 [111] 晶向为立方晶格中最具有意义的 3 种晶向。将图 2-7 与图 2-6 对比可以看出，在立方晶格中，凡指数相同的晶面与晶向是相互垂直的。

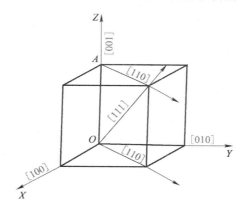

图 2-7　立方晶格中的 3 种重要晶向

晶向指数代表的也是所有平行的晶向。相互平行但方向相反的晶向，其指数相同但符号相反，如 [123] 与 $[\bar{1}\,\bar{2}\,\bar{3}]$。

3）晶面族和晶向族

凡是晶面指数中各数字相同但符号不同或排列顺序不同的所有晶面上的原子排列规律都是相同的，具有相同的原子密度和性质，只是位向不同。这些晶面称为一个晶面族，其指数记为{hkl}。例如，在立方晶系中，(100)、(010)、(001)3 个独立的晶面就组成了{100}晶面族；而{110}晶面族包括了(110)、(101)、(011)、($\bar{1}$10)、($\bar{1}$01)、(0$\bar{1}$1)6 个晶面。

同理，原子排列规律相同但空间位向不同的所有晶向组成了一个晶向族，其指数记为〈uvw〉。例如，在立方晶系中，[100]、[010]、[001]以及与之相反的[$\bar{1}$00]、[0$\bar{1}$0]、[00$\bar{1}$]共 6 个晶向组成〈100〉晶向族；而〈110〉晶向族包括了[110]、[101]、[011]、[$\bar{1}$10]、[$\bar{1}$01]、[0$\bar{1}$1]及与之相反的[$\bar{1}$$\bar{1}$0]、[$\bar{1}0\bar{1}$]、[0$\bar{1}$$\bar{1}$]、[1$\bar{1}$0]、[10$\bar{1}$]、[01$\bar{1}$]共 12 个晶向。

4）晶面和晶向的原子密度

晶面的原子密度是指其单位面积中的原子数，而晶向的原子密度是指其单位长度上的原子数。在各种晶格中，不同晶面和晶向上的原子密度都是不同的。表 2-2 和 2-3 所示为体心立方晶格及面心立方晶格中的各主要晶面和晶向的原子密度。

表 2-2　体心立方晶格中各主要晶面和晶向的原子密度

晶面指数	晶面原子排列示意图	晶面原子密度（原子数/面积）	晶向指数	晶向原子排列示意图	晶向原子密度（原子数/长度）
{100}		$\dfrac{\frac{1}{4}\times 4}{a^2}=\dfrac{1}{a^2}$	<100>		$\dfrac{\frac{1}{2}\times 2}{a}=\dfrac{1}{a}$
{110}		$\dfrac{\frac{1}{4}\times 4+1}{\sqrt{2}a^2}=\dfrac{1.4}{a^2}$	<110>		$\dfrac{\frac{1}{2}\times 2}{\sqrt{2}a}=\dfrac{0.7}{a}$
{111}		$\dfrac{\frac{1}{6}\times 3}{\frac{\sqrt{3}}{2}a^2}=\dfrac{0.58}{a^2}$	<111>		$\dfrac{\frac{1}{2}\times 2+1}{\sqrt{3}a}=\dfrac{1.16}{a}$

表 2-3　面心立方晶格中各主要晶面和晶向的原子密度

晶面指数	晶面原子排列示意图	晶面原子密度（原子数/面积）	晶向指数	晶向原子排列示意图	晶向原子密度（原子数/长度）
{100}		$\dfrac{\frac{1}{4}\times 4+1}{a^2}=\dfrac{2}{a^2}$	<100>		$\dfrac{\frac{1}{2}\times 2}{a}=\dfrac{1}{a}$
{110}		$\dfrac{\frac{1}{4}\times 4+\frac{1}{2}\times 2}{\sqrt{2}a^2}=\dfrac{1.4}{a^2}$	<110>		$\dfrac{\frac{1}{2}\times 2+1}{\sqrt{2}a}=\dfrac{1.4}{a}$
{111}		$\dfrac{\frac{1}{6}\times 3+\frac{1}{2}\times 3}{\frac{\sqrt{3}}{2}a^2}=\dfrac{2.3}{a^2}$	<111>		$\dfrac{\frac{1}{2}\times 2}{\sqrt{3}a}=\dfrac{0.58}{a}$

由表 2-2 和表 2-3 可知，在体心立方晶格中，具有最大原子密度的晶面是 {110}，具有最大原子密度的晶向是 ⟨111⟩；而在面心立方晶格中具有最大原子密度的晶面是 {111}，具有最大原子密度的晶向是 ⟨110⟩。

5）晶体的各向异性

由于晶体中不同晶面和晶向上原子排列的紧密程度不同，原子间的结合力大小也就不同，从而在不同的晶面和晶向上会显示出不同的性能，即晶体的各向异性。晶体的这种特性在力学性能、物理性能和化学性能上都能表现出来，晶体的这种"各向异性"特点是它区别于非晶体的重要标志之一，并在工业生产中有所应用。例如，体心立方的 α-Fe 单晶体，在原子排列最密的 ⟨111⟩ 方向上的弹性模量为 290 000 MPa，而在原子排列较稀的 ⟨100⟩ 方向上仅为 135 000 MPa。许多晶体物质（如石膏、云母、方解石等）易于沿着一定的晶面破裂，且具有一定的解理面，也是这个道理。

2.1.2 实际金属的晶体结构

如前所述，晶体具有各向异性是对理想晶体而言的，但是工业上实际应用的金属材料一般不具备各向异性。例如，对体心立方晶格的 α-Fe（纯铁）进行测定，其任何方向上的弹性模量均为 200 GPa。这是由于在多晶体中，虽然每个晶体都是各向异性，但它们是任意分布的，晶体的性能在各个方向相互补充和抵消，再加上晶界的作用，整个晶体对外不会表现为各向异性。

1. 单晶体和多晶体

一个晶粒构成的晶体叫单晶体，由许多晶粒构成的晶体叫多晶体。单晶体具有晶体的特征——各向异性。单晶体具有这个特点是由于不同晶向上原子间距不同。多晶体表现是各向同性，多晶体中每个晶粒相当于一个单晶体，虽然它们具有各向异性，但是它们的位相不同，综合对外表现的性能就是各向同性，实际使用的金属材料没有明显的各向异性。多晶体中每个外形不规则的小晶体称为晶粒，晶粒与晶粒间的界面就是晶界，如图 2-8 所示。由于晶界是两相邻晶粒之间不同晶格位向的过渡层，晶界上原子的排列总是不规则的。

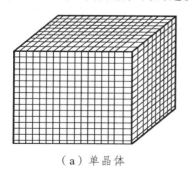

（a）单晶体 　　　　　　　　　　　（b）多晶体

图 2-8　单晶体和多晶体示意图

2. 晶体的缺陷

晶体中凡是原子排列不规则的区域都视为晶体缺陷。实际金属中存在大量的晶体缺陷，它们对金属宏观性能的影响很大，特别是在金属的塑性变形、固态相变及扩散等方面。

晶体缺陷按照其几何形式的特点可分为以下 3 类。

1）点缺陷

点缺陷是指尺寸都很小（原子尺寸范围内）的缺陷。常见的点缺陷有空位、间隙原子、置换原子。空位是指在正常的晶格结点上没有原子，如图 2-9（a）所示；间隙原子是指个别晶格空隙之间存在的多余原子，如图 2-9（b）所示；置换原子是指晶格结点上的原子被其他元素的原子所取代，如图 2-9（c）所示。由于点缺陷的出现，原子间作用力的平衡被破坏了，促使缺陷周围的原子发生靠拢或撑开，即产生了晶格的畸变。这将会引起金属强度、硬度、电阻等的变化。

 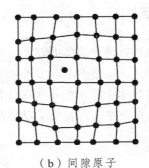 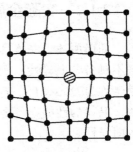

（a）晶格空位 （b）间隙原子 （c）置换原子

图 2-9　点缺陷示意图

2）线缺陷

线缺陷是指晶体内部呈线状分布的缺陷，在三维方向上缺陷尺寸在两个方向上尺寸很小，在第三个方向上尺寸很大的线状分布晶格缺陷，主要分为刃形位错和螺形位错，如图 2-10 所示。位错是晶体中有一列或若干列原子发生了有规则的错排现象。刃形位错是比较简单的一种，如图 2-10（a）所示。这种缺陷的特点是：在晶体的某一个晶面的上、下两部分的原子面产生错排，就好像沿着某方位的晶面插入的一个多余原子面，但又未插到底，犹如插入刀刃一般，故称为刃形位错，而多余原子面的底边称为刃形位错线。由图 2-10（b）可知，螺形位错是由于晶体右边的上部原子相对于下部原子向后错动了一个原子间距，若将错动区的原子用线连接起来，则其具有螺旋形特征。

在金属晶体中，位错线往往大量存在，它们相互连接，呈网状分布，如图 2-11 所示。晶体中位错的多少，可用位错密度来表示。位错密度是指单位体积内位错线的总长度，量纲为 cm^{-2}。晶体中的位错首先产生于晶体的结晶过程。通常，金属结晶后的位错密度可达 $106 \sim 108 \ cm^{-2}$。在大量冷变形或淬火的金属中，位错密度大幅增加，可达 $1\ 012\ cm^{-2}$，而退火又可使位错密度降到最低值。

晶体中位错的存在，对晶体力学性能将产生很大的影响。若金属为理想晶体或仅含极少量位错时，金属的屈服强度 R_e 很高；当含有一定量的位错时，强度降低；当进行形变加工时，位错密度增加，屈服强度 R_e 将会增高。位错密度与强度的关系示意图如图 2-12 所示。目前采用一些特殊方法已能制造出几乎不含位错的小晶须，其强度高达 13 400 MPa，而工业退火纯铁抗拉强度低于 300 MPa，两者相差 40 多倍。

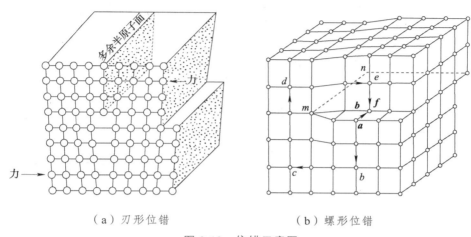

（a）刃形位错　　　　　　　（b）螺形位错

图 2-10　位错示意图

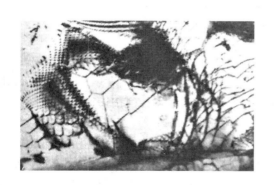

图 2-11　实际晶体中的位错网

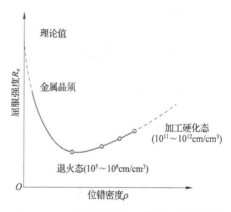

图 2-12　金属强度与位错密度的关系

3）面缺陷

面缺陷是指晶体在三维中存在一个方向上尺寸很小，另外两个方向上尺寸很大，呈现面状分布的晶格缺陷。金属中的面缺陷主要包括晶界和亚晶界，如图 2-13 所示。晶界具有许多不同于晶粒内部的特性，它的存在会对金属的性能产生重要的影响。晶界的存在提高了金属的强度，晶界越多（即晶粒越细），金属材料的强度、硬度越高；晶界处的熔点较低，晶界处往往优先形成新相，晶界容易被腐蚀。亚晶界对金属性能的影响与晶界相似，如亚晶界越多，即亚晶越细，将使金属的屈服强度增大。

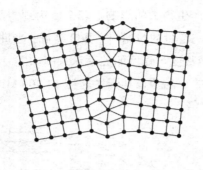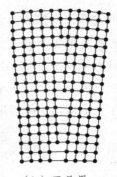

（a）晶界　　　　　　　　（b）亚晶界

图 2-13　面缺陷示意图

综上所述，实际金属晶体一般不是单晶体，而是多晶体材料，且存在许多晶体缺陷，其结构特征见表 2-4。

表 2-4　实际金属晶体的结构特征

晶体缺陷的类别	主　要　形　式	对材料性能的影响
点缺陷	空位、间隙原子、置换原子	金属扩散的主要方式、固溶强化
线缺陷	刃形位错、螺形位错	加工硬化、固溶强化
面缺陷	晶界、亚晶界	易腐蚀、易扩散、熔点低、强度高、细晶强化

2.1.3　合金的相结构

纯金属具有较高的导电性和导热性能，强度、硬度等力学性能一般较低，不能满足使用性能的要求，而且冶炼困难、价格较高，因此工业中广泛使用的不是纯金属而是合金。合金是由两种或两种以上的金属或非金属组合而成并具有金属特性的物质。合金中具有同一化学成分且结构相同的均匀组成部分称为相。组成合金最基本的独立的物质叫作组元，组元通常是纯元素或稳定的化合物。合金在液态下各个组元相互溶解，只有一种液相，在固态下各组元相互作用不同，可能形成不同的相结构。据此，合金的基本相结构可以分为两大类：固溶体和金属化合物。

1. 固溶体

1）间隙固溶体

溶质原子处于溶剂晶格间隙中的固溶体称为间隙固溶体，如图 2-14（a）所示。实验证明：当溶质元素与溶剂元素的原子半径之比小于 0.59 时才能形成间隙固溶体，因此形成间隙固溶体的溶质元素都是一些原子半径小的非金属元素，如 H、C、O、N 等。非金属元素的原子半径小，形成间隙固溶体的例子很多。例如，碳钢中碳原子溶入α-Fe 晶格的间隙中形成称为铁素体的间隙固溶体，碳原子溶入γ-Fe 晶格间隙中形成称为奥氏体的间隙固溶体。溶质原子溶入溶剂的数量越多，溶剂的晶格畸变就越大，当溶质超过一定数量时，溶剂的晶格就会变得不稳定，于是溶质原子就不能继续溶解。所以间隙固溶体永远是有限固溶体。

（a）间隙固溶体　　　　　　　　　　　　　　　（b）置换固溶体

图 2-14　固溶体的类型

2）置换固溶体

溶剂晶格中的某些原子位置被溶质原子取代而形成的固溶体称为置换固溶体，如图 2-14（b）所示。形成置换固溶体时，溶质原子在溶剂中的溶解度主要取决于两者在元素周期表中的位置、晶格类型和原子半径的大小。一般来说，溶质与溶剂原子在周期表中位置越靠近，晶格类型相同，原子半径差越小，其溶解度越大，甚至可以以任何比例互溶形成无限固溶体。例如，铜和镍都是面心立方晶格，铜的原子半径为 2.55×10^{-10} m，镍的原子半径为 2.49×10^{-10} m，两者是处在同一周期并且相邻的两个元素，所以可以形成无限固溶体。溶质原子与溶剂原子的直径不可能完全相同，因此形成置换固溶体时也会造成固溶体中的晶格常数的变化和晶格畸变，如图 2-15 所示。

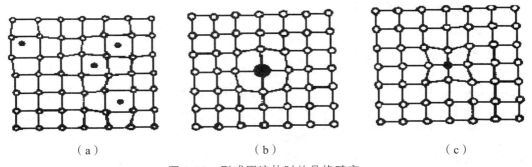

（a）　　　　　　　　　　　　（b）　　　　　　　　　　　　（c）

图 2-15　形成固溶体时的晶格畸变

由于溶质原子的溶入，固溶体的晶格发生畸变，结果使金属材料的强度、硬度升高。这种通过溶入溶质元素形成固溶体，使金属材料的变形抗力增大、强度、硬度升高的现象称为固溶强化，它是金属材料强化的重要途径之一。实践证明，适当掌握固溶体中的溶质含量，可以在显著提高金属材料的强度、硬度的同时，仍能保持良好的塑性和韧性。例如，向铜中加入 19%的镍，可使纯铜的抗拉强度由 220 MPa 提高到 380 MPa，硬度由 44 HBS 提高到 70 HBS，而伸长率仍然保持在 50%左右。所以对力学性能要求较高的结构材料，几乎都以固溶体作为最基本的组成相。

2. 金属化合物

金属化合物是指合金中各组元按一定的比例结合而成的晶体相。合金中溶质含量超过溶剂的溶解度时将出现新相，这个新相可能是一种晶格类型和性能完全不同于任意合金组元的化合物，如碳钢中的 Fe_3C（渗碳体）。金属化合物一般具有复杂的晶体结构。金属化合物的特点是熔点高、硬度高和脆性大。因此，当合金中出现金属化合物时，通常能提高合金的强度、硬度和耐磨性，但也会降低塑性和韧性。金属化合物是各类合金钢、硬质合金及许多非铁合金的重要组成部分。

多数工业合金均为固溶体和少量化合物构成的混合物，通过调整固溶体的溶解度和其中的化合物的形态、数量、大小及分布，可使合金的力学性能在一个相当大的范围内变动，从而满足不同的性能要求。

合金的相结构对合金的性能有很大的影响，表 2-5 是合金相结构的特征。

表 2-5　合金相结构的特征

类　别	分　类	在合金中的位置及作用	力学性能特点
固溶体	置换固溶体、间隙固溶体	基体相。提高塑性及韧性	塑性、韧性好，强度比纯组元高
金属化合物	正常价化合物、电子价化合物、间隙化合物	强化相。提高强度、硬度及耐磨性	熔点高、硬度高、脆性大

2.2　纯金属的结晶

1. 冷却曲线和过冷现象

物质从液态到固态的转变过程称为凝固，若通过凝固能形成晶体结构，则称为结晶。纯元素（金属或非金属）的结晶都具有一个严格的平衡结晶温度，高于此温度便发生熔化，低于此温度才能进行结晶。而在平衡结晶温度，液体与晶体同时共存，达到可逆平衡。一切非晶体物质则无此明显的平衡结晶温度，凝固总是在某一温度范围逐渐完成。

自然界的一切自发转变过程，总是由能量较高的状态趋向能量较低的状态。物质中能够自动向外界释放出其多余的或能够对外做功的这一部分能量称为自由能（F）。同一物质的液体与晶体，由于其结构不同，在不同温度下的自由能变化是不同的，如图 2-16 所示。

由图 2-16 可知，两条曲线的交点即液、固态的能量平衡点，对应的温度即理论结晶温度或熔点。低于 T_0 时，液相的自由能高于固相，液体向晶体的转变伴随着能量降低，因此有可能发生结晶。换言之，要使液体进行结晶，就必须使其温度低于理论结晶温度，造成液体与晶体间的自由能差（$\Delta F = F_{液} - F_{晶}$），即具有一定的结晶驱动力才行。实际结晶温度（T_1）与理论结晶温度（T_0）之差称为过冷度（$\Delta T = T_0 - T_1$）。金属液的冷却速度越大，过冷度便越大，液、固态自由能差也越大，即所具结晶驱动力越大，结晶倾向便越大。

在液态物质的冷却过程中，可以用热分析法来测定其温度的变化规律，即冷却曲线，如图 2-17 所示。冷却曲线上水平台阶的温度即为实际结晶温度（T_1）。平台的出现是因为结晶潜热的放出补偿了金属向环境散热引起的温度下降。冷速越慢，测得的实际结晶温度便越接近于理论结晶温度。必须指出，在平台出现之前，还经常会出现一个较大的过冷现象，为结晶的发生提供足够的推动力，而一旦结晶开始，放出潜热，便会使其温度回升到水平台阶的温度。

金属开始结晶的温度 T_1 低于其熔点 T_0，这种现象叫过冷。二者的差值叫作过冷度。不同的金属过冷倾向不同。同一金属在不同冷却条件下凝固速度不同是由于过冷度不同，冷却速度越大，过冷度越大。过冷度是金属结晶时必然出现的现象。

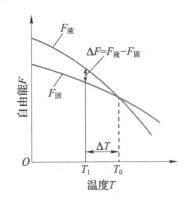

图 2-16　液态与晶体在不同温度下的自由能变化　　　图 2-17　纯金属结晶时的冷却曲线示意图

2. 纯金属的结晶过程

液态金属的结晶是由晶核的形成和晶核的长大两个过程来实现的。结晶时，首先在液体中形成一些极微小的晶体（称为晶核），然后再以它们为核心不断长大。在这些晶体长大的同时，又出现新的晶核并逐渐长大，直至液态金属全部消失。结晶过程可用图 2-18 来表示。

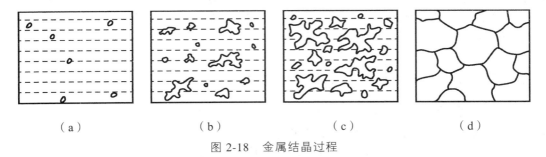

（a）　　　　　　　（b）　　　　　　　（c）　　　　　　　（d）

图 2-18　金属结晶过程

1）晶核的生成

研究表明，液态金属有两种形核方式：自发形核和非自发形核。

31

（1）自发形核。当温度降到结晶温度以下时，液态金属中就将形成一些比较稳定的原子集团，成为结晶的核心。这种从液体内部自发形成结晶核心的过程叫作自发形核。

（2）非自发形核。液态金属依附在一些未溶微粒表面形成晶核的过程称为非自发形核。这些未溶微粒可以是液态金属存在的杂质，也可能是人为加入的物质。虽然在液态金属中自发形核和非自发形核是同时存在的，但在实际金属的结晶过程中，非自发形核比自发形核更重要，往往起优先和主导的作用。

2）晶核的长大

晶核形成以后，晶核即开始长大。晶核长大实质是原子由液体向固体表面的转移，在晶核生长的初期，保持规则的几何外形，但在继续生长的过程中，由于棱边和尖角处的散热条件优于其他部位，能使结晶时放出的结晶潜热迅速逸出，此处晶体优先长大并沿一定方向生长出空间骨架，这种骨架如同树干，称为一次晶轴。在一次晶轴伸长和变粗的同时，其棱边又生成二次晶轴，同样可以形成三次晶轴、四次晶轴等，从而形成一个树枝状晶体，称为树枝状晶，简称枝晶。晶核的长大方式通常是树枝状长大，称为枝晶长大。图 2-19 所示为晶体枝晶长大的过程。

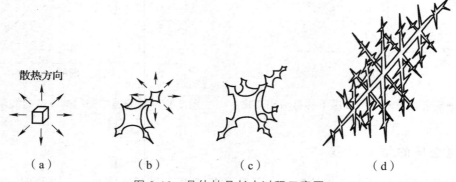

（a）　　　　　　　（b）　　　　　　　（c）　　　　　　　（d）

图 2-19　晶体枝晶长大过程示意图

在金属结晶过程中，由于晶核是按树枝状骨架方式长大的，当其发展到与相邻的树枝状骨架相遇时，就停止扩展，但是此时的骨架仍处于液体中，故骨架内将不断长出更高次的晶轴。同时，先生长的晶轴也在逐渐加粗，使剩余的液体越来越少，直至晶轴之间的液体结晶完毕，各次晶轴互相接触形成一个充实的晶粒。在结晶过程中，如果液体的供应不充分，金属最后凝固的树枝晶之间的间隙不会被填满，晶体的树枝状就很容易表露出来。

3. 影响晶粒大小的因素及晶粒大小的控制

（1）过冷度的影响。从金属的结晶过程可知，一定体积的液态金属中，形成的晶核数目越多，则结晶后的晶粒越多，晶粒就越细小。随着过冷度的增大，晶核的数目增加，因此提高过冷度可以增加单位体积内晶粒的数目，使晶粒细化。但过冷度过大或温度过低时，原子的扩散能力降低，形核的速率反而减少。实际生产中，增大过冷度的主要办法是提高液体金属的冷却速度以增加形核数目。如在铸造生产中，金属型比砂型有更大的冷却速度，可以获得更细的晶粒。

（2）变质处理。在金属液中加入某些物质，使其在金属液中形成大量分散的固体质点，起非自发形核作用，用来细化晶粒，这种方法称为变质处理，所加入物质称为变质剂。

（3）振动或搅拌。金属结晶时，如对液态金属采取机械振动、超声波振动、电磁振动或机械搅拌等措施，可以使枝晶破碎细化，而且破碎的枝晶还可起到新生晶核的作用，增加了晶核数量，使晶粒得到了细化。

4. 金属铸锭的组织及缺陷

在实际生产中，液态金属是在铸锭模或铸型中凝固的，前者得到铸锭，后者得到铸件。铸锭是各种金属材料成材的毛坯，铸锭组织不但影响到其压力加工性能，而且还影响到压力加工后的金属制品的组织和性能。因此，应了解铸锭的组织及其形成规律，并设法改善铸锭组织。图 2-20 所示为典型铸锭组织的示意图，整个体积中明显地分为 3 种晶粒状态区域，现以其为例说明铸锭的一般特点。

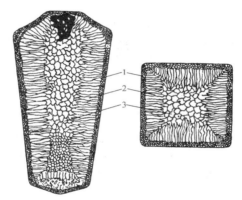

1—表面细晶区；2—柱状晶区；3—心部等轴晶区。

图 2-20　铸锭组织示意图

1）表面细晶区

表面细晶区的形成是因为金属液在刚浇入锭模时，由于模壁温度较低，表层金属迅速冷却，造成了较大的过冷度而产生大量的结晶核心。表面细晶区组织致密，力学性能很好，但因其很薄，所以对整个铸锭性能影响不大。

2）柱状晶区

在表面细晶粒形成后，随着模壁温度的升高，细晶区前面的液体散热能力下降，过冷度也下降。晶核的形核率不如成长速度大，各晶粒可得到较快的成长。而此时凡是枝轴垂直于模壁的晶粒，不仅因其沿着枝轴向模壁传热比较有利，而且它们的成长也不至因互相抵触而受到限制，所以优先得到成长，从而形成柱状晶粒。

柱状晶区组织较致密，但有明显的各向异性。钢锭一般不希望得到柱状晶组织，因为进行塑性变形时柱状晶区易出现晶间开裂，尤其在柱状晶层的前沿及柱状晶彼此相遇处，当存在低熔点杂质而形成一个明显的脆弱界面时，更容易发生开裂，所以生产上经常采用振动浇铸或变质处理等方法来破坏柱状晶的形成和长大。

但对于某些铸件，如涡轮叶片，则常采用定向凝固的方法有意使整个叶片由同一方向、平行排列的柱状晶所构成，因为这种结构能沿一定方向承受较大的负荷而使涡轮叶片具有良好的使用性能。此外，对塑性良好的有色金属（如铜、铝等）也希望得到柱状晶组织。因为这种组织较致密，对机械性能有利，而在压力加工时，由于这些金属本身具有良好的塑性，并不容易发生开裂。

3）中心等轴晶区

随着柱状晶的成长，通过已结晶的柱状晶区和模壁向外散热的速度越来越慢，剩余在锭模中部的液体温差也越来越小，散热方向性已不明显，而趋于均匀冷却的状态。同时，由于液体金属的流动等原因，可能将一些未熔杂质推至铸锭中心，或将柱状晶的枝晶分枝冲断，漂移到铸锭中心，它们都可成为剩余液体的晶核，这些晶核由于在不同方向上的成长速度相同，最后形成较粗大的等轴晶区。由于此区最后凝固，一些低熔点的杂质或合金元素可能多些，同时会因液态金属补充不足而出现中心偏析和疏松。

综上所述，铸锭组织是不均匀且比较粗大的，还存在如缩孔、疏松、气泡、偏析、非金属夹杂等铸造缺陷。改变凝固条件可以改变各晶区的相对大小和晶粒的粗细，甚至获得只有两层或单独一个晶区所组成的铸锭。

5. 同素异构转变

许多金属材料在固态下只有一种晶体结构，如铝、铜等在固态下无论温度的高低，均为面心立方晶格，而钨、钼、钒等则为体心立方晶格。但有些金属在固态下，会随着外界条件（如温度、压力等）的变化而转变成不同类型的晶体结构，称为同素异构转变，常见的金属有铁、钛、钴等。

图 2-21 所示为纯铁在结晶时的冷却曲线。液态纯铁在 1 538 ℃ 结晶后得到体心立方晶格的 δ-Fe，在 1 394 ℃ 时转变为面心立方晶格的 γ-Fe，冷却到 912 ℃ 时又转变为体心立方晶格的 α-Fe。同一种金属不同晶体结构的晶体称为该金属的同素异构体。

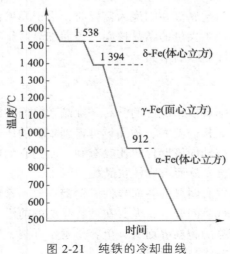

图 2-21　纯铁的冷却曲线

金属的同素异构转变与液态金属的结晶过程相似，故称为二次结晶或重结晶。它遵循着形核与长大的基本规律，由于是在固态下进行，转变需要较大的过冷度。同时晶型的转变会引起体积的变化，产生组织应力。纯铁的同素异构转变是钢铁材料能够进行热处理的内因和依据，也是钢铁材料性能多种多样、用途广泛的主要原因之一。

2.3　二元合金相图

合金中的各元素相互作用，可形成一种或几种相。合金的性能就是由组成合金的这些相及其组合情况所决定的。处于平衡状态时，在同一种二元合金系中，同一温度下由不同质量分数的溶质组元所构成的合金，或者同成分合金在不同的温度条件下，合金中各相的质量比是不同的，甚至还可能形成不同的相。平衡是指在一定条件下合金系中参与相变过程的各相的成分和质量分数不再变化所达到的一种状态。合金在极其缓慢的冷却条件下的结晶过程，一般可被认为是平衡的结晶过程。相图就是表达温度、成分和相之间的关系，表明合金系中不同成分合金在不同温度下，由哪些相组成以及这些相之间平衡关系的图形，又称平衡图或状态图。

2.3.1　二元合金相图的建立

二元合金相图的建立一般是通过热分析法、热膨胀法、电阻法及 X 射线结构分析法等试验方法进行测绘的，其中最常用的是热分析法。测定的关键是准确地找到合金的熔点和固态转变温度-临界点或称特征点。

下面以 Cu-Ni 合金和 Pb-Sn 合金为例，简单介绍用热分析法建立相图的过程。

（1）熔配不同成分的一系列 Cu-Ni 合金见表 2-6，供热分析实验之用。

表 2-6　Cu-Ni 合金

编号	1	2	3	4	5
ω_{Cu}/（%）	100	75	50	25	0
ω_{Ni}/（%）	0	25	50	75	100

（2）在热分析仪上分别测出每种合金的冷却曲线，找出各冷却曲线上的临界点（转折点或平台）的温度。

（3）画出温度-成分坐标系，在各合金成分垂线上标出临界点温度。

（4）将具有相同意义的点连接成线，标明各区域内所存在的相，即得到 Cu-Ni 合金相图，如图 2-22 所示。

实际绘制相图时，远不止熔配上述 5 种合金，而是熔配出许多相邻成分相差不大的一系列合金，从而得到一系列冷却曲线，从冷却曲线上得到一系列的相同特征点相同特征点，数量越多，连接这些特征点而形成的相图就越准确。

图 2-23 所示为 Pb-Sn 合金二元相图的建立过程示意图。

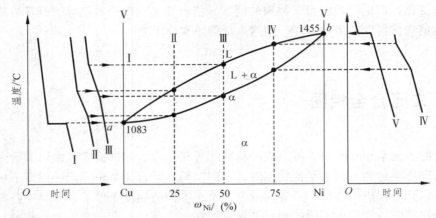

图 2-22　Cu-Ni 铜镍合金相图的建立过程示意图

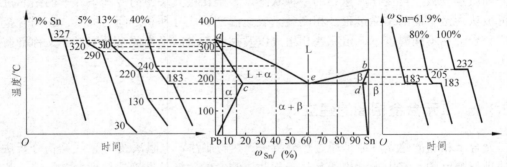

图 2-23　Pb-Sn 合金二元相图的建立过程示意图

2.3.2　相图的物理意义

图 2-24 所示为 Cu-Ni 二元合金状态图，图上的每个点、线、区均有一定的物理意义。横坐标左端 ω_{Cu} = 100%，右端 ω_{Ni} = 100%，从左至右代表 Ni 含量的变化。a、b 两点分别为铜和镍的熔点。由特征点连接起来的曲线将相图划分为 3 个相区。acb 线为液相线，该线以上为液相区，adb 线为固相线，该线以下为固相区，液相线与固相线所围成的区域为液、固两相共存区。图中的每一点表示一定成分的合金在一定温度时的稳定状态。例如，点 m 表示 ω_{Ni} = 30% 的 Cu-Ni 合金在 1 200 ℃ 时处于液相（L）+固相（α）的两相状态；点 n 表示 ω_{Ni} = 60% 的 Cu-Ni 合金在 1 000 ℃ 时处于单相的 α 固相状态。两相区的存在说明，Cu-Ni 合金的结晶是在一个温度范围内进行的。

液、固相线具有另一个重要意义，即还表示合金在缓慢冷却条件下液、固两相平衡共存时，液（固）相化学成分随温度的变化规律：液相成分沿液相线变化，固相成分沿固相线变化。这将在以下相图分析内容中进一步讨论。

上述 Cu-Ni 合金和 Pb-Sn 合金的相图是比较简单的相图，而多数合金的相图是较为复杂的。但是，任何复杂的相图都是由几类最简单的基本相图组成的。下面介绍几种基本的二元相图。

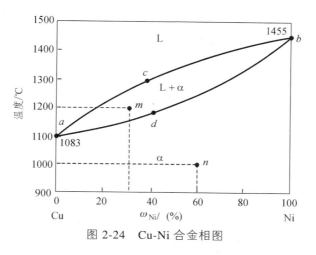

图 2-24　Cu-Ni 合金相图

2.3.3　匀晶相图

两组元在液态和固态均能无限互溶时所构成的相图称为匀晶相图，二元合金系中两组元在液态和固态下均能无限互溶的相图称为二元匀晶相图。具有这类相图的合金系有 Cu-Ni，Cu-Au，Au-Ag，Fe-Ni 和 W-Mo 等。

1. 相图及结晶过程分析

图 2-25 所示为匀晶相图的一般形式。图中 $a321b$ 线为液相线，该线以上合金处于液相；$a3'2'1'b$ 线为固相线，该线以下合金处于固相。液相线和固相线分别表示合金系在平衡状态下冷却时结晶的始点和终点（或加热熔化时的终点和始点）。α 为固相，是 A 和 B 组成的无限固溶体。

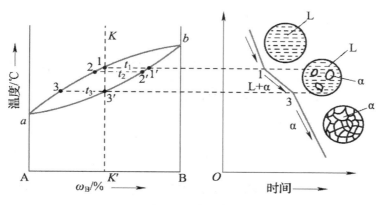

图 2-25　匀晶相图合金的结晶过程

设任一成分为 K 的合金，其成分垂线 KK' 与液相线、固相线分别交于 1，3′ 两点。合金温度处于 1 点以上时，为液相 L。缓慢冷却到 1～3′ 点温度之间时，合金发生匀晶反应：L→α，即从液相中逐渐结晶出 α 固溶体。冷却到 3′ 点温度时，合金结晶完毕，全部转变为 α 相。从 3′ 点温度至室温之间为 α 相的均匀冷却过程，室温下得到的组织全部为 α 固溶体。

在 1～3′ 点温度区间，合金处于两相共存区，液相和固相的成分也将通过原子扩散不断变化。液相成分沿液相线变化（即 1→3），固相成分沿固相线变化（即 1′→3′）。某一温度时液相和固相成分的确定，可通过该温度点作一平行于成分坐标轴的水平线，分别与液、固相线相交，与液相线交点所对应的成分为此温度下液相的成分，与固相线的交点所对应的成分则为固相成分。

2. 杠杆定律

在两相区结晶过程中，两相的成分和相对量都在不断变化。杠杆定律就是确定状态图中两相区内平衡相的成分和相对量的重要工具。

如图 2-26（a）所示，设 B 含量为 ω 的 K 合金，在某温度 T_x 时，液相的质量百分数为 Q_L，固相的质量百分数为 Q_α。已知液相中 B 含量为 ω_L，固相中 B 含量为 ω_α，可得方程：

$$Q_L + Q_\alpha = 1$$

$$Q_L \omega_L + Q_\alpha \omega_\alpha = \omega$$

解方程，得

$$Q_L = \frac{\omega_\alpha - \omega}{\omega_\alpha - \omega_L} = \frac{\overline{X'K}}{\overline{X'X}}; \quad Q_\alpha = \frac{\omega - \omega_L}{\omega_\alpha - \omega_L} = \frac{\overline{KX}}{\overline{X'X}}; \quad \frac{Q_\alpha}{Q_L} = \frac{\overline{KX}}{\overline{X'K}}$$

由此得出结论，某合金两相的质量比等于这两相成分点到合金成分点距离的反比。这与力学中的杠杆定律非常相似，如图 2-26（b）所示，因此也称之为杠杆定律。

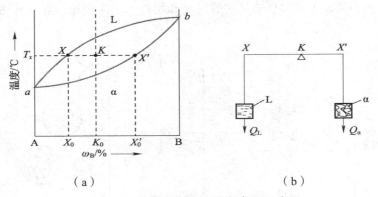

（a）   （b）

图 2-26　杠杆定理的证明和力学示意图

杠杆定律不仅适用于液、固两相区，也适用于其他类型的二元合金的两相区。值得注意的是，杠杆定律只适用于两相区，并且只能在平衡状态下使用。

3. 枝晶偏析

在平衡条件下结晶时，由于冷速缓慢，原子可充分进行扩散，能够得到成分均匀的固溶体。但在实际生产条件下，由于冷速较快（不平衡结晶），从液体中先后结晶出来的固相成分不同，使得一个晶粒内部化学成分不均匀，这种现象称为晶内偏析。由于固溶体一般都以树枝状方式结晶，先结晶的树枝晶轴含高熔点的组元较多，后结晶的晶枝间含低熔点组元较多，因此晶内偏析又称为枝晶偏析。

枝晶偏析严重影响合金的力学性能（尤其是塑性和韧性）和耐腐蚀性，故应设法消除。生产上通常采用均匀化退火（又称扩散退火）消除枝晶偏析，即将铸件加热到固相线以下 $100 \sim 200 \, ^\circ C$ 的温度，保温较长的时间，然后缓慢冷却，使原子充分扩散，从而达到成分均匀的目的。

2.3.4 二元共晶相图

两组元在液态无限互溶，在固态有限溶解（或不溶），并在结晶时发生共晶反应所构成的相图称为二元共晶相图。具有这类相图的合金系有 Pb-Sn，Pb-Sb，Cu-Al，Al-Si，Ag-Cu 和 Zn-Sn 等。

1. 相图分析

图 2-27 所示为 Pb-Sn 合金相图。a，b 分别表示 Pb 和 Sn 的熔点，adb 线为液相线，$acdeb$ 为固相线。L，α，β 是该合金系的 3 个基本相。α 相是以 Pb 为溶剂、Sn 为溶质所形成的有限固溶体，β 相是以 Sn 为溶剂、Pb 为溶质所形成的有限固溶体。相图中的三个单相区即 L，α，β 三个两相区是 $L + \alpha$，$L + \beta$，$\alpha + \beta$。还有一个三相区 $L + \alpha + \beta$ （水平线 cde）。

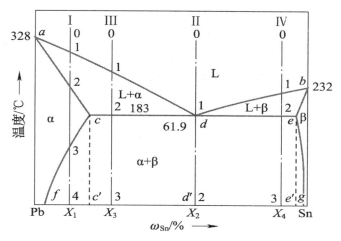

图 2-27　Pb-Sn 合金相图

cde 线为三相平衡线（共晶线）。在该温度（共晶温度）下发生共晶反应：$L_d \underset{}{\overset{恒温}{\rightleftharpoons}} \alpha_c + \beta_e$，即 d 点成分的液相 L_d 同时结晶出两种成分和结构不同的固相 α_c 和 β_e。其产物 $\alpha_c + \beta_e$ 是两个固

相的机械混合物，称之为共晶体或共晶组织。共晶体的组织特征是两相交替分布，细小分散。

所有成分在 c 点和 e 点之间的合金，当冷却到共晶温度时，将发生共晶反应。d 点称为共晶点，成分对应于共晶点的合金称为共晶合金。成分在 cd 间的合金称为亚共晶合金，在 de 间的合金称为过共晶合金。

cf 线为 Sn 在 Pb 中的溶解度线，温度降低，固溶体的溶解度下降，Sn 含量大于 f 点的合金从高温冷却到室温时，从固态α相中析出β相，以降低α相中 Sn 含量，这种由固相中析出的固相称为次生相或二次相，记为 β_{II}（直接从液相中生成的固相称为初生相或一次相）。eg 线为 Pb 在 Sn 中的溶解度线，Sn 含量小于 g 点的合金，冷却过程将从β相中析出 α_{II}。

2. 典型合金的结晶过程

1）合金 I

合金 I 的平衡结晶过程如图 2-28 所示。液态合金冷却至 1 点温度后，发生匀晶结晶过程。至 2 点温度时，合金完全结晶成α固溶体，其后的冷却过程中（2~3 点的温度），α相不变。从 3 点温度开始，由于 Sn 在α中的溶解度沿 cf 线降低，从α相中析出 β_{II}。到室温时，α相中 Sn 含量逐渐变为 f 点。最后合金得到的组织为 $\alpha+\beta_{II}$。其组成相是 f 点成分的α相和 g 点成分的β相。运用杠杆定律，两相的质量分数为

$$\begin{cases} \omega_\alpha = \dfrac{x_1 g}{fg} \times 100\% \\[2ex] \omega_\beta = \dfrac{f x_1}{fg} \times 100\% \end{cases}$$

合金室温组织由α和 β_{II} 组成，α，β_{II} 即组织组成物。组织组成物是指合金组织中具有确定本质、一定形成机制的特殊形态的组成部分。组织组成物为单相或两相混合物。

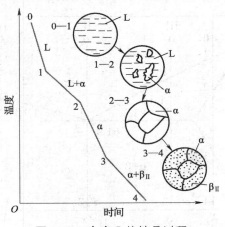

图 2-28 合金 I 的结晶过程

合金 I 的室温组织组成物α和 β_{II} 皆为单相，所以它的组织组成物的相对质量和相组成物的相对质量相等。

2）合金Ⅱ

合金Ⅱ为共晶合金，其平衡结晶过程如图 2-29 所示。液态金属冷至共晶温度时发生共晶反应：$L_d \xrightleftharpoons[]{\text{恒温}} \alpha_c + \beta_e$，经一段时间后，全部转变为共晶体 $\alpha_c + \beta_e$。继续冷却时，共晶体中的 α 相沿 cf 线析出 β_{II}，β 相沿 eg 线析出 α_{II}。由于 α_{II} 和 β_{II} 都相应地同 α 和 β 连在一起，共晶体的基本形态不发生变化。合金的室温组织全部为共晶体（见图 2-30），即只含有一种组织组成物（共晶体），而其组成相仍为 α 相和 β 相。

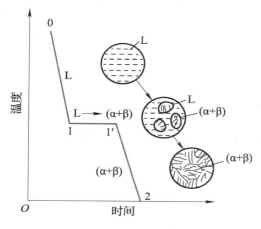

图 2-29　合金Ⅱ的结晶过程

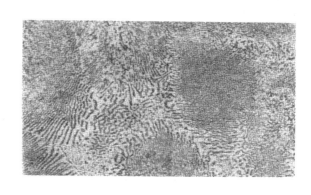

图 2-30　Pb-Sn 合金的共晶组织

3）合金Ⅲ

合金Ⅲ为亚共晶合金，其平衡结晶过程如图 2-31 所示。液态金属冷至 1 点温度后，发生匀晶反应生成初生 α 相。随着温度的降低，液相不断结晶出 α 相，当温度降至 2 点（共晶线）时，初生 α 相和剩余液相的成分分别达到了 c 点和 d 点。此时，剩余液相将在恒温下发生共晶转变而形成共晶体。共晶转变结束后的组织为 $\alpha_c + (\alpha_c + \beta_e)$。温度继续下降，初生 α 相中不断析出 β_{II}，成分从 c 点降至 f 点，此时共晶体如前所述，形态和总量保持不变。合金的室温组织为初生 $\alpha + \beta_{\mathrm{II}} + (\alpha + \beta)$。

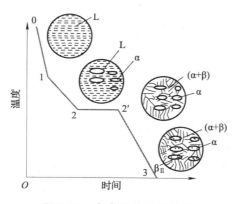

图 2-31　合金Ⅲ的结晶过程

41

合金的相组成物为α和β，它们的质量分数为

$$
\begin{cases}
\omega_\alpha = \dfrac{x_3 g}{fg} \times 100\% \\[3mm]
\omega_\beta = \dfrac{f x_3}{fg} \times 100\%
\end{cases}
$$

合金的组织组成物为初生α，β_{II} 和共晶体α+β。它们的质量分数可两次应用杠杆定律求得。根据结晶过程分析，先求出在刚冷却至 2 点温度而尚未发生共晶反应时 α_c 和 L_d 相的质量分数，即

$$
\begin{cases}
\omega_{\alpha_c} = \dfrac{2d}{cd} \times 100\% \\[3mm]
\omega_{L_d} = \dfrac{2c}{cd} \times 100\%
\end{cases}
$$

其中，液相在共晶反应后全部转变为共晶体α+β，因此这部分液相的质量分数便是室温组织中共晶体（α+β）的质量分数，即

$$
\omega_{(\alpha+\beta)} = \frac{2c}{cd} \times 100\%
$$

初生 α_c 冷却时不断析出 β_{II}，到室温后转变为 α_f 和 β_{II}。按照杠杆定律求得 α_f 和 β_{II} 在 $\alpha_f+\beta_{II}$ 中的质量分数（应注意杠杆支点），再乘以初生 α_c 在合金中的质量分数，求得 α_f 和 β_{II} 的质量分数

$$
\begin{cases}
\omega_{\alpha_f} = \dfrac{c'g}{fg} \times \omega_{\alpha_c} \times 100\% \\[3mm]
\omega_{\beta_{II}} = \dfrac{fc'}{fg} \times \omega_{\alpha_c} \times 100\%
\end{cases}
$$

成分在 cd 之间的所有亚共晶合金的结晶过程均与合金Ⅲ相同，仅组织组成物和相组成物的质量分数不同。成分越靠近共晶点，合金中共晶体的含量越多。

4）合金Ⅳ

合金Ⅳ为过共晶合金，它的平衡结晶过程与亚共晶合金相似。不同之处在于初生相为β固溶体，而后初生β相中析出 α_{II}。室温组织为初生β + α_{II} + （α+β）。

3. 包晶相图

两组元在液态无限互溶，在固态有限溶解，并在结晶时发生包晶反应所构成的相图，称为包晶相图。具有这种相图的合金系主要有 Pt-Ag、Ag-Sn、Cu-Zn、Cu-Sn、Sn-Sb 和 Fe-C 等。

图 2-32 所示为 Fe-Fe$_3$C 相图中的包晶部分。A 点为纯铁的熔点，ABC 线为液相线，$AHJE$ 线固相线。HN 和 JN 分别表示冷却时 δ→A 转变的开始和终了线。HJB 水平线为包晶线，J 为包晶点。

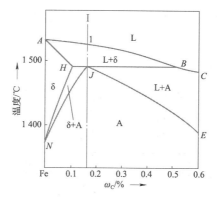

图 2-32　Fe-Fe₃C 相图包晶部分

相图中有三个单相区 L，δ 和 A，三个两相区 L+δ，L+A 和 δ+A。

现以包晶点成分的合金 I 为例，分析其结晶过程。

当合金 I 冷却至 1 点温度时，开始从液相析出 δ 固溶体。继续冷却，则 δ 相数量不断增加，液相数量不断减少。δ 相成分沿 AH 线变化，液相成分沿 AB 线变化。此阶段为匀晶结晶过程。

当合金冷却至包晶反应温度时，先析出的 δ 相与剩下的液相发生包晶反应生成 A。A 是在原有 δ 相表面生核并长大形成的，如图 2-33 所示。结晶过程在恒温下进行，其反应式为

$$L_B + \delta_H \rightarrow A_J$$

由于三相的浓度各不相同，δ 相含碳量最少，A 相较高，L 相最高。通过铁原子和碳原子的扩散，A 相一方面不断消耗液相向液体中长大，另一方面也不断吞并 δ 固溶体向内生长，直至把液体和 δ 固溶体全部消耗完毕，最后形成单相 A，包晶转变即告完成。

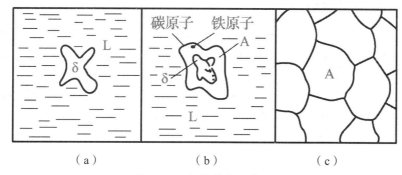

图 2-33　包晶转变示意图

当合金成分在 HJ 之间时，包晶反应终了，δ_H 有剩余，在随后的冷却中，将发生的转变。当冷却至 JN 线，则 δ 相全部转变为 A 相。

4. 共析相图

在二元合金相图中，经常会遇到这样的反应，即在高温时通过匀晶反应、包晶反应所形成的单相固溶体，在冷却至某一温度处又发生分解而形成两个与母相成分不同的固相，如图 2-34 所示。

图 2-34 中，c 点为共析点，dce 线为共析线。当 γ 相具有 c 点成分，且冷却至共析线温度时，则有

$$\gamma_c \to \alpha_d + \beta_e$$

这种由一种固相在恒温下析出两种新固相的反应，称为共析反应，其相图称为共析相图。

由于共析反应易于过冷，因此形核率较高，得到的两相机械混合物（共析体）比共晶体更细小和弥散，主要存在片状和粒状两种形态。共析组织在钢中普遍存在。

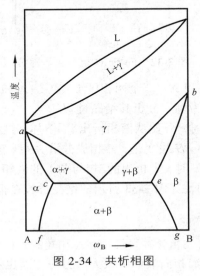

图 2-34 共析相图

5. 含有稳定化学物的相图

某些二元合金中，可以形成一种或几种稳定化合物。这些化合物具有一定的化学成分及固定的熔点，且熔化前不分解，也不发生其他化学反应。例如，Mg-Si 合金就能形成稳定化合物 Mg_2Si。

图 2-35 所示为 Mg-Si 合金相图。在分析这类相图时，可以把稳定化合物看成是一个独立组元，并将整个相图分割成几个简单相图。因此，可将 Mg-Si 合金相图分为 Mg-Mg_2Si 和 Mg_2Si-Si 两个相图来进行分析。

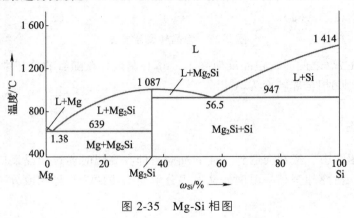

图 2-35 Mg-Si 相图

以上分析了二元合金相图的几种基本类型，各类型的特征综合列于表 2-7 中。

表 2-7　二元合金相图的分类及其特征

图形特征	转变特征	转变名称	相图形式	转变式	说明
	$I \rightleftharpoons I + II$	匀晶转变		$L \rightleftharpoons \alpha$	一个液相 L 经过一个温度范围转变为同成分的固相 α
		固溶体同素异晶转变		$\gamma \rightleftharpoons \alpha$	一个固相 γ 经过一个温度范围转变为成分相同的另一个固相 α
	$I \rightleftharpoons II + III$	共晶转变		$L \rightleftharpoons \alpha + \beta$	恒温下由一个液相 L 同时转变为两个成分不同的固相 α 及 β
		共析转变		$\gamma \rightleftharpoons \alpha + \beta$	恒温下由个固相同时转变为另两个固相 α 及 β
	$I + II \rightleftharpoons III$	包晶转变		$L + \beta \rightleftharpoons \alpha$	恒温下由一液相 L 和一个固相 β 相互作用生成一个新的固相 α
		包析转变		$\gamma + \beta \rightleftharpoons \alpha$	恒温下两个固相 γ 及 β 相互作用生成另一个固相 α

许多合金系的相图是由多种基本相图组合而成的复杂相图，如后面介绍的 Fe-C 合金相图就包含了包晶、共晶、共析和稳定化学物 4 种相图。

2.3.5　合金性能与相图的关系

相图反映出合金成分与组织的关系，以及不同合金的结晶特点。合金的使用性能取决于它们的成分和组织，而合金的某些工艺性能则取决于其结晶特点。具有平衡组织的合金的性能与相图之间存在着一定的对应关系。掌握这些规律，便可利用相图大致判断合金的性能，作为配制合金、选择材料和制定工艺的参考。

1. 合金的使用性能与相图的关系

图 2-36 所示为具有各类相图的合金力学性能和物理性能随成分而变化的一般规律。当形成机械混合物时，若其两相的晶粒较粗，而且均匀分布时，其性能是组成相性能的平均值，即性能与成分成直线关系。在共析或共晶型的成分点附近的合金，由于过冷和扩散速度等原因，反应后极易形成细小分散的组织，此时合金力学性能将偏离直线关系而出现高峰。固溶体合金的物理性能和力学性能与合金成分间成曲线关系。固溶体合金与作为溶剂的纯金属相比，其强度、硬度较高，电导率较低，并在某成分下达到最大值或最小值。但因固溶强化对硬度的提高有限，不能满足工程结构对材料性能的要求，所以工程上经常将固溶体作为合金的基体。

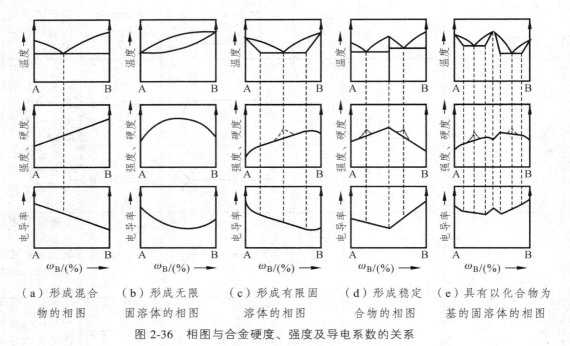

（a）形成混合物的相图　　（b）形成无限固溶体的相图　　（c）形成有限固溶体的相图　　（d）形成稳定化合物的相图　　（e）具有以化合物为基的固溶体的相图

图 2-36　相图与合金硬度、强度及导电系数的关系

2. 合金的工艺性能与相图的关系

合金的工艺性能与相图也有着密切的关系。图 2-37 所示为合金的铸造性能与相图的关系。相图中液相线和固相线之间距离越小，液体合金结晶的温度范围越窄，对浇注和铸造质量越有利。合金的液、固相线温度间隔大时，形成枝晶偏析的倾向性大，同时先结晶出的树枝晶会阻碍未结晶液体的流动，而降低其流动性，增多分散缩孔。纯组元和共晶成分的合金的流动性最好，缩孔集中，铸造性能好。但结构材料一般不使用纯组元金属，所以铸造结构材料常选取共晶或接近共晶成分的合金。

合金为单相固溶体时变形抗力小，变形均匀，不易开裂，故压力加工性能好。当合金形成两相混合物时，变形能力较差，特别是当组织中存在较多化合物相时，因为化合物相通常都很脆。

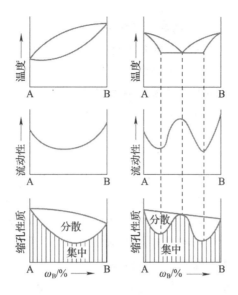

图 2-37　合金的铸造性能与相图的关系

此外，单相固溶体的切削加工性差，表现为不易断屑、工件表面粗糙度高等。当合金形成两相混合物时，其切削加工性得到改善。

【知识广场】

新一代钢铁材料（超级钢）

1. 何谓"新一代钢铁材料"？

新一代钢铁材料是指具有组成单元超细晶、化学成分（杂质）高洁净度、显微组织高均匀性的组织、成分和结构特征，以及高强度、高韧性的力学性能特征的新一代钢铁材料。即在环境性、资源性和经济性的约束下，采用先进制造技术生产具有高洁净度、高均匀度、超细晶粒特征的钢材，强度和韧度比传统钢材提高，钢材使用寿命增加，新一代钢铁材料，又称超级钢，或称超细晶粒钢等。

1995 年日本发生大地震，当地钢铁建筑毁于一旦，引发日本学界对钢铁材料重要性的思考。为适应未来发展，很多学者提出要开发更坚固的钢铁材料，这就是研发"超级钢"的起源。日本钢铁界和国家金属研究院经过 1995—1996 两年的调研，在日本科技厅支持下，于 1997 年 4 月正式启动了"超级钢材料国家研究计划"，目标是在 10 年内开发出把钢的"实际使用强度提高 1 倍，结构的寿命提高 1 倍，总成本降低，对环境的污染度降低"的超级钢，用于道路、桥梁、高层建筑等基础设施建材的更新换代。此举措被认为是对世界上最重要的工程结构材料——钢铁的再认识，是"第二次铁器时代"来临的前期征兆，吹响了"向钢铁进军"的新号角。在日本超级钢项目的影响下，1998 韩国启动了"21 世纪高性能结构钢发展"的 10 年国家计划。2001 年欧盟启动了"超级晶粒钢开发"计划。2002 年美国在钢铁研究指南中公布了两个新一代钢铁材料开发项目。

我国钢产量自 1996 年以来一直稳居世界第一，但在钢铁品种、质量方面与世界先进水平仍有很大差距，沿用了几十年的钢种体系急需更新换代。1998 年在国家重点基础研究发展规划项目"973 计划"中启动了"新一代钢铁材料的重大基础研究"项目，并将超级钢思路发展成"超细晶粒钢"。该课题的目标是在生产成本基本不增加的前提下将现有碳素钢、低合金结构钢和合金结构钢的强度目标提高 1 倍，即分别达到 400 MPa、800 MPa 和 1500 MPa，并满足韧性和各种使用性能要求。

2. 新一代钢铁材料（超级钢）的主要特征

新一代钢铁材料的主要特征是：在充分考虑经济性的条件下，钢材具有高洁净度、超细晶粒、高均匀度的特征，其中核心技术是超细晶。强度比常用钢材提高 1 倍，钢材使用寿命增加 1 倍。钢的理论强度可高于 8 000 MPa，而现在大量应用的碳素钢的强度仅为 200 MPa，低合金钢只有 400 MPa，合金结构钢也只有 800 MPa。因此，在已有科研成果基础上，进一步探索提高钢材强度和使用寿命的规律，把钢材强度成倍提高，在技术上是可行的。

生产中常见的标准晶粒度等级为 8 级，其中 1～3 级为粗晶（$d = 250 \sim 125 \ \mu m$），4～6 级为中等晶粒（$d = 88 \sim 44 \ \mu m$），7～8 级为细晶（$d = 31 \sim 22 \ \mu m$）。目前还没有一个被广泛接受的标准，对超细晶的尺寸给出确切的定义。有人建议把晶粒尺寸为 3～10 μm 的热轧带钢称为细晶，1～3 μm 称为超细晶粒，0.1～1 μm 称为微细晶粒，而把晶粒尺寸在 0.1 μm 以下称为纳米晶粒；10 μm 以上即为普通晶粒。

【技能训练】

金相显微镜的使用。

【学习小结】

（1）为了便于研究和学习晶体结构，把实际晶体简化为理想晶体，学习了晶格、晶胞、晶格常数、晶界等概念，以及体心立方晶格、面心立方晶格和密排六方晶格等 3 种典型金属晶体结构的特点等。

（2）与理想晶体不同，实际晶体中存在各种晶体缺陷。实际金属点、线、面缺陷的主要形式及其对材料性能的影响。

（3）固溶体和金属化合物在合金组织中的作用，固溶体保持了溶剂的晶格类型，一般强度较低、塑性较好；金属化合物一般硬度高、脆性大；建立"相""组织"的概念，合金的性能由组织决定；合金中，固溶体通常作为基相，而金属化合物主要起强化作用。

（4）金属的结晶需要一定的过冷度，理解过冷现象和过冷度的物理意义。结晶由形核和长大两个基本过程组成；晶粒大小对金属的性能有很大影响。

（5）同素异构转变是金属热处理的理论基础，应牢固掌握纯铁的同素异构现象。

（6）重点要学习掌握二元相图的建立、物理意义及相图分析，匀晶相图和共晶相图的特点，分析典型合金的结晶过程、室温组织。

【综合能力训练】

一、名词解释

晶体，晶体结构，单晶体、多晶体、晶格，晶胞，同素异构转变，相，组织，固溶强化，晶体缺陷，位错，晶界，亚晶界，金属化合物，同素异构转变，过冷，过冷度，树枝状长大，相图，匀晶转变，共晶转变，平衡结晶，枝晶偏析。

二、填空题

1. 晶体与非晶体的根本区别在于_____。

2. 金属晶格的基本类型有_____、_____与_____三种。

3. 在常温下的铁具有_____晶格，而 1000 ℃的铁具有_____晶格。

4. 实际金属的晶体缺陷有_____、_____与_____三类。

5. 金属结晶的过程是一个_____和_____的过程。

6. 金属结晶时，晶体的长大方式一般为_____。

7. 合金的组织类型一般分为两种，即_____与_____。

8. 如果位错是一种线型的晶体缺陷，那么_____便是面型的晶体缺陷。

9. 固溶体的晶体结构与_____的晶体结构相同。

10. 在常温下晶粒尺寸越细小，金属的力学性能_____。

11. 实际生产中，金属的冷却速度越快，过冷度_____，其实际结晶温度_____。

12. 合金的相结构分为_____与_____两种。

13. Pb-Sn 合金相图属于二元_____相图。

14. 具有二元匀晶转变的合金，其室温平衡组织为_____。

15. 共晶合金的熔点低，且在恒温下结晶。所以，共晶合金的_____性能最好。

16. 在浇注前，向灰铸铁铁液中加入硅钙或硅铁的目的是_____，这种处理方法称为_____。

三、选择题

1. 体心立方晶格的原子个数为（　　　　）。

    A. 4 个　　　　　　B. 3 个　　　　　　C. 2 个　　　　　　D. 1 个

2. 金属的同素异构转变可以改变（　　　　）。

    A. 化学成分　　　B. 晶粒形状　　　C. 晶粒大小　　　D. 晶体结构

3. 下列情况中存在各向异性的是（　　　　）。

    A. 单晶体　　　　　　　　　　　B. 单晶体、多晶体中都存在

    C. 多晶体　　　　　　　　　　　D. 单晶体、多晶体中都不存在

4. 间隙固溶体的溶解度一定是（　　　　）。

    A. 无限的　　　　　B. 有限的　　　　　C. 无法确定

5. 金属的实际结晶温度总是（　　　）理论结晶温度。

　　A. 等于　　　　　　　B. 高于　　　　　　　C. 低于　　　　　　　D. 不能确定

6. 合金固溶强化的主要原因是（　　　）。

　　A. 晶格类型发生了变化　　　　　　　B. 晶粒细化　　　　　　　C. 晶格发生了变

7. 在合金组织中可以单独使用的相是（　　　）。

　　A. 固溶体　　　　　B. 金属化合物　　　C. 二者都可以

8. 金属的冷却速度越快，过冷度（　　　）。

　　A. 越大　　　　　　B. 越小　　　　　　C. 不变

9. 发生共晶转变时，二元合金的温度（　　　）。

　　A. 升高　　　　　　B. 降低　　　　　　C. 不变　　　　　　D. 不能确定

10. 为了消除枝晶偏析，需要进行专门的热处理，这种热处理称为（　　　）。

　　A. 再结晶　　　　　B. 均匀化退火　　　C. 回火　　　　　　D. 正火

11. 由一种液相生成一种固相和另一种固相的反应称为（　　　）。

　　A. 匀晶转变　　　　B. 共晶转变　　　　C. 共析转变　　　　D. 包析转变

12. 单相固溶体合金的硬度较低，塑性较高，（　　　）较好。

　　A. 焊接性　　　　　B. 铸造性　　　　　C. 可锻性　　　　　D. 热处理性能

13. 液态合金在平衡状态下冷却时，结晶终止的温度线称为（　　　）。

　　A. 液相线　　　　　B. 固相线　　　　　C. 共晶线　　　　　D. 共析线

14. 合金结晶组织中化学成分不均匀的现象称为（　　　）。

　　A. 过冷　　　　　　B. 偏析　　　　　　C. 位错

四、问答题

1. 金属中常见的晶体结构有哪几种？

2. 实际晶体的晶体缺陷有哪几种类型？它们对晶体的力学性能有何影响？

3. 固溶体与化合物有何区别？固溶体的类型有哪几种？

4. 液态金属结晶的必要条件是什么？细化晶粒的途径有哪些？晶粒大小对金属材料的机械性能有何影响？

5. 何谓过冷现象和过冷度？　过冷度与冷却速度有何关系？

6. 什么是共晶转变？　共晶转变有何特点？

7. 什么是共析转变？共晶转变与共析转变有何异同？

8. 分析铸锭结晶后可形成 3 个不同晶区的成因。

9. 为什么单晶体具有各向异性，而多晶体在一般情况下不显示各向异性？

10. 什么是位错？位错密度的大小对金属强度有何影响？

11. 已知某二元合金的共晶反应为：$L_{75\%B} = \alpha_{15\%B} + \beta_{95\%B}$。试求：

（1）含 50%B 的合金凝固后，α和（α+β）共晶的相对量，以及α相与β相的相对量；

（2）共晶反应后若α相占 60%，问该合金成分如何？

12. 已知 A（熔点 600 °C）与 B（熔点 500 °C）在液态下无限互溶；在固态 300 °C 时 A 溶于 B 的最大溶解度为 30%，室温时为 10%，但 B 不溶于 A；在 300 °C 时含 40%B 的液态合金发生共晶反应。现要求：

（1）作出 A-B 合金相图；

（2）填出各相区的组织组成物。

13. 有形状、尺寸相同的两个 Cu-Ni 合金铸件，一个含 90%Ni，另一个含 50%Ni，铸后自然冷却，问哪个铸件的偏析较严重？

项目 3　铁碳合金相图

【学习目标与技能要求】

（1）掌握 Fe-Fe₃C 相图，理解相图中各点、线、区的意义，利用相图进行典型合金的结晶过程分析。

（2）掌握典型铁碳合金的平衡结晶过程和组织特点。

（3）掌握铁碳合金成分、组织、性能三者之间的关系，掌握铁碳相图的应用。

【教学提示】

（1）本项目是学习本课程的重要知识和核心内容之一，应掌握好本项目的内容，为学习好"钢的热处理"打下基础。教学中要多借助影像、动画等多媒体技术，增加直观性，加深理解。铁碳相图全面反映了钢铁材料成分、组织与性能的关系，是确定材料加工工艺的基础，在教学中要使学生熟练掌握，并能运用 Fe-Fe₃C 相图解释生活和工程中的相关问题，建议结合铁碳合金金相进行观察，进行组织分析，着重分析不同成分铁碳合金的室温组织特征。开展课后讨论，对不同成分的合金结晶过程进行分析。

（2）教学重点和难点：基本概念，晶体结晶过程，二元合金相图的分析及应用，共晶相图、共析相图及典型合金的结晶过程。

【案例导入】

法国金相学家奥斯蒙德（Floris Osmond，1849—1912）于 1887 年发现了铁的同素异构转变；英国冶金学家罗伯茨·奥斯汀（Roberts. Austen，1843—1902）于 1899 年最早测绘出了铁碳相图，为现代热处理初步奠定了理论基础。凡从事金属材料与热处理专业的人员都将铁碳相图视为解决技术问题的必备工具。

【知识与技能模块】

3.1　铁碳合金的基本组织

由 Fe 和 C 两种元素组成的合金称为铁碳合金，碳素钢和铸铁含其他合金元素不多，都可以看作铁碳合金。铁碳合金相图如图 3-1 所示。在铁碳合金中，C 一般以碳化物 Fe₃C（又称渗碳体）的形式存在，因此 Fe 和 Fe₃C 就成为铁碳合金中的两个基本组成相，它们是相图的两个"组元"，一般所说的铁碳合金相图实际就是 Fe-Fe₃C 相图。当 C 的质量分数超过 6.69% 时，整个铁碳合金成为单相碳化物，其硬度高（800 HBS）、强度低（仅 30 MPa 左右）、脆性极大（塑性为零），没有使用价值，所以具有实用意义并被深入研究的只是 C 的质量分数 < 6.69%的部分。

Fe₃C 是亚稳定相，在一定条件下将分解出石墨，这就是石墨化铸铁形成的基础。因此，实际生产中描述铁碳合金组织转变的相图有两种，即 Fe-Fe₃C 相图和 Fe-C 相图。本项目重点介绍 Fe-Fe₃C 相图。

从相图 Fe-Fe₃C 上可以了解不同含碳量的钢铁材料在不同温度下所存在的状态（即组织），是研究钢铁成分、组织和性能之间关系的理论基础，也是制定各种热加工工艺的依据。

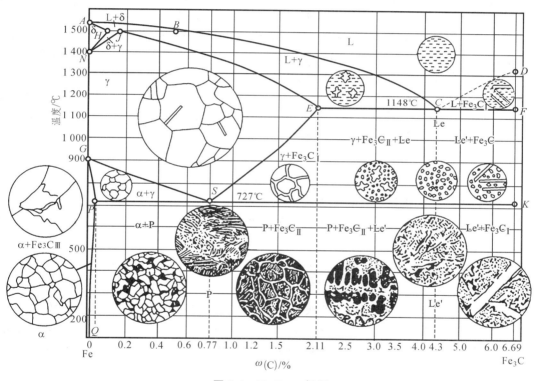

图 3-1　Fe-Fe₃C 相图

3.1.1　奥氏体

奥氏体是 C 在 γ-Fe 中的固溶体，用"A"表示。C 填塞在面心立方晶格的间隙中，其容纳 C 原子的最大间隙在晶胞中心，各棱上也有同样的空位。C 在 γ-Fe 中的溶解度较大，最大可达 2.11%（1 148 ℃）。γ-Fe 只存在于 912 ℃ 以上的高温范围内，因此加热到高温时可以得到单一的奥氏体组织。由于奥氏体是容易产生滑移的面心立方晶格，塑性较好，所以钢在锻造前须加热到高温，使之呈单一奥氏体状态，以易于进行塑性变形。

3.1.2 铁素体

C 在 α-Fe 中的固溶体称为铁素体用 "F" 表示。α-Fe 是溶剂，它保持体心立方晶格。C 是溶质，直径小的 C 原子填塞于体心立方晶格的间隙处。C 在 α-Fe 中的溶解度极小，最多只有 0.02%（727 ℃），这是因为 α-Fe 中容纳 C 原子的间隙半径很小，C 原子不能进入，C 在 α-Fe 中实际上只存在于晶格缺陷处。所以铁素体含碳量很低，其性能和纯铁基本相同，抗拉强度只有 250 MPa，硬度为 80~100 HBS，但塑性（断后伸长率 $A = 50\%$）和冲击韧度好。

3.1.3 渗碳体

渗碳体是 Fe 和 C 的化合物，用 Fe_3C 表示，其中 $\omega_c = 6.69\%$。由于在 α-Fe 中 C 的溶解度很小，所以在常温下钢中的 C 大都以渗碳体形态存在。渗碳体是一种八面体型的复杂斜方晶格结构。渗碳体的熔化温度计算值为 1 277 ℃，硬度很高（800 HBS 左右），但非常脆（$\alpha_k \approx 0$），几乎没有延展性（$A \approx 0$ 或 $Z \approx 0$）。Fe 和 C 硬度都不高，但一旦它们形成化合物就成了与原来元素的性能完全不同的物质了。

渗碳体在固态下不发生同素异构变化，在一定条件下可分解成石墨状的自由碳，即 Fe_3C →3Fe+C（石墨），这对铸铁有重要意义。

3.1.4 珠光体

铁素体和渗碳体的机械混合物称为珠光体，用 "P" 表示，其中 C 的质量分数为 0.77%，性能介于铁素体和渗碳体之间，缓冷时硬度为 180~200 HBS。

3.1.5 莱氏体

$\omega_c = 4.3\%$ 的液态合金冷却到 1 148 ℃ 时，同时结晶出奥氏体和渗碳体的共晶体，该共晶体称为莱氏体，用 "L_d" 表示。L_d 又称为高温莱氏体，而在 727 ℃ 以下由珠光体和渗碳体所组成的莱氏体称为低温莱氏体，用 "L'_d" 表示。莱氏体硬而脆，是白口铸铁的基本组织。

3.2 Fe-Fe₃C 相图分析

Fe-Fe_3C 相图如图 3-1 所示。可以看出，Fe-Fe_3C 相图由 3 个基本相图（包晶相图、共晶相图和共析相图）组成。相图中有 5 个基本相构成 5 个单相区（其中 Fe_3C 为一条垂线），并由此形成 7 个两相区：L+δ，L+γ，L+Fe₃C，δ+γ，γ+Fe₃C，α+γ 和 α+Fe₃C。

在 Fe-Fe_3C 相图中，*ABCD* 线为液相线，*AHJECF* 线为固相线。相图中各特征点的温度、成分及其含义见表 3-1。

3.2.1 特性点

在 Fe-Fe₃C 相图中，各点温度、含碳量及含义见表 3-1。

表 3-1 Fe-Fe₃C 相图中特性点的符号、温度、含碳量及物理意义

点	温度/℃	含碳量/%	说明
A	1 538	0	纯铁熔点
B	1 495	0.53	包晶转变时液态合金的成分
C	1 148	4.30	共晶点
D	1 227	6.69	渗碳体熔点（计算值）
E	1 148	2.11	碳在 γ-Fe 中的最大溶解度
F	1 148	6.69	渗碳体的成分
G	912	0	α-Fe，γ-Fe 的同素异构转变点（A_3）
H	1 495	0.09	碳在 δ-Fe 中的最大溶解度
J	1 495	0.17	包晶点
K	727	6.69	渗碳体的成分
N	1 394	0	γ-Fe，δ-Fe 的同素异构转变点（A_4）
P	727	0.021 8	碳在 α-Fe 中的最大溶解度
S	727	0.77	共析点
Q	室温	0.000 8	碳在 α-Fe 中的最大溶解度

3.2.2 基本转变

铁碳合金相图主要由包晶、共晶、共析 3 个基本转变所组成，下面分别进行说明。

（1）包晶转变发生于 1 495 ℃，其反应式为

$$L_{0.53\%C} + \delta_{0.09\%C} \xrightarrow{1495℃} A_{0.17\%C}$$

包晶转变是在恒温下进行的，其产物是奥氏体。水平线 HJB 为包晶线，凡是含碳 0.09% ~ 0.53% 的铁碳合金结晶时均发生包晶转变。

（2）共晶转变发生于 1 148 ℃，其反应式为

$$L_{4.30\%C} \xrightarrow{1148℃} A_{2.11\%C} + Fe_3C$$

共晶转变同样是在恒温下进行的，水平线 ECF 为共晶线。共晶反应的产物是奥氏体和渗碳体的共晶混合物，称为莱氏体。

（3）共析转变发生于 727 ℃，其反应式为

$$A_{0.77\%C} \xrightarrow{727℃} F_{0.0218\%C} + Fe_3C$$

共析转变同样也是在恒温下进行的，水平线 PSK 为共析线，又称 A_1 线。共析反应的产物是铁素体与渗碳体的混合物，称为珠光体，用符号 P 表示，其性能介于铁素体和渗碳体之间，强度比铁素体高，脆性比渗碳体低。凡是含碳量大于 0.021 8% 的铁碳合金冷却至 727 ℃ 时，其中的奥氏体必将发生共析转变。

3.2.3 特性曲线

在铁碳合金相图中还有 3 条重要的特性曲线，即 ES 线、PQ 线和 GS 线。

（1）ES 线又称 A_{cm} 线，它是碳在奥氏体中的溶解度线。随着温度的变化，奥氏体的溶碳量将沿 ES 线变化。因此，含碳量大于 0.77% 的铁碳合金，从 1 148 ℃ 冷却至 727 ℃ 的过程中，必将从奥氏体中析出渗碳体。为区别于自液相中析出的渗碳体，通常把从奥氏体中析出的渗碳体称之为二次渗碳体（Fe_3C_{II}）。

（2）PQ 线是碳在铁素体中的溶解度线。当温度由 727 ℃ 冷却至室温时，将从铁素体中析出渗碳体，称之为三次渗碳体（Fe_3C_{III}）。对于工业纯铁及低碳钢，由于 Fe_3C_{III} 沿晶界析出，使其塑性、韧性下降，要重视 Fe_3C_{III} 的存在与分布。在含碳量较高的铁碳合金中，Fe_3C_{III} 可忽略不计。

（3）GS 线又称 A_3 线，它是冷却过程中，由奥氏体中析出铁素体的开始线，或者说是在加热时，铁素体完全溶入奥氏体的终了线。

一次渗碳体、二次渗碳体、三次渗碳体，以及珠光体和莱氏体中的渗碳体，它们本身并无本质区别，都具有相同的化学成分、晶体结构和性质。只是出处不同，并由此造成其形态、大小及在合金中的分布等情况有所不同。因此，其对合金的性能也有不同的影响。通过热处理或锻造等方法可以改变渗碳体的形态、大小和分布，从而改变其对铁碳合金性能的影响。

3.2.4 典型铁碳合金的结晶过程分析

铁碳合金相图上的各种合金按其含碳量及组织的不同，可分为 3 类，见表 3-2。

表 3-2　铁碳合金的分类

种类	工业纯铁	碳素钢			白口铸铁		
		亚共析钢	共析钢	过共析钢	亚共晶白口铸铁	共晶白口铸铁	过共晶白口铸铁
碳质量分数/%	<0.0218	<0.021 8 ~ 0.77	0.77	0.77 ~ 2.11	2.11 ~ 4.3	4.3	4.3 ~ 6.69

下面分别对图 3-2 中几种典型铁碳合金的结晶过程进行分析。

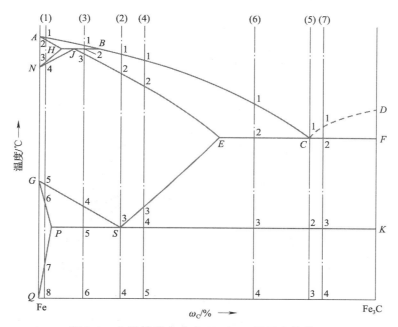

图 3-2　典型铁碳合金在 Fe-Fe₃C 相图中的位置

1. 工业纯铁

液态合金在 1～2 点温度之间，按匀晶转变结晶出单相δ固溶体。δ冷却到 3 点温度时，δ开始向 A 转变。这一转变于 4 点结束，合金全部变为单相 A。奥氏体冷却到 5 点温度时，开始形成 F。冷却到 6 点温度时，合金成为单相的 F。F 冷却到 7 点温度时，碳在铁素体中的溶解量呈饱和状态。因此自 7 点继续降温时，将自 F 中析出 Fe₃C_Ⅲ，它一般沿 F 晶界呈片状分布。

工业纯铁缓冷到室温后的显微组织如图 3-3 所示。

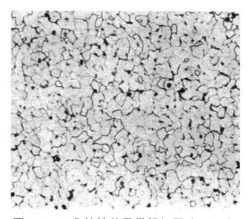

图 3-3　工业纯铁的显微组织图（400×）

2. 共析钢

含碳量为 0.77% 的钢为共析钢，其冷却曲线和平衡结晶过程如图 3-4 所示。

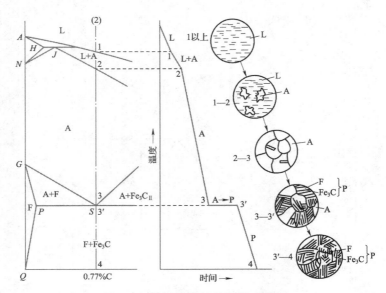

图 3-4　共析钢的结晶过程示意图

共析钢在 1～2 点温度之间按匀晶转变结晶出奥氏体。奥氏体冷却至 3 点温度（727 ℃）时，将发生共析转变形成 P。P 中的 Fe_3C 称为共析渗碳体。当温度由 727 ℃ 继续下降时，F 沿溶解度线 PQ 改变成分，析出 Fe_3C_{III}。Fe_3C_{III} 常与共析渗碳体连在一起，不易分辨，且数量极少，可忽略不计。

共析钢的室温组织为全部的 P，而相组成物为 F 和 Fe_3C，它们的质量分数为

$$\omega_F = \frac{6.69 - 0.77}{6.69 - 0.0008} \times 100\% = 88.5\%$$

$$\omega_{Fe_3C} = 1 - 88.5\% = 11.5\%$$

图 3-5 所示为共析钢的显微组织。

图 3-5　共析钢的显微组织图（400×）

58

3. 亚共析钢

以含碳量为 0.45% 的铁碳合金为例进行分析，其结晶过程示意图如图 3-6 所示。

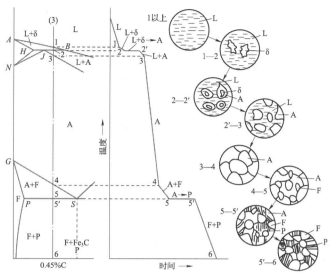

图 3-6 亚共析钢的结晶过程示意图

在 1 点温度以上时，铁碳合金为液体。温度降至 1 点后，开始从液体中析出固溶体，1~2 点温度之间为 L+δ。冷却到 2 点温度（1 495 ℃）时，发生包晶转变形成 A。包晶转变结束后，除 A 外还有过剩的 L。温度继续下降时，2~3 点之间从 L 中继续结晶出 A，A 的成分沿 *JE* 线变化。冷却到 3 点合金全部凝固，形成单相 A。温度由 3 点降至 4 点时，是 A 的单相冷却过程，没有相和组织的变化。继续冷却至 4 点温度时，由 A 开始析出 F。随着温度的降低，A 成分沿 *GS* 线变化，F 成分沿 *GP* 线变化。

当温度降到 5 点（727 ℃）时，A 的碳质量分数变为 0.77%（*S* 点），组织中剩余 A 发生共析转变形成 P。此时原先析出的 F 量保持不变。所以共析转变后，合金的组织为 A+F+P。当继续冷却时，F 的含碳量沿 *PQ* 线下降，同时析出，其量极少，同样可忽略不计，因此，含碳量为 0.45% 的铁碳合金，其室温组织是由 F 和 P 组成，显微组织图如图 3-7 所示，它们的质量分数为

$$\omega_F = \frac{0.77 - 0.45}{0.77 - 0.0218} \times 100\% = 42.8\%$$

$$\omega_P = 1 - 42.8\% = 57.2\%$$

所有亚共析钢的室温组织都是由铁素体和珠光体组成，其差别仅在于珠光体与铁素体的相对量不同。含碳量越高，则珠光体越多，铁素体越少，相对量可用杠杆定律来计算。若考虑铁素体中的含碳量很少而忽略不计，则亚共析钢的含碳量可以通过显微组织中铁素体和珠光体的相对面积估计得到。例如，退火亚共析钢经观察显微组织中珠光体和铁素体的面积各占 50%，则其含碳量大致为

$$\omega_C = \omega_P \times 0.77\% = 50\% \times 0.77\% = 0.385\%$$

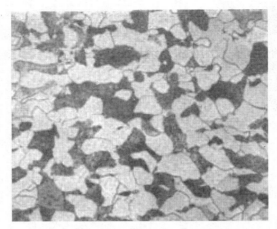

图 3-7 含碳量 0.45%的亚共析钢显微组织图

4. 过共析钢

以含碳量为 1.2%的铁碳合金为例，其结晶过程如图 3-8 所示。合金在 1~2 点温度之间按匀晶转变为单相 A 组织。在 2~3 点之间为单相 A 的冷却过程。自 3 点开始由于 A 的溶碳能力降低，从 A 中析出 Fe_3C_{II}，并沿 A 晶界呈网状分布。当温度在 3~4 点之间时，随着温度的降低，析出的 Fe_3C_{II} 量不断增多。与此同时，A 的含碳量也逐渐沿 ES 线降低。当冷却到 4 点温度（727 ℃）时，A 的碳质量分数降为 0.77%（S 点），于是发生共析转变形成 P。4 点温度以下直到室温，合金组织变化不大。因此，常温下过共析钢的显微组织由 P 和网状 Fe_3C_{II} 所组成，如图 3-9 所示，它们的质量分数为

$$\omega_P = \frac{6.69 - 1.2}{6.69 - 0.77} \times 100\% = 92.7\%$$

$$\omega_{Fe_3C_{II}} = 1 - 92.7\% = 7.3\%$$

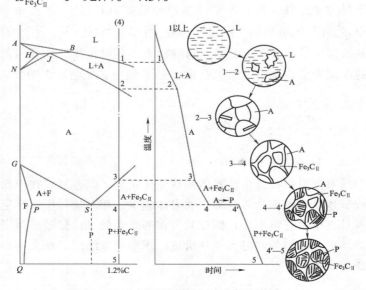

图 3-8 过共析钢的结晶过程示意图

图 3-9 含碳量 1.2% 的过共析钢的显微组织图

5. 共晶白口铸铁

图 3-2 中的铁碳合金 5，在 1 点温度（1 148 ℃）发生共晶反应，由液态转变为高温莱氏体 L_d，其中的渗碳体称为共晶渗碳体。在 1~2 点温度之间，A 中不断析出 Fe_3C_{II}，Fe_3C_{II} 通常依附在共晶渗碳体上，在显微镜下无法分别。至 2 点温度（727 ℃）时，A 的含碳量降为 0.77%，此时发生共析反应转变为 P，高温 L_d 转变为低温 $Ld'(P+Fe_3C)$。忽略 2 点至室温之间析出的 Fe_3C_{II}，室温组织仍为 L_d'，它与共析转变前的高温 L_d 形貌相同。图 3-10 所示为共晶白口铸铁的显微组织，其中黑斑区为 P，白色为 Fe_3C 基体。

用同样的方法分析亚共晶白口铸铁和过共晶白口铸铁的结晶过程。它们的常温组织分别为 $P+Fe_3C_{II}+L_d'$（见图 3-11）和 $Fe_3C_I+L_d'$（见图 3-12）。

白口铸铁的特点是液态结晶时都有共晶转变，因此有较好的铸造性能。因为它们的断口有白亮光泽，故称为白口铸铁。

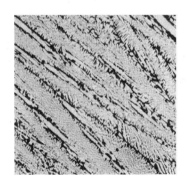

图 3-10 共晶白
口铸铁显微组织图

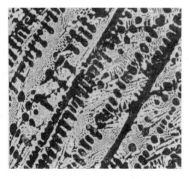

图 3-11 亚共晶白
口铸铁显微组织图

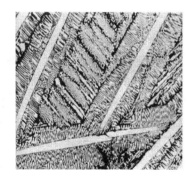

图 2-12 过共晶白
口铸铁显微组织图

3.2.5　含碳量对铁碳合金组织和性能的影响

1. 含碳量对平衡组织的影响

根据杠杆定律计算的结果，可以求得铁碳合金的成分与缓冷的相组成物及组织组成物间的定量关系，如图 3-13 所示。

当含碳量增高时，组织中不仅渗碳体的数量增加，而且渗碳体的存在形式也在变化，由分布在 F 的基体内（如 P），变为分布在 P 的晶界上（Fe₃C_Ⅱ）。最后当形成 L_d′时 Fe₃C 又作为基体出现。不同含量的铁碳合金具有不同组织，因此它具有不同的性能，如图 3-13 所示。

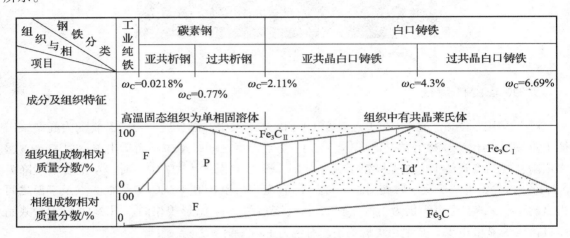

图 3-13　室温下铁碳合金的成分与相组成物及组织组成物之间的关系

2. 含碳量对力学性能的影响

在铁碳合金中，Fe₃C 是强化相。如果合金的基体是 F，则 Fe₃C 数量越多，分布越均匀，则材料的强度、硬度就越高，而塑性和韧性有所下降。但是，当这种又硬又脆的 Fe₃C 相分布在晶界，特别是作为基体时，材料的塑性和韧性则会骤降。这也正是高碳钢和白口铸铁脆性高的主要原因。

含碳量对碳钢力学性能的影响如图 3-14 所示。

含碳量很低的纯铁，可认为是由单相 F 构成的，因此其塑性、韧性很好，强度和硬度很低，不能用来制作受力零件。但它具有优良的铁磁性，可作铁磁材料。

亚共析钢的组织是由不同数量的 F 和 P 组成的。随着含碳量的增加，组织中 P 的数量增多，强度、硬度直线上升，但塑性、韧性降低。

过共析钢缓冷后的组织由 P 和 Fe₃C_Ⅱ所组成。随着含碳量的增加，Fe₃C_Ⅱ数量也相应增加，并逐渐形成网状分布，使其脆性增加。当含碳量大于 0.9%时，其强度开始下降。所以工业用钢中的含碳量一般不超过 1.3% ~ 1.4%。

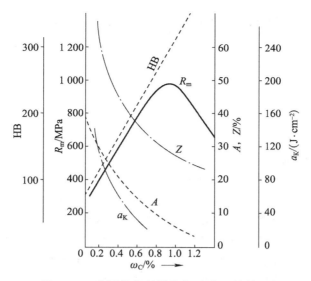

图 3-14 碳钢的力学性能与碳含量的关系

白口铸铁的组织中存在大量的 Fe_3C，在性能上显得特别脆而硬，难以切削加工，且不能锻造，因此除用于制作少数耐磨零件外，很少应用。

3.3 Fe-Fe$_3$C 相图的应用

3.3.1 钢铁选材的成分依据

工程设计中对服役的金属材料有不同的要求。若要求零件的塑性、韧性好，则应选用低碳钢（含碳量 0.10% ~ 0.25%），如冲压件、焊接件、抗冲击结构件等；若要求零件的强度、塑性、韧性都较好，则应选用中碳钢（含碳量 0.25% ~ 0.60%），如轴、齿轮等；若要求零件的硬度高、耐磨性好，则应选用高碳钢（含碳量 0.6% ~ 1.3%），如工具和模具。

白口铸铁硬而脆，不易切削加工，也不能塑性加工，但其铸造性能优良，耐磨性好，可用于制造要求耐磨、不受冲击、形状复杂的铸件，如冷轧辊、犁铧、球磨机的铁球等。

3.3.2 钢铁热加工的工艺依据

铸造工艺可根据 Fe-Fe$_3$C 相图确定不同成分材料的熔点，制定浇铸温度和工艺；根据相图液相线和固相线之间的距离估计铸件质量，距离越小，铸造性能越好。

锻造工艺可根据 Fe-Fe$_3$C 相图确定锻造温度。钢处于 A 状态时强度低、塑性好，便于塑性加工，所以锻造都选择在单相 A 区内进行。始锻温度不能过高，一般在固相线以下 100 ~ 200 ℃，以避免钢材严重氧化。终锻温度不能过低，以避免因塑性降低而锻裂，而过高则会使锻轧件晶粒粗大。

在热处理中，Fe-Fe$_3$C 相图中的 A_1，A_3，A_{cm} 三条相变线是制定热处理工艺（如退火、正火、淬火等）加热温度的依据，这将在后面详细讲述。

应用 Fe-Fe$_3$C 相图时应注意以下两点：

（1）Fe-Fe₃C 相图只反映铁碳二元合金中的平衡状态，如含有其他元素，相图将发生变化。

（2）Fe-Fe₃C 相图反映的是平衡条件下铁碳合金的状态，若冷却或加热速度较快时，其组织转变就不能只用相图来分析了。

【知识广场】

1. 超细晶铁素体/珠光体钢

通过形变诱导（强化）铁素体相变和铁素体动态再结晶细化晶粒，可以提高其强度和韧性。

（1）形变诱导铁素体相变。低碳钢或低（微）合金钢在较低温度（靠近相变点 A_3）以较大的积累变形量和较高的应变速率进行热变形时，其变形能不能完全释放，使系统的自由能变化，成为相变驱动力，在形变过程中诱发奥氏体→铁素体相变。该相变以形核不饱和机制进行，使晶粒细化，称为形变诱导铁素体相变（DIFT）。

（2）形变强化铁素体相变。低碳钢或低（微）合金钢的过冷奥氏体（在 A_3 温度以下）以与 DIFT 其他条件相同的情况下进行变形时，其相变驱动力进一步增加，形成的铁素体晶粒更细，称作形变强化强化相变（DEFT）。

（3）低碳碳素钢的奥氏体形态为产生形变诱导（强化）铁素体相变，必须控制奥氏体的组织形态。形变使奥氏体呈"薄饼状"，晶内产生大量晶体缺陷，将部分形变能储存为相变驱动力。研究表明，低碳钢随形变速率的提高和变形温度的降低可使奥氏体只发生回复而不发生再结晶，即可通过未再结晶控轧和 DIFT 细化铁素体晶粒。

（4）铁素体动态再结晶奥氏体转变为铁素体后，由于第二相渗碳体的存在，在与第二相交界处往往受不均匀变形，具较高畸变能，成为铁素体动态再结晶形核的有利部位。铁素体动态再结晶使晶粒进一步细化。

上述理论是对传统 TMCP 理论的发展。原 TMCP 的奥氏体-铁素体相变发生在形变后的冷却过程中，而新型 TMCP 是发生在形变过程中。

2. 超细组织低（超低）碳贝氏体（B）钢

为了开发强度高于 600 MPa 的经济型低合金钢，人们研究了低（超低）碳贝氏体钢的组织超细化理论与控制技术。通过研究发展了 TMCP 技术，在工艺中增加了一个弛豫控制阶段。在此阶段，在变形奥氏体中实现晶体缺陷的重新排列、组合，让微合金元素的析出质点在特定部位析出，分割原奥氏体晶粒，从而控制随后冷却时的贝氏体相变在已被分割的小空间内进行，实现组织超细化。该技术称作弛豫析出控制技术（RPC）。

（1）位错胞状结构（亚晶）的限制作用。钢变形后，位错密度很高。弛豫时，位错重新排列，形成位错墙，进而出现胞状结构，较完整的亚晶，将原奥氏体晶粒分割为更细小的亚晶。

（2）微细析出相的钉扎作用。钢中含有 Nb、V、Ti、B 等微量元素，在形变和弛豫过程，通过形变诱导析出细微析出相。析出相对位错亚结构的钉扎作用是实现组织超细化的另一因素。

（3）针状铁素体的空间分割作用。形变、弛豫后在冷却过程中，在较高温度首先形成针状铁素体。针状铁素体将原奥氏体晶粒分割为更细小的空间。

RPC 技术使中温转变组织细化的机制是：位错亚结构的限制作用；微细析出质点的钉扎作用；针状铁素体的分割作用。三者结合使贝氏体组织超细化。这类钢具有高强度、高韧性、低韧脆转变温度（T_K）和良好的焊接性。

【技能训练】

（1）铁碳合金平衡组织观察。
（2）钢的非平衡组织观察。

【学习小结】

本项目是本课程的重点，主要介绍了铁碳合金的基本相、Fe-Fe$_3$C 相图及其应用等内容，在学习中，应掌握以下内容：

（1）铁碳合金的基本组织及性能。

① 铁素体 F，体心立方晶格，C 溶于 α-Fe 中的间隙固溶体，塑性、韧性好，强度低。

② 奥氏体 A，面心立方晶格，C 溶于 γ-Fe 中的间隙固溶体，高温存在，塑性韧性良好。

③ 从液态析出 Fe$_3$C$_I$，从 A 析出 Fe$_3$C$_{II}$，从 F 析出 Fe$_3$C$_{III}$（可以忽略），Fe$_3$C 硬而脆。

④ 高温莱氏体 L$_d$（A+Fe$_3$C），冷却变成低温莱氏体 L'$_d$（P+Fe$_3$C），都是机械混合物，硬而脆。

⑤ 珠光体 P，共析生成的（F+Fe$_3$C）机械混合物，有较好的力学性能。

（2）必须要牢固掌握 Fe-Fe$_3$C 相图，应能"默画"，并掌握铁碳相图各相区的组织及性能，尤其是室温时典型合金的组织特征。

（3）不同成分铁碳合金的结晶过程不同，室温平衡组织也不同。掌握铁碳合金的化学成分、组织状态和性能之间的关系。随含碳量增大，组织按下列顺序变化：F→F+P→P→P+Fe$_3$C$_{II}$→P+Fe$_3$C$_{II}$+L'$_d$→L'$_d$→L'$_d$+Fe$_3$C$_I$→Fe$_3$C。显然随碳含量增大，硬度不断增加。

【综合能力训练】

一、名词解释
铁素体，奥氏体，渗碳体，珠光体，莱氏体，共析钢，亚共析钢，过共析钢。

二、填空题

1. 碳在奥氏体中的溶解度随温度而变化，在 1 148 ℃ 时碳的质量分数可达_____，在 727 ℃ 时碳的质量分数为_____。

2. 碳的质量分数为_____的铁碳合金称为共析钢，当加热后冷却到 S 点的混合物，称为_____。

3. 奥氏体和渗碳体组成的共晶产物称为_____，其碳的质量分数为_____，温度低于 727 °C 时，转变为珠光体和渗碳体，此时称为_____。

4. 亚共析钢中碳的质量分数为_____，其室温组织为_____。

5. 过共析钢中碳的质量分数为_____，其室温组织为_____。

6. 铁碳相图最右在碳的质量分数为 6.69%处，也就是相当于_____的成分位置。

7. 简化后的铁碳相图可以说由两个简单的二元相图组成，上部为_____相图，下部为_____相图。

8. 根据铁碳相图，常常把奥氏体的最大碳的质量分数 2.11%作为_____和_____的分界线。

9. 铁碳合金中一共有三个相，即_____、_____和_____，一般仅存在于高温下，所以室温下所有的铁碳合金中只有两个相。

10. 铁碳合金结晶过程中，从液体中析出的渗碳体称为_____。

三、选择题

1. 铁碳合金相图中最大碳的质量分数为（　　　　）。

    A. 0.779%　　　　　B. 2.11%　　　　　C. 4.3%　　　　　D. 6.69%

2. 发生共晶转变的碳的质量分数的范围是（　　　　）。

    A. 0.77% ~ 4.3%　　B. 2.11% ~ 4.3%　　C. 2.1% ~ 6.69%　　D. 4.3% ~ 6.69%

3. 铁碳合金共晶转变的产物是（　　　　）。

    A. 奥氏体　　　　　B. 渗碳体　　　　　C. 珠光体　　　　　D. 莱氏体

4. 珠光体是（　　　　）混合物。

    A. 铁素体与渗碳体的层片状　　　　　B. 铁素体与奥氏体的层片状

    C. 奥氏体与渗碳体的层片状　　　　　D. 铁素体与莱氏体的层片状

5. 铁碳合金共析转变的产物是（　　　　）。

    A. 奥氏体　　　　　B. 渗碳体　　　　　C. 珠光体　　　　　D. 莱氏体

6. $\omega_c < 0.77\%$的铁碳合金冷却至 A_3 线时，将从奥氏体中析出（　　　　）。

    A. 铁素体　　　　　B. 渗碳体　　　　　C. 球光体　　　　　D. 莱氏体

7. $\omega_c > 4.3\%$的铸铁称为（　　　　）。

    A. 共晶白口铸铁　　B. 亚共晶白口铁　　C. 过共晶白口铁　　D. 共析白口铸铁

8. 铁碳合金相图中，ACD 线是（　　　　）。

    A. 液相线　　　　　B. 固相线　　　　　C. 共晶线　　　　　D. 共析线

9. 铁碳合金相图中的 A_{cm} 线是（　　　　）。

    A. 共析转变线

    B. 共晶转变线

    C. 碳在奥氏体中的固溶线

    D. 铁碳合金在缓慢冷却时奥氏体转变为铁素体的开始线

10. 铁碳合金相图中，S 点是（　　　　）。

    A. 纯铁熔点　　　　　　　　　　　B. 共晶点

    C. 共析点　　　　　　　　　　　　D. 纯铁同素异构转变点

11. 理论上，钢中碳的质量分数一般在（　　　　）。

    A. 0.77%以下   B. 2.11%以下   C. 4.3%以下   D. 6.69%以下

12. 亚共析钢平衡冷却至室温时的显微组织为（　　　　）。

    A. $F+Fe_3C_{III}$ B. F+P   C. P   D. $P+Fe_3C_{II}$

13. 共析钢的 ω_c 是（　　　　）。

    A. 4.3%   B. 6.69%   C. 0.53%   D. 0.77%

14. 过共析钢平衡冷却至室温的显微组织为（　　　　）。

    A. $F+Fe_3C_{III}$ B. F+P   C. P   D. $P+Fe_3C_{II}$

四、简答题

1. 铁碳合金室温平衡状态下的基本相和组织有哪些？

2. 默画简化的 $Fe-Fe_3C$ 相图，填写各区域的相和组织组成物，试述相图中特性点及特性线的含义。

3. 何谓一次渗碳体、二次渗碳体、三次渗碳体？

4. 写出铁碳合金中共晶转变、共析转变的温度、成分、产物和反应式。

5. 利用 $Fe-Fe_3C$ 相图，说明碳的质量分数为 0.20%、0.45%、0.77%、1.2%的铁碳合金分别在 500 ℃、750 ℃ 和 950 ℃ 的组织。

6. 何谓亚共析钢、共析钢、过共析钢？试分析碳的质量分数为 0.45%、0.77%和 1.2%的铁碳合金从液态缓冷至室温的结晶过程和室温组织。

7. 说明的质量分数为 3.2%、4.3%和 4.7%的铁碳合金从液态缓冷至室温的结晶过程和室温组织。

8. 随着碳含量的增加，钢的室温平衡组织和力学性能有何变化？

9. 根据 $Fe-Fe_3C$ 相图，计算碳的质量分数为 0.45%的钢显微组织中珠光体和铁素体各占多少。

10. 由于某种原因，一批钢材的标签丢失。经金相检验，这批钢材的组织为 F 和 P，其中 F 占 80%。试问这批钢材中碳的质量分数为多少？

11. 填写表 3-3。

表 3-3　铁碳合金

名称	符号	组成相	晶体结构	组织特征	性能特点
铁素体					
奥氏体					
渗碳体					
珠光体					
莱氏体					

12. 根据 $Fe-Fe_3C$ 相图，计算：

（1）0.55%C 的钢在室温时相组成物和组织组成物各是什么？其相对质量百分数各是多少？

（2）1.0%C 的钢的相组成物和组织组成物各是什么？各占多大比例？

（3）铁碳合金中，二次渗碳体的最大百分含量。

13. 两块钢样，退火后经显微组织分析，可知其组织组成物的相对含量如下：

第一块钢样珠光体占 40%，铁素体 60%；

第二块钢样珠光体占 95%，二次渗碳体占 5%。

试问它们的含碳量约为多少？（铁素体含碳量可忽略不计）

14. 根据 Fe-Fe₃C 相图，说明产生下列现象的原因。

（1）含 1.0%C 的钢比 0.5%C 的钢硬度高；

（2）室温下，0.8%C 的钢比 1.2%C 的钢强度高；

（3）低温莱氏体的塑性比珠光体差；

（4）在 1 100 °C，0.4%C 的钢能锻造，而 4.0%C 的生铁不能锻造。

项目 4　钢的热处理

【学习目标与技能要求】

（1）熟悉钢的热处理的实质、目的和作用。
（2）掌握钢在热处理加热和冷却时的组织转变规律。
（3）掌握正火、退火、淬火和回火的特点、工艺要点和应用。
（4）掌握表面热处理和化学热处理的原理、工艺、特点和应用。
（5）了解热处理新技术、金属的表面防护与装饰知识。
（6）初步掌握整体热处理正火、退火、淬火和回火的基本工艺操作方法。

【教学提示】

（1）本项目教学应采用多媒体与实践操作相结合的"教、学、做"一体化教学，通过视频和图片，进一步理解热处理的实质，以及加热和冷却时的组织转变规律；通过实践操作体会热处理的目的和作用。
（2）教学重点和难点：热处理加热和冷却时的组织转变规律；正火、退火、淬火和回火的特点、工艺要点和应用。

【案例导入】

热处理是一种改善钢材使用性能和工艺性能的重要工艺，通过恰当的热处理，可以充分挖掘材料的潜力，提高产品质量，延长产品使用寿命。例如，只有通过热处理，锉刀才能更好地锉削工件；车刀才能更好地切削工件；火车的轮子才能更耐磨而不变形；火星探测器上用形状记忆合金制成的天线才能在进入轨道后打开等。因此，在日常生活、工业制造、医药、通信、国防乃至航天航空领域，热处理都有着极其重要的作用，而且随着人们对这一技术的认识和掌握，必将进一步推动人类的进步和文明。

热处理能够改善材料性能，充分发挥材料性能的潜力，延长零件使用寿命，提高产品质量，在机械制造工业中占有十分重要的地位。

根据加热、保温和冷却工艺方法的不同，热处理工艺大致分类如下（GB/T 12603—2005）：

（1）整体热处理。其特点是对工件整体进行穿透加热，常用的方法有退火、正火、淬火＋回火、调质等。

（2）表面热处理。其特点是仅对工件的表面进行的热处理工艺。常用的方法有表面淬火和回火（如感应加热淬火）、气相沉积等。

（3）化学热处理。其特点是改变工件表层的化学成分、组织和性能，常用的方法有渗碳、渗氮、碳氮共渗、氮碳共渗、渗金属、多元共渗等。

【知识与技能模块】

4.1 钢在加热时的组织转变

钢的热处理是指将钢在固态下加热到预定的温度，再保温一定的时间，然后以预定的冷却方式冷却到室温的热加工工艺。加热是热处理的第一道工序，在多数情况下，钢在热处理时需要先加热得到部分或全部奥氏体组织，然后采用适当的冷却方法，使奥氏体转变为不同的组织，从而使钢获得所需的性能，因此钢在热处理时的加热过程就是奥氏体化过程。

任何一种热处理工艺都是由加热、保温和冷却 3 个环节所组成，其工艺过程可用热处理工艺曲线来表达，如图 4-1 所示。

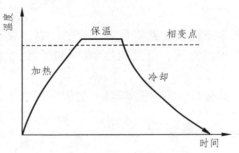

图 4-1 热处理工艺过程示意图

4.1.1 钢热处理的临界温度

在热处理时，钢应加热到预定的多少温度呢，根据 Fe-Fe$_3$C 相图可知，共析钢加热到超过 A_1 温度时，全部转变为奥氏体；亚共析钢和过共析钢必须加热到 A_3 和 A_{cm} 以上时，才能获得单相奥氏体。A_1 线、A_3 线和 A_{cm} 线是钢在平衡状态下发生组织转变的临界点，在实际热处理条件下，相变是在不平衡条件下进行的，其相变点与相图中的相变温度有一些差异。由于过热和过冷现象的影响，加热时相变温度偏向高温，冷却时偏向低温。加热或冷却速度越快，这种现象越严重。图 4-2 所示为加热和冷却速度对碳钢临界温度的影响。通常把加热时的实际临界温度标以字母"c"，如 Ac_1、Ac_3、Ac_{cm}；而把冷却时的实际临界温度标以字母"r"，如 Ar_1、Ar_3、Ar_{cm} 等。

因此，钢热处理时奥氏体化的最低温度是Ac_1。

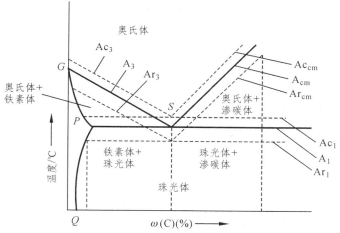

图 4-2　加热和冷却时碳钢的临界点在铁碳相图上的位置

4.1.2　钢的奥氏体化过程

1. 共析钢的加热转变

共析碳钢加热前为珠光体组织。由 Fe-Fe$_3$C 相图可知，在 A_1 温度时铁素体的碳的质量分数约为 0.021 8%、渗碳体约为 6.69%、奥氏体约为 0.77%。在珠光体转变为奥氏体的过程中，体心立方晶格的铁素体改组为面心立方晶格的奥氏体，渗碳体溶入奥氏体中。所以，钢在热处理加热时的奥氏体化既有铁晶格的改组，又有铁原子与碳原子的扩散，其转变过程可分为下列几个阶段进行，如图 4-3 所示。

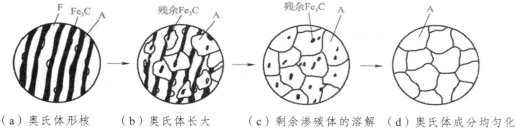

（a）奥氏体形核　　（b）奥氏体长大　　（c）剩余渗碳体的溶解　（d）奥氏体成分均匀化

图 4-3　共析钢中奥氏体形成过程示意图

1）奥氏体晶核的形成和长大

基于能量与成分条件，奥氏体晶核在珠光体中铁素体与渗碳体的相交界处产生，这两相交界面越多，奥氏体晶核越多。

奥氏体晶核形成后逐渐长大，由于它的一侧与渗碳体相接，另一侧与铁素体相接，所以奥氏体晶核的长大是其相界面不断向两侧的铁素体区及渗碳体区扩展的结果。通过铁原子与碳原子的扩散，铁素体晶格不断改组为面心立方晶格，而渗碳体不断溶解，直至铁素体完全消失，奥氏体彼此相遇，形成一个个的奥氏体晶粒。

2）残留渗碳体的溶解

由于铁素体转变为奥氏体的速度远高于渗碳体的溶解速度，在铁素体完全转变之后尚有不少未溶解的"残留渗碳体"存在，还需一定时间保温，让渗碳体全部溶解。

3）奥氏体成分的均匀化

即使渗碳体全部溶解，奥氏体内的成分也是不均匀的，在原铁素体区域碳的质量分数低，在原渗碳体区域碳的质量分数高，因此，需要保温足够时间，让碳原子充分扩散，奥氏体成分才可能均匀。

2. 共析钢和过共析钢奥氏体的形成过程

亚共析钢与过共析钢在热处理加热时的奥氏体化过程与共析钢相同，即加热到 Ac_1 温度以上时，珠光体均要转变为奥氏体。但不同的是，这两种钢在 Ac_1 温度以上进行的是不完全奥氏体化，亚共析钢还有铁素体需要转变，过共析钢还有渗碳体需要溶解。只有分别继续加热到 Ac_3 和 Ac_{cm} 以上，使先共析相充分转变或溶解，获得单相奥氏体，才能完全奥氏体化。若亚共析钢仍在 $Ac_1 \sim Ac_3$ 温度加热，则加热后的组织为铁素体与奥氏体。若过共析钢在 $Ac_1 \sim Ac_{cm}$ 温度加热，则加热后的组织为二次渗碳体与奥氏体。加热后冷却过程的组织转变也仅是奥氏体向其他组织的转变，其中的铁素体及二次渗碳体在冷却过程中不会发生转变。

3. 影响奥氏体形成速度的因素

1）加热温度

随着加热温度的提高，碳原子扩散速度增大，碳化物的溶解及奥氏体的均匀化进行得越来越快，因此奥氏体形成速度加快。

2）含碳量

含碳量增加时，渗碳体增多，铁素体与渗碳体的相界面增大，奥氏体的形核率增大，转变速度加快。

3）原始组织

在钢成分相同时，组织中珠光体越细，渗碳体片间距越小，奥氏体形成速度越快。

4）合金元素

合金元素的加入不改变奥氏体形成的基本过程，但显著影响奥氏体的形成速度。除钴、镍外，大多数合金元素会减慢碳在奥氏体中的扩散速度，同时，合金元素本身在奥氏体中的扩散速度也比碳慢。

综上所述，钢在热处理加热时的奥氏体化需要温度和时间这两个必要而充分条件，即要求在 Ac_1 以上温度保持足够的时间。在实际生产中，常以一定的加热速度将工件连续加热到 Ac_1 温度以上，加热速度越快，则奥氏体化临界温度越高，奥氏体的形成与成分均匀化需要的时间越短；在一定的温度（高于 Ac_1）条件下，保温时间越长，奥氏体成分越均匀。

4.1.3 奥氏体晶粒的长大及控制

奥氏体形成后继续加热或保温，奥氏体晶粒将长大，这是一个自发过程。在 Ac_1 以上过高的加热温度或过长保温时间都会使奥氏体晶粒粗大。粗大的奥氏体晶粒往往导致热处理后钢的强度与韧性降低，并容易导致工件的变形和开裂，工程上往往希望得到细小而成分均匀的奥氏体晶粒，因此应在热处理加热时控制奥氏体晶粒的大小。

钢的奥氏体晶粒大小直接影响冷却后的组织和性能。奥氏体晶粒均匀而细小，冷却后转变产物的组织也均匀而细小，其强度、塑性和韧性都比较高，尤其对淬火回火钢的韧性具有很大的影响。因此，加热时总是力求获得均匀、细小的奥氏体晶粒。

1. 奥氏体晶粒大小的表示方法

奥氏体的晶粒大小是用晶粒度来度量的，晶粒度与晶粒大小的关系可用公式表示为

$$n = 2^{N-1}$$

式中　n——放大 100 倍后，每平方英寸视场中含有的平均晶粒数目；

　　　N——晶粒度。

按照国家标准，钢的奥氏体晶粒度分为 8 级，其中 1 ~ 4 级为粗晶粒，5 级以上为细晶粒，超过 8 级为超细晶粒，它是将在一定加热条件获得的奥氏体晶粒放大 100 倍后与标准晶粒度图比较得到的，如图 4-4 所示。

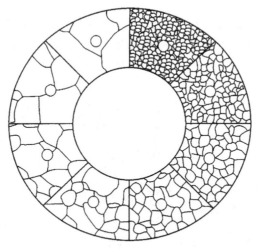

图 4-4　奥氏体标准晶粒度

2. 奥氏体晶粒大小的控制

1）合理制定加热规范

加热温度越高，保温时间越长，奥氏体晶粒越粗大。因此，为了获得细小的奥氏体晶粒，热处理时必须制定合理的加热规范，如在保证奥氏体成分均匀的情况下尽量选择低的

奥氏体化温度；快速加热到较高的温度经短暂保温，使形成的奥氏体来不及长大而冷却得到细小的晶粒。但对于高合金钢以及形状复杂的工件，过快的加热速度会导致工件的变形甚至开裂报废。

2）选择奥氏体晶粒长大倾向小的钢种

钢中加入钛、钒、铌、锆和铝等元素时，其在热处理加热时奥氏体晶粒长大的倾向小，有利于得到本质细晶粒钢，因为这些元素在钢中可以分别与碳和氮形成碳化物和氮化物，弥散分布在晶界上，能阻碍晶粒长大，而锰（中碳时）和磷促进晶粒长大。

4.2　钢在冷却时的组织转变

钢在加热后获得的奥氏体冷却到 A_1 温度以下时，将处于热力学不稳定状态，有自发地转变为稳定状态的倾向。这种在共析温度以下尚未发生组织转变的不稳定的奥氏体称为过冷奥氏体。在不同过冷度下，过冷奥氏体可能转变为贝氏体、马氏体等亚稳组织。

现以共析钢为例，讨论过冷奥氏体的转变产物——珠光体、马氏体、贝氏体的组织形态与性能。

4.2.1　珠光体转变及其组织

过冷奥氏体在 A_1 以下至 550 ℃ 左右的温度范围内的转变称为高温转变，转变产物是珠光体，即铁素体与渗碳体两相组成的相间排列的层片状机械混合物组织（见图 4-5），所以这种类型的转变又称珠光体转变。在此温度范围内，铁原子及碳原子均可进行充分的扩散，所以珠光体转变是一种扩散型相变。

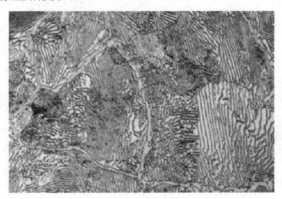

图 4-5　珠光体的显微组织

奥氏体转变为珠光体的过程也是形核和长大的过程，如图 4-6 所示。当奥氏体过冷到 A_1 以下时，首先在奥氏体晶界上产生渗碳体晶核，通过原子扩散，渗碳体依靠其周围奥氏体不断地供应碳原子而长大。同时，由于渗碳体周围奥氏体含碳量不断降低，从而为铁素体形核创造了条件，使这部分奥氏体转变为铁素体。由于铁素体溶碳能力低（<0.0218%C），

所以又将过剩的碳排挤到相邻的奥氏体中，使相邻奥氏体含碳量增高，这又为产生新的渗碳体创造了条件。如此反复进行，奥氏体最终全部转变为铁素体和渗碳体片层相间的珠光体组织。

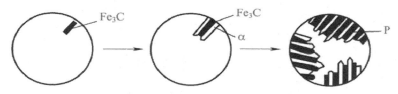

图 4-6　珠光体转变过程示意图

在珠光体转变中，由 A_1 以下温度依次降到 550 ℃ 左右，层片状组织的片间距离依次减小。根据片层的厚薄不同，这类组织又可细分为三种。

第一种是珠光体，其形成温度为 $A_1 \sim 650$ ℃，片层较厚，一般在 500 倍的光学显微镜下即可分辨，如图 4-7 所示，用符号 P 表示。

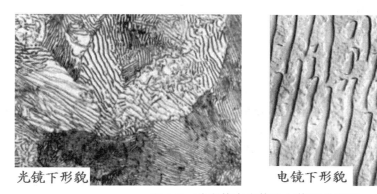

图 4-7　珠光体在光镜及电镜下的形貌

第二种是索氏体，其形成温度为 650 ～ 600 ℃，片层较薄，一般在 800 ～ 1 000 倍光学显微镜下才可分辨，如图 4-8 所示，用符号 S 表示。

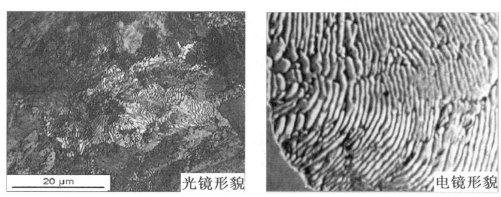

图 4-8　索氏体在光镜及电镜下的形貌

第三种是屈氏体（或托氏体），其形成温度为 600 ～ 550 ℃，片层极薄，电镜下可辨，如图 4-9 所示，用符号 T 表示。

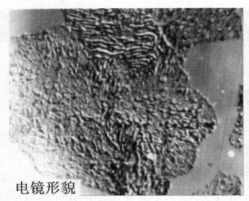

图 4-9　屈氏体在电镜及光镜下的形貌

珠光体、索氏体、屈氏体三种组织无本质区别，只是形态上的粗细之分（片层间距大小不同），因此其界限也是相对的。转变温度越低，转变速度越快，这个片层间距越小，其强度、硬度越高，而塑性和韧性略有改善。

4.2.2　贝氏体转变及其组织

过冷奥氏体在 $550 \sim 230\,^{\circ}\mathrm{C}$（$M_s$）的转变称为中温转变，其转变产物为贝氏体，称贝氏体转变。贝氏体用符号 B 表示，它是渗碳体分布在碳过饱和的铁素体基体上的两相混合物，硬度也比珠光体的高。奥氏体向贝氏体的转变属半扩散型相变，铁原子基本不扩散而碳原子有一定扩散能力。根据其组织形态不同，贝氏体又分为上贝氏体（$B_\perp$）和下贝氏体（$B_\top$）。

1. 上贝氏体组织形态

上贝氏体在 $550 \sim 350\,^{\circ}\mathrm{C}$ 温度范围内形成，在低碳钢中形成温度要高些。在光学显微镜下呈羽毛状，即成束的自晶界向晶粒内生长的铁素体条，如图 4-10（a）所示。在电子显微镜下，可以看到铁素体和渗碳体两个相，渗碳体（亮白色）以不连续的、短杆状形状分布于许多平行而密集的过饱和铁素体条（暗黑色）之间，如图 4-10（b）所示。在铁素体条内分布有位错亚结构，位错密度随形成温度的降低而增大。

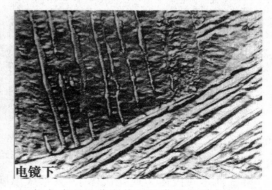

（a）上贝氏体光镜下显微组织形态　　　（b）上贝氏体电镜下显微组织形态

图 4-10　上贝氏体显微组织形态

2. 下贝氏体组织形态

下贝氏体在 350 ~ 230 ℃（M_s）较低温度范围内形成，此时铁素体的碳过饱和度较上贝氏体更大。

在光学显微镜下呈黑针状，如图 4-11（a）所示。在电子显微镜下方可看清是由针片状过饱和铁素体和与其共格的 ε 碳化物（$Fe_{2.4}C$）组成。ε 碳化物呈短条状，沿着与铁素体片的长轴相夹 55° ~ 65°角的方向分列成排，如图 4-11（b）所示。下贝氏体的亚结构与上贝氏体一样，也是位错，但其密度较高些。至于是否存在孪晶型下贝氏体则尚未确定。

（a）下贝氏体光镜下显微组织形态　　　　（b）下贝氏体电镜下显微组织形态

图 4-11　下贝氏体显微组织形态

3. 贝氏体的机械性能

贝氏体的机械性能主要取决于其组织形态。上贝氏体的铁素体条较宽，塑变抗力较低。同时渗碳体分布在铁素体条之间，易引起脆断。因此，上贝氏体的强度和韧性均较差，在工业中基本不使用。下贝氏体组织中片状铁素体细小，碳的过饱和度大、位错密度高，而且碳化物沉淀在铁素体内弥散分布。因此，下贝氏体除了强度、硬度较高外，塑性、韧性也较好，具有良好的综合力学性能，是生产上常用的强化组织之一。在生产中，中、高碳钢常利用等温淬火获得以下贝氏体为主的组织，使钢件具有较高的强韧性，同时由于下贝氏体比容比马氏体小，可减少变形开裂。

4.2.3　马氏体转变及其组织

当奥氏体以极大的冷却速度过冷到 M_s 以下时，即发生马氏体转变。与珠光体转变和贝氏体转变不同，马氏体转变是在连续冷却的过程中进行的，由于过冷度极大，碳原子已无法扩散，过冷奥氏体以非扩散的形式发生铁的晶格转变，即由面心立方晶格的γ-Fe "切变" 为体心立方的α-Fe 中，形成了碳在α-Fe 中的过饱和间隙固溶体，称之为马氏体，用符号 M 表示。

马氏体的成分与过冷奥氏体相同。

1. 马氏体的组织形态

马氏体的组织形态有两种基本类型——板条状马氏体和片状马氏体。

1）板条状马氏体

板条马氏体一般存在于低、中碳钢的淬火组织中，又称为低碳马氏体，如图 4-12 所示。它通常在含碳量小于 0.2%时单独存在，含碳量大于 0.2%时则与片状马氏体共存。

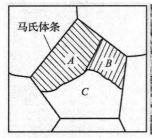

（a）板条状马氏体示意图　　（b）光镜下照片　　（c）电镜下照片

图 4-12　低碳（板条状）马氏体的形态

板条状马氏体的基本单元为细长的板条状，断面为椭圆形。许多尺寸大致相同的马氏体条定向平行排列，形成一个马氏体束。在同一个马氏体束内，马氏体条基本上具有相同的位向，条与条之间为小角度界面。每一个奥氏体晶粒内可形成若干个位向不同的马氏体束，束与束之间具有大角度界面。板条状马氏体的亚结构主要是高密度缠结的位错，故又称为位错马氏体。

2）片状马氏体

片状马氏体的立体形状为薄的凸透镜状，在空间中形似铁饼。在金相显微镜下看到的仅是其截面形状，一般是交叉的针状或竹叶状，如图 4-13 所示。经常存在于中、高碳钢的淬火组织中，又称为高碳马氏体，它通常在含碳量大于 1.0%时几乎全部是针状马氏体，含碳量在 0.2%～1.0%为板条与针状的混合组织。片状马氏体的亚结构主要是很多平行的细小孪晶，故又称为孪晶马氏体。

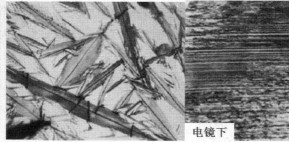

（a）片状马氏体示意图　　（b）光镜下照片　　（c）电镜下照片

图 4-13　高碳（片状）马氏体的形态图

2. 马氏体转变的主要特征

马氏体转变属于非扩散型转变，其转变机理相当复杂，具有很多与扩散型转变不同的特点，下面介绍马氏体转变的主要特征。

（1）无扩散性。马氏体转变仅为晶格的重新改建，转变前后不发生化学成分的变化，属无扩散型转变。

（2）高速长大。马氏体的转变速度极大，形成一个马氏体板条仅需 $10^{-2} \sim 10^{-3}$ s，而形成一片马氏体只需 $10^{-6} \sim 10^{-7}$ s。马氏体量的增加不是依靠原已形成的马氏体的长大，而是依靠一批批新马氏体的不断形成。

（3）变温形成。马氏体的转变温度范围为 $M_s \sim M_f$。当温度低于 M_f 时，过冷奥氏体将停止转变，在为 $M_s \sim M_f$ 时，温度下降，马氏体数量增加。M_s 和 M_f 主要取决于奥氏体的化学成分，含碳量增加，M_s 和 M_f 降低，如图 4-14 所示。

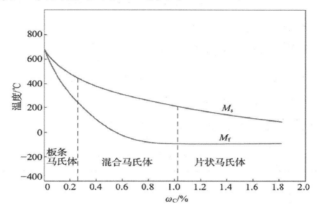

图 4-14　含碳量对 M_s 与 M_f 的影响

（4）转变不完全。即使当温度降至 M_f 点时，过冷奥氏体向马氏体转变虽已结束，但总有少部分未转变的奥氏体剩留下来，称之为残留奥氏体。残留奥氏体的数量主要取决于奥氏体的化学成分，奥氏体的含碳量越高，淬火后残留奥氏体的量越多，如图 4-15 所示。

（5）体积急剧膨胀，这是产生相变应力和残留奥氏体的根源。

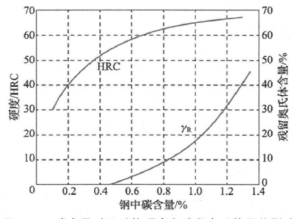

图 4-15　碳含量对马氏体硬度和残留奥氏体量的影响

3. 马氏体的性能特点

马氏体的硬度主要取决于马氏体的含碳量。由图 4-15 中 HRC 线可知，随着马氏体含碳量的增高，其硬度也会随之增高，尤其是在含碳量较低的情况下，硬度增高比较明显。但是当含碳量超过 0.6% 以后，其硬度变化趋于平缓。合金元素基本上不影响马氏体的硬度，但可提高强度。

马氏体强化的主要原因是过饱和碳原子引起的晶格畸变，即固溶强化。此外还有马氏体转变过程中产生的大量位错或孪晶等亚结构引起的强硬化，以及马氏体的时效强化（碳以弥散碳化物形式析出）。

马氏体的塑性和韧性主要取决于碳的过饱和度和亚结构。低碳板条状马氏体的韧性和塑性相当好，其主要有以下两点原因。

（1）碳在马氏体中过饱和程度小，其正方比 $\frac{c}{a} \approx 1$，晶格畸变轻微，残余应力小。

（2）板条状马氏体内的亚结构主要是位错。

高碳片状马氏体的韧性和塑性均很差，其主要有以下两点原因：

（1）碳在马氏体中过饱和程度大，其正方比 $\frac{c}{a} \gg 1$，晶格畸变严重，残余应力大。

（2）片状马氏体内的亚结构主要是变晶。

综上所述，共析钢的等温转变产物与性能分析如表 4-1 所示。

表 4-1　共析钢的等温转变产物与性能

转变性质	转变产物		转变温度/℃	组织形态	性能
	名称	符号			
扩散型转变	珠光体	P	$A_1 \sim 650$	光学显微镜下呈粗层片状珠光体	片间距>0.3 μm，17～23 HRC
		S	$650 \sim 600$	高倍光学显微镜下呈细层片状索氏体	片间距 0.1～0.3 μm，33～40 HRC
		T	$600 \sim 550$	电子显微镜下呈极细层片状屈氏体	片间距<0.1 μm，33～40 HRC
半扩散型转变	贝氏体	$B_上$	$550 \sim 350$	呈羽毛状的上贝氏体	硬度约为 45 HRC，韧性差
		$B_下$	$350 \sim 230$	呈针叶状的下贝氏体	硬底约为 50 HRC，韧性高，综合力学性能好
非扩散型转变	马氏体	M	$M_s \sim M_f$	板条状马氏体	硬度为 50～55 HRC，韧性高
				片状马氏体	硬度约为 60 HRC，脆性大

4. 过冷奥氏体转变曲线图

在热处理生产中，过冷奥氏体的转变方式有等温转变和连续冷却转变两种。等温冷却方式是将过冷奥氏体快速冷却到相变点以下某一温度进行等温转变，然后再冷却到室温，如图

4-16 所示的曲线 1；连续冷却方式是将过冷奥氏体以不同的冷却速度连续冷却到室温，使之发生转变的方式，如图 4-16 所示的曲线 2。

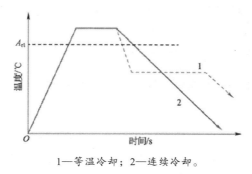

1—等温冷却；2—连续冷却。

图 4-16　控制过冷奥氏体转变的两种方法

4.2.4　过冷奥氏体等温转变

1. 过冷奥氏体等温转变曲线

过冷奥氏体的等温转变图是表示奥氏体急速冷却到临界点 A_1 以下在各不同温度下的保温过程中转变量与转变时间的关系曲线，又称 C 曲线、S 曲线或 TTT（Temperature Time Transformation）曲线。图 4-17 所示为共析钢的等温转变曲线。

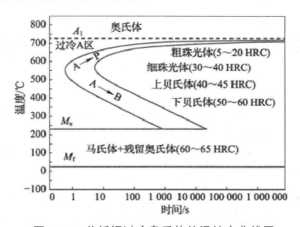

图 4-17　共析钢过冷奥氏体等温转变曲线图

从图 4-17 中可以看出，在 A_1 以上，奥氏体是稳定的，不发生转变；在 A_1 以下，过冷奥氏体在不同等温条件下分别转变为珠光体、贝氏体和马氏体。图中左边一条曲线是珠光体和贝氏体等温转变开始线，右边一条曲线是珠光体和贝氏体等温转变终了线；M_s 线和 M_f 线是马氏体转变开始线和终了线。在等温转变开始线左方是过冷奥氏体区，等温转变终了线右方是转变结束区，在两条曲线之间是转变过渡区，M_s 线和 M_f 之间是马氏体转变区。

由图 4-17 可知，在 A_1 以下，过冷奥氏体并不立即转变，存在一个孕育期。过冷奥氏体的稳定性取决于孕育期的长短，而孕育期的长短随等温温度的改变而改变。在曲线的"鼻尖"

处（约 550 ℃）孕育期最短，过冷奥氏体稳定性最小，转变速度最快，此处对应的温度称为鼻温。在鼻温以上，孕育期随等温温度下降而变短，过冷奥氏体稳定性降低，转变速度变快；在鼻温以下，孕育期随等温温度下降而变长，过冷奥氏体稳定性增加，转变速度变慢。

2. 影响过冷奥氏体等温转变曲线的因素

影响 C 曲线的因素有很多，凡是影响奥氏体稳定性的因素都将对 C 曲线产生影响。

1）含碳量的影响

共析钢的过冷奥氏体最稳定，C 曲线最靠右，如图 4-18（a）所示。随含碳量增加 M_s 与 M_f 点而下降。与共析钢相比，亚共析钢和过共析钢 C 曲线的上部各多一条先共析相的析出线，亚共析钢的 C 曲线上有一条表示共析铁素体先析出的曲线，过共析钢 C 曲线上有一条共析渗碳体先析出的曲线，如图 4-18（b）、（c）所示。

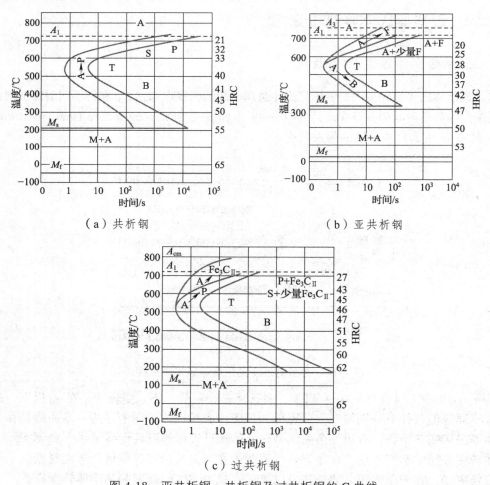

（a）共析钢　　　　　　　　　　　　　（b）亚共析钢

（c）过共析钢

图 4-18　亚共析钢、共析钢及过共析钢的 C 曲线

对于亚共析钢来说，随着奥氏体中含碳量增加，C 曲线逐渐右移，说明奥氏体的稳定性越来越高。当含碳量增加到共析成分时，奥氏体的稳定性最高。超过共析成分以后，随着含

碳量的增加，C曲线则逐渐左移，则奥氏体的稳定性降低。

2）合金元素的影响

除Co，Al以外，所有的合金元素溶于奥氏体后都会提高过冷奥氏体的稳定性，使C曲线右移。其中，非碳化物形成元素（如Ni，Si，Cu等）只改变C曲线的位置，不改变其形状。碳化物形成元素（如Cr，Mo，V等）可同时改变C曲线的位置和形状。必须指出，碳化物形成元素必须溶于奥氏体中才能提高过冷奥氏体的稳定性，否则作用相反。

3）加热条件的影响

加热条件主要指加热温度和保温时间。奥氏体化温度越高，保温时间越长，则形成的奥氏体晶粒越粗大，成分越均匀。同时，加热温度的提高也有利于先析出相及其他难熔质点的熔化。所有这些因素都将提高奥氏体的稳定性，使C曲线右移。

4.2.5 过冷奥氏体连续冷却转变

实际中多数热处理工艺应用的是连续冷却转变，即过冷奥氏体是在不断地降温过程中发生转变的，这就需要研究过冷奥氏体的连续冷却转变规律。

1. 过冷奥氏体连续冷却转变曲线（CCT曲线）

图4-19所示为共析钢的连续冷却转变曲线，又称CCT曲线（Continuous Cooling Transformation）。它反映了过冷奥氏体的冷却状况与组织结构之间的关系，是研究钢在冷却转变时组织转变的理论基础，也是选择热处理冷却工艺的重要依据。

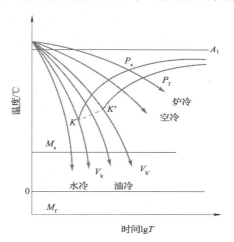

图4-19 共析钢连续冷却转变曲线示意图

图4-19中的P_s线为过冷奥氏体转变为珠光体的开始线，P_f线为转变终了线，两线之间为转变过渡区。KK'线为转变的中止线，当冷却曲线碰到此线时，过冷奥氏体便中止向珠光体型组织转变，剩余的奥氏体将被过冷到M_s点以下转变为马氏。V_k是与P_s线相切的冷却速度，

它是钢在淬火时可抑制非马氏体组织转变的最小冷却速度，称为淬火冷却速度或上临界冷却速度。$V_{k'}$是获得全部珠光体组织的最大冷却速度，称为下临界冷却速度。

当以不同的冷却速度连续冷却时，过冷奥氏体将会转变为不同的组织。根据冷却速度曲线与CCT曲线交点的位置，可以判断连续冷却转变的产物。

如图 4-19 所示，当冷却速度较小时（如炉冷），其转变产物为粗珠光体，硬度为 170 ~ 220 HBW。增大冷却速度（如空冷），其转变产物为索氏体，硬度为 25 ~ 35 HRC，与炉冷相比较，转变温度降低，转变所需时间缩短。冷却速度继续增大，转变温度将继续降低，但只要冷却速度不超过 $V_{k'}$，全部过冷奥氏体都将转变为珠光体组织。当大于 $V_{k'}$ 的冷却速度冷却时（如油冷），由于冷却曲线不与 P_f 线相交，所以转变过程中只有部分过冷奥氏体转变为珠光体组织，其余部分则被过冷到 M_s 点以下转变马氏体，最后得到的组织为细珠光体+马氏体+少量的残留奥氏体，硬度为 45 ~ 55 HRC。当冷却速度大于 V_k 以后，过冷奥氏体直接过冷到 M_s 点以下转变为马氏体及少量残留奥氏体，其硬度为 60 ~ 65 HRC。

2. 过冷奥氏体连续冷却转变曲线与等温转变曲线的比较

以共析钢为例，将连续冷却转变曲线与等温转变曲线叠绘在同一个温度-时间半对数坐标系中进行对比，如图 4-20 所示。可以看出，连续冷却转变曲线位于等温转变曲线的右下方，说明在连续冷却转变过程中，过冷奥氏体的转变温度低于相应的等温转变时的温度，且孕育期较长。

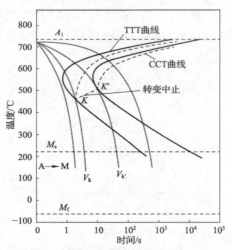

图 4-20　共析钢的连续冷却转变曲线和等温转变曲线的比较

等温转变的产物为单一的组织，而连续冷却转变是在一个温度范围内进行的，可以把连续冷却转变看成是无数个微小的等温转变过程的总和，转变产物是不同温度下等温转变组织的混合组织。

在共析钢和过共析钢中连续冷却转变时不发生贝氏体转变，这是由于奥氏体的碳浓度高，使贝氏体转变的孕育期延长。在连续冷却转变时，贝氏体转变来不及进行便冷却至低温。

4.3 钢的退火与正火

4.3.1 钢的退火

退火和正火是生产上应用最广泛的预备热处理工艺。其中，退火是将工件加热到一定温度保温一定时间，然后缓慢冷却（炉冷），获得接近平衡组织的热处理工艺。退火的目的有以下几点：

（1）调整硬度，便于切削加工。适合加工的硬度为 170～250 HB。

（2）消除残余应力，防止变形和开裂，提高钢的机械性能。

（3）消除缺陷，改善组织，细化晶粒，为最终热处理作组织准备。

（4）消除加工硬化，提高塑性以利于继续冷加工。

（5）改善或消除毛坯在铸、锻、焊时所造成的组织或成分不均匀，以提高其工艺性能和使用性能。

退火的种类很多，根据退火的目的与工艺特点的不同，退火可分为完全退火、等温退火、球化退火、扩散退火、去应力退火、再结晶退火等。

完全退火、球化退火、去应力退火、再结晶退火、均匀化退火（扩散退火）等，它们的加热温度范围如图 4-21 所示。

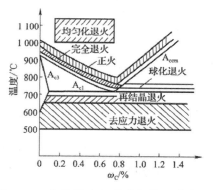

图 4-21 各种退火工艺的加热温度范围

1. 完全退火和等温退火

完全退火又称重结晶退火，一般简称退火。它主要用于亚共析成分的各种碳钢和合金钢的铸、锻件及热轧型材，有时也用于焊接结构。其主要目的是细化晶粒、消除应力、均匀组织、改善性能，一般用于一些不重要工件的最终热处理，或作为某些重要零件的预先热处理。

完全退火是将亚共析钢加热至 A_{c3} 以上 20～30 ℃，保温一定时间后，经完全奥氏体化后随炉缓慢冷却（或埋在沙中、石灰中冷却）至 500 ℃ 以下，然后取出在空气中冷却。

过共析钢不宜采用完全退火，因为加热到 A_{ccm} 以上缓冷时，沿奥氏体晶界会析出二次渗碳体，使钢的韧性、切削加工性能大大降低，且有可能在之后的热处理中引起开裂。

完全退火冷却时间很长，特别是对于某些奥氏体比较稳定的合金钢更是如此。为缩短完全退火时间，生产中常采用等温退火工艺，即将钢加热到高于 A_{c3}（或 A_{c1}）30～50 ℃ 后，保温适当时间，然后较快冷却到珠光体转变温度区间的适当温度并等温保持，使奥氏体等温转变，然后缓慢冷却的热处理工艺。

等温退火与完全退火的目的相同，但转变较易控制，不仅使退火时间缩短，还可获得更加均匀的组织。

2. 球化退火

球化退火属于不完全退火，主要用于过共析钢，其主要目的是使钢中的碳化物球状化，从而降低硬度、提高塑性，改善切削加工性能，并为随后的淬火做好组织准备。

一般球化退火的操作是将过共析钢加热至 A_{c1} 以上 20～40 ℃，经过一段时间保温后，随炉缓慢冷至 500 ℃ 以下再出炉空冷，得到球状珠光体组织。球化退火后的显微组织，铁素体基体上分布着均匀细小的球状碳化物，称为球状珠光体，如图 4-22 所示。

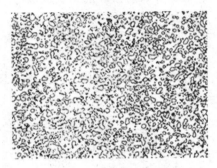

图 4-22　T10 钢球化退火后的显微组织

渗碳体的扩散球化需要足够的时间，所以球化退火处理的保温时间较长。实践中，为避免晶粒过于粗大，过共析钢的球化退火一般加热到 A_1 线附近，保温足够的时间（8～24 h），可获得球状组织。

需注意的是，过共析钢不能采用完全退火，因为加热温度超过 A_{cm} 线后，过共析钢的组织为单一的奥氏体，如果随后再缓慢地冷却，最后得到的组织将是层片状珠光体+网状渗碳体，出现网状渗碳体将使钢的韧度大为降低。若球化退火前钢中存在较多的网状渗碳体，应先进行正火将其消除，以保证球化退火的质量。

球化退火工艺主要适用于共析或过共析的工模具钢，目的是使钢中的碳化物球状化，从而降低硬度、提高塑性，并改善切削加工性能。此外，球化退火还能有效降低钢的过热敏感性，减小淬火时变形开裂倾向，为随后进行的淬火做好组织准备。

3. 去应力退火

去应力退火又称低温退火，主要用来消除铸件、锻件、焊接件、热轧件、冷拉件等的残余应力。如果这些应力不予消除，可能使钢件在一定时间后或随后的切削加工过程中产生变形，如果应力过大还可能造成开裂。去应力退火操作是将工件随炉缓慢加热到 A_{c1} 以下某一温度，保温一定时间后，随炉缓冷至一定温度后出炉空冷。在去应力退火的过程中无组织转变，其强度、塑性等性能也无明显变化，只是残余应力得到松弛。通过去应力退火，可以稳定工件的尺寸和形状，减少在随后的机械加工和长期使用过程中变形或开裂的倾向。

4. 扩散退火

扩散退火又称为均匀化退火，主要用于消除高合金铸件中的成分偏析。其加热温度略低于固相线的温度（亚共析钢通常为 1 050 ~ 1 150 ℃），长时间保温（一般为 10 ~ 20 h），然后随炉缓慢冷却到室温。因为扩散退火加热温度高，保温时间长，会引起奥氏体晶粒的显著长大。因此，扩散退火后必须进行一次完全退火或正火，以细化晶粒，提高钢的塑性。

5. 再结晶退火

再结晶退火主要用于消除冷加工钢材的加工硬化，以提高塑性，便于继续进行冷加工，其加热温度在再结晶温度以上 100 ~ 200 ℃。

4.3.2 正 火

正火是将钢材或钢件加热到临界温度以上，保温后空冷的热处理工艺。正火的目的是使钢的组织正常化，也称常化处理。亚共析钢的正火加热温度为 A_{c3} 以上 30 ~ 50 ℃；而过共析钢的正火加热温度则为 A_{ccm} 以上 30 ~ 50 ℃。正火实质上是退火的一个特例，正火与退火的主要区别在于冷却速度不同。正火的冷却速度较大，得到的组织为片间距较小的索氏体，且先共析相数量显著减少，珠光体组织数量多，因而钢正火后比退火后的强度和硬度有所提高，而且正火生产周期短，设备利用率高，工艺操作简单，比较经济。因此，在条件允许的情况下，应尽量选择正火。

正火主要应用于以下几个方面。

（1）消除网状二次渗碳体。所有的钢铁材料通过正火，均可使晶粒细化。而原始组织中存在网状二次渗碳体的过共析钢，经正火处理后可消除对性能不利的网状二次渗碳体，以保证球化退火质量。

（2）作为最终热处理。对于机械性能要求不高的结构钢零件，经正火后所获得的性能即可满足使用要求，可用正火作为最终热处理。

（3）改善切削加工性能。对于低碳钢或低碳合金钢，由于完全退火后硬度太低（一般在 170 HBW 以下），切削加工性能不好。而用正火，则可提高其硬度，从而改善切削加工性能。所以，对于低碳钢和低碳合金钢，通常采用正火来代替完全退火作为预备热处理。

从改善切削加工性能的角度出发，低碳钢宜采用正火；中碳钢既可采用退火，也可采用正火；含碳 0.45% ~ 0.6%的高碳钢则必须采用完全退火；过共析钢应用正火消除网状渗碳体后再进行球化退火。

4.4 钢的淬火与回火

将钢件加热到 A_{c3} 或 A_{c1} 以上某一温度，保温后以适当的速度冷却，获得马氏体或下贝氏体组织的热处理工艺称为淬火。淬火的目的是为了获得马氏体或下贝氏体组织，然后再配以适当的回火工艺，以得到零件所需要的强度、硬度、塑性及韧性等力学性能组合。淬火是强化钢最重要的处理工艺，也是赋予钢最终性能的关键工序。

4.4.1 淬火工艺参数的选择

1. 淬火温度的选择

淬火温度即钢的奥氏体化温度，它是淬火的主要工艺参数之一。选择淬火温度的原则是获得均匀、细小的奥氏体组织，钢的化学成分是决定淬火温度最主要的因素。

图 4-23 所示为碳钢的淬火温度范围。亚共析钢的淬火温度一般为 A_{c3} 以上 30～50 ℃，淬火后获得均匀、细小的马氏体组织。若温度过高，会因为奥氏体晶粒粗大而得到粗大的马氏体组织，使钢的机械性能恶化，特别是会使塑性和韧性降低；若淬火温度低于 A_{c3}，则淬火组织中会保留未溶铁素体，使钢的强度、硬度下降，并影响钢整体性能的均匀性。

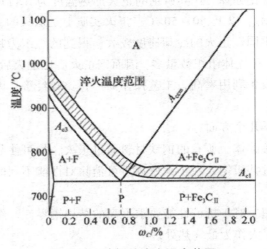

图 4-23　碳钢的淬火温度范围

与亚共析钢不同，共析钢和过共析钢的淬火温度为 A_{c1} 以上 30～50 ℃。这是因为这些钢在淬火之前要经过球化退火处理，淬火时加热至 A_{c1} 以上 30～50 ℃ 时，得到的组织是奥氏体和一部分未溶的球状碳化物，淬火后可以获得均匀、细小的马氏体和球状碳化物的混合组织，有利于提高钢的硬度和耐磨性，图 4-24 所示为 T12 钢正常淬火回火后的组织。如果温度过高，渗碳体大量溶于奥氏体，淬火后残留奥氏体量增加，使工件硬度下降；奥氏体晶粒粗大，淬火后得到粗片状马氏体，使钢的脆性增加，增加工件变形和开裂的倾向。

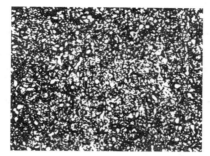

图 4-24　T12 钢正常淬火回火后的组织

2. 保温时间的确定

由零件入炉温度升至淬火温度所需的时间称为升温时间，所谓保温时间，通常是指工件装炉后，从炉温回升到淬火温度算起，到出炉为止所需的时间。它包括工件的透热和内部组织充分转变所需要的时间。加热时间与钢的成分、工件的形状及尺寸、加热介质、装炉情况有关，通常根据经验公式估算或通过试验确定。如工件入炉后炉温不降或下降不明显，则可目测工件表面的颜色，当其与炉膛颜色趋于相同时，就可计算保温时间（或从装炉起就计算保温时间）。

3. 淬火冷却介质的选择

淬火时既要保证奥氏体转变为马氏体，又要在淬火过程中减少应力，减小变形，防止开裂，保证钢件的淬火质量，因此必须选择合理的淬火冷却介质。根据碳钢奥氏体的等温转变曲线可知，淬火要得到马氏体组织，工件的冷却曲线就不能与 C 曲线相交。

理想的淬火冷却介质应该是：在 650 ℃ 以上时，在保证不形成珠光体类型组织的前提下，可以尽量缓冷；而在 650 ~ 400 ℃ 范围内必须快冷，以躲开 C 曲线的鼻尖，保证不产生珠光体相变；在 400 ℃ 以下时，又可以缓冷，特别是在 300 ~ 200 ℃ 以下发生马氏体转变时，以减轻马氏体转变时的相变应力。理想淬火冷却曲线如图 4-25 所示。

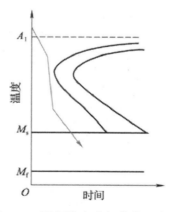

图 4-25　理想淬火冷却曲线示意图

淬火时常用的冷却介质有水、油、碱水、盐水等，它们的冷却特性见表 4-2。

表 4-2　常用淬火冷却介质及其特性

淬火冷却介质	最大冷却速度		平均冷却速度/（℃·s⁻¹）	
	温度/℃	冷却速度/（℃·s⁻¹）	650～500 ℃	300～200 ℃
15%NaOH 水溶液（20 ℃）	560	2 830	2 750	775
10%NaCl 水溶液（20 ℃）	580	2 000	1 900	1 000
自来水（20 ℃）	340	775	135	450
自来水（60 ℃）	220	275	80	185
机油（20 ℃）	430	230	60	65
机油（80 ℃）	430	230	70	55

从表 4-2 中可以了解到，碱水、盐水在 650～500 ℃，300～200 ℃ 的冷却能力较强，对于保证淬火能力较差的碳钢的淬火有利，但组织应力较大，易造成工件的变形和开裂。水的冷却能力次之。水及水溶液均适用于形状简单的碳钢零件。

油在 650～500 ℃，300～200 ℃ 冷却能力均较弱，适合用于过冷奥氏体比较稳定的合金钢零件。

4. 淬火方法

选择适当的淬火方法同选用淬火介质一样，可以保证在获得所要求的淬火组织和性能的条件下，尽量减小淬火应力，减少工件变形和开裂的倾向。生产中常用到以下几种淬火方法。

1）单介质淬火

单介质淬火是指淬火时将奥氏体状态的工件放入一种淬火介质中一直冷却到室温的淬火方法，如图 4-26 中的折线 1 所示。这种方法操作简单，容易实现机械化，适用于形状简单的碳钢和合金钢工件，一般碳钢在水或水溶液中淬火，合金钢在油中淬火。

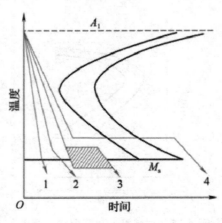

1—单介质淬火；2—双介质淬火；3—分级淬火；4—等温淬火。

图 4-26　各种淬火方法示意图

单介质淬火的缺点是不容易满足淬火件的质量要求，水淬内应力大，变形和开裂倾向大；而油淬容易造成硬度不足或不均匀。此外，单介质淬火时工件的表里温差大，热应力大，对形状复杂的工件易产生较大的变形和开裂。

2）双介质淬火

采用双介质淬火时，先将奥氏体状态的工件在冷却能力强的淬火介质中冷却至接近 M_s 点温度，再立即转入冷却能力较弱的淬火介质中冷却，直至完成马氏体转变，如图 4-26 中的折线 2 所示。最常用的双介质淬火方法是水-油双介质淬火（又称水淬油冷），有时也用水-空气双介质淬火（又称水淬空冷）。

水-油双介质淬火利用了水在高温区冷却速度快和油在低温区冷却速度慢的优点，既可以保证工件得到马氏体组织，又可以降低工件在马氏体区的冷却速度，减少组织应力，从而防止工件变形或开裂。采用双液淬火法必须严格控制工件在水中的停留时间，水中停留时间过短会引起奥氏体分解，导致淬火硬度不足；水中停留时间过长，工件某些部分已在水中发生马氏体转变，从而失去双液淬火的意义。因此，实行双液淬火必须要求工人有丰富的经验和熟练的技术。

3）马氏体分级淬火

采用马氏体分级淬火时，首先将奥氏体状态的工件淬入略高于钢的 M_s 点的盐浴或碱浴炉中保温，当工件内外温度均匀后，再从浴炉中取出空冷至室温，完成马氏体转变，如图 4-26 中的折线 3 所示。

这种淬火方法可使工件内外温度均匀并在缓慢冷却条件下完成马氏体转变，不仅减小了淬火热应力，而且显著降低了组织应力，因此可有效地减小或防止工件淬火变形和开裂。马氏体分级淬火还克服了双液淬火出水入油时间难以控制的缺点。

但马氏体分级淬火冷却介质温度较高，工件在浴炉冷却速度较慢，而等温时间又有限制，大截面零件难以达到其临界淬火速度。因此，此方法只适用于尺寸较小的工件，如刀具、量具和要求变形很小的精密工件。

4）贝氏体等温淬火

贝氏体等温淬火是指将奥氏体化后的工件浸入温度在贝氏体转变区间（260～400 ℃）的盐（碱）浴中，保温足够长时间，使过冷奥氏体转变为下贝氏体，然后空冷的淬火工艺，如图 4-26 中的折线 4 所示。

下贝氏体组织的强度、硬度较高而韧性良好，故此方法可显著提高钢的综合机械性能。等温淬火的加热温度通常比普通淬火高些，目的是提高奥氏体的稳定性和增大其冷却速度，防止等温冷却过程中发生珠光体型转变。等温淬火可以显著减小工件变形和开裂倾向，比较适合处理形状复杂、尺寸要求精密的工具和重要的机器零件，如模具、刀具、齿轮等。同分级淬火一样，等温淬火也只能适用于尺寸较小的工件。

生产中常用的淬火方法还有预冷淬火、局部淬火和深冷淬火等。

4.4.2 钢的淬透性

对钢进行淬火是希望获得马氏体组织，但一定尺寸和化学成分的钢件在某种介质中淬火能否得到全部马氏体则取决于钢的淬透性。淬透性是钢的热处理重要工艺性能，也是选材和制定热处理工艺的重要依据之一。

1. 钢的淬透性概念

钢的淬透性是指奥氏体化后的钢在淬火时获得马氏体的能力，其大小用钢在一定的条件下淬火获得的淬透层的深度表示。一定尺寸的工件在某介质中淬火，其淬透层的深度与工件截面各点的冷却速度有关。如果工件截面中心的冷却速度高于钢的临界淬火速度，工件就会淬透。然而工件淬火时表面冷却速度最大，心部冷却速度最小，由表面至心部冷却速度逐渐降低。只有冷却速度大于临界淬火速度的工件外层部分才能得到马氏体，这就是工件的淬透层。而冷却速度小于临界淬火速度的心部只能获得非马氏体组织，这就是工件的未淬透区。

图 4-27 所示为大截面工件的不同冷速与淬透情况示意图。

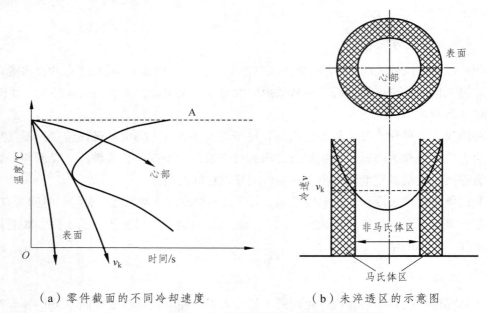

（a）零件截面的不同冷却速度　　　　（b）未淬透区的示意图

图 4-27　大截面工件的不同冷速与淬透情况示意图

在未淬透的情况下，工件从表面至心部马氏体数量逐渐减少，硬度逐渐降低。当淬火组织中马氏体和非马氏体组织各占一半（即半马氏体区）时，显微观察极为方便，硬度变化最为剧烈。为测试方便，通常采用从淬火工件表面至半马氏体区距离作为淬透层的深度。半马氏体区的硬度称为测定淬透层深度的临界硬度。研究证明，钢的半马氏体的硬度主要取决于奥氏体中含碳量，而与合金元素的含量关系不大。

在实际生产中要注意区别淬透性与淬硬性。淬透性表示钢淬火时获得马氏体的能力，它反映钢的过冷奥氏体稳定性，即与钢的临界冷却速度有关。过冷奥氏体越稳定，临界淬火速度越小，钢在一定条件下淬透层深度越深，则钢的淬透性越好。而淬硬性是指钢在理想条件下所能达到的最大硬度，主要取决于马氏体的含碳量，与钢中合金元素的含量关系不大。淬透性和淬硬性并无必然联系，如高碳工具钢的淬硬性高，但淬透性很低；而低碳合金钢的淬硬性不高，但淬透性却很好。

2. 淬透性的测定方法

淬透性的测定方法很多，目前常用的测试方法是《钢淬透性的末端淬火试验方法》（GB/T 225—2006）。图 4-28 所示为末端淬火法测定钢的淬透性的示意图。

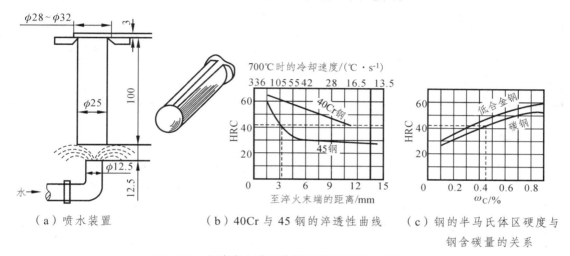

（a）喷水装置　　（b）40Cr 与 45 钢的淬透性曲线　　（c）钢的半马氏体区硬度与钢含碳量的关系

图 4-28　末端淬火法测定钢的淬透性的示意图

试验采用 $\phi 25 \times 100$ mm 的标准试样，试验时将试样加热至规定温度奥氏体化后，迅速放入试验装置中喷水冷却，如图 4-28（a）所示。试样冷却后沿其轴线方向相对两侧面各磨去 0.2 ~ 0.5 mm，然后从试样末端起每隔 1.5 mm 测量一次硬度，即可得到硬度与至末端距离的关系曲线，如图 4-28（b）所示，此曲线即钢的淬透性曲线。由图可知 45 钢比 40Cr 钢的硬度下降得快，表明 40Cr 钢的淬透性比 45 钢要好。图 4-28（c）与图 4-28（b）相配合便可找出半马氏体区至末端的距离。该距离越大，淬透性越好。

钢的淬透性通常用 $J\dfrac{HRC}{d}$ 表示，其中 J 表示端淬试验的淬透性，d 表示距水冷端的距离，HRC 为该处测得的硬度值。例如，$J\dfrac{42}{5}$ 表示距水冷端 5 mm 处试样硬度为 42 HRC。

此外，在热处理生产中，还常用临界淬透直径 D_0 来衡量钢的淬透性，它是钢在某种淬火介质中能够完全淬透（心部马氏体的体积分数为 50%）的最大直径。在给定淬火条件下，临界淬透直径越大，说明完全淬透的试棒的直径越大，钢的淬透性越好。几种常用钢的临界淬透直径见表 4-3。

表 4-3　几种常用钢的临界淬透直径

牌号	$D_{0水}$/mm	$D_{0油}$/mm
45	10 ~ 18	6 ~ 8
60	20 ~ 25	9 ~ 15
40Cr	20 ~ 36	12 ~ 24
20CrMnTi	32 ~ 50	12 ~ 20
T8 ~ T12	15 ~ 18	5 ~ 7
65Mn	25 ~ 30	17 ~ 25
9SiCr	—	40 ~ 50
35SiMn	40 ~ 46	25 ~ 34
GCr15	—	30 ~ 35
Cr12		200

3. 淬透性的实际意义

钢的淬透性是钢的热处理工艺性能，工件在整体淬火条件下，从表面至中心是否淬透，对其机械性能有重要影响。一些在拉压、弯曲或剪切载荷下工作的零件，如各类齿轮、轴类零件，应使整个截面都能被淬透，从而保证这些零件在整个截面上得到均匀的机械性能。选择淬透性较高的钢即能满足这一性能要求。而淬透性较低的钢，零件心部不能淬透，其机械性能低，特别是冲击韧性更低，不能充分发挥材料的性能潜力。

钢的淬透性越高，能淬透的工件截面尺寸越大。对于大截面的重要工件，为了增加淬透层的深度，必须选用过冷奥氏体很稳定的合金钢。工件越大，要求的淬透层越深，钢的合金化程度也应越高。所以淬透性是机器零件选材的重要参考数据。

从热处理工艺性能考虑，对于形状复杂、要求变形很小的工件，如果钢的淬透性较高，如合金钢工件，可以在较缓慢的冷却介质中淬火。如果钢的淬透性很高，甚至可以在空气中冷却淬火，则其淬火变形更小。

但是并非所有工件均要求很高的淬透性。如承受弯曲或扭转的轴类零件，其外缘要承受最大应力，而轴心部分承受应力较小，保证一定淬透层深度即可。某些重负荷齿轮是通过表面淬火或化学热处理，获得一定深度的均匀淬硬层，即可达到表硬心韧的性能要求，甚至可以采用低淬透性钢制造。焊接用钢采用淬透性低的低碳钢制造，目的是避免焊缝及热影响区在焊后冷却过程中得到马氏体组织，从而可以防止焊接构件的变形和开裂。

4. 淬透性工程实例的应用与分析

某批活塞杆用 45 钢制造，技术要求为调质 28 ~ 32 HRC，直径为 ϕ25 mm，在使用过程中发生塑性变形。对变形后的零件进行硬度测试，发现其硬度只有 20 HRC 左右，金相组织中有淬火托氏体存在，表明零件强度不足。对该零件的生产过程进行调查，得知该零件已生产多年，设计毛坯直径为$\phi 28$ mm，从未出现强度不足的问题。但本批零件由于当时没有直径$\phi 28$ mm 的棒料，而使用直径$\phi 35$ mm 的棒料仍按原工艺生产，调质处理后的硬度符合设计要求。为什么会出现强度不足呢？这是由于该材料的淬透性差，仅表面几毫米处获得马氏体，其余部分为马氏体和托氏体。虽然调质后的硬度满足技术要求，但由于加工余量大，将表层的大部分硬化层去除，只留下强度低的淬火托氏体为主的组织，导致强度不足而失效。

4.4.3　钢的回火

将淬火后的钢件重新加热到A_{c1}以下某一温度，保温一定时间后再冷却到室温的热处理工艺称为回火。一般淬火后的钢件都要进行回火处理，这是因为淬火后得到的马氏体很脆，并存在很大的内应力，如不及时回火，可能使工件产生开裂。此外，淬火组织中的马氏体和残留奥氏体都是不稳定的组织，若不回火，会在随后使用中发生组织转变而引起工件尺寸的变化。回火的目的主要有以下几点：

（1）减少或消除内应力，降低钢的脆性，以防工件进一步变形和开裂。

（2）促进马氏体和残留奥氏体的分解，稳定组织，进而稳定工件的尺寸和形状。

（3）调整工件的内部组织，以获得所需要的力学性能。

1．淬火钢回火时的组织转变

淬火后获得的马氏体与残留奥氏体在A_1以下不同温度重新加热时，将发生下列 4 个阶段的组织转变。

（1）马氏体的分解（<200 ℃）。在 80 ℃ 以下时，由于温度太低，只发生马氏体中碳原子偏聚现象。在 80～200 ℃ 回火时，马氏体中过饱和的碳原子将以亚稳的 ε 碳化物形式细小弥散地析出在基体上。由于碳原子析出，使马氏体应力降低。经过这一阶段回火后的组织由过饱和的 α 固溶体和亚稳的 ε 碳化物组成，称为回火马氏体。钢的硬度没有明显降低，但淬火应力下降。

（2）残留奥氏体的分解（200～300 ℃）。当回火温度在 200～300 ℃ 时，残留奥氏体分解为马氏体或下贝氏体组织。马氏体继续分解到 350 ℃ 左右，淬火应力进一步降低，但硬度下降不明显。

（3）碳化物的转变（250～400 ℃）。当回火温度在 250 ℃ 以上时，ε 碳化物随温度升高逐步转变为 Fe_3C，这时的 α 固溶体实际上已变成了淬火形态的铁素体。这一阶段的组织为铁素体和颗粒状的渗碳体复合组织，称为回火托氏体。淬火应力已基本消除，硬度明显下降。

（4）渗碳体的聚集长大与 α 相的再结晶（>400 ℃）。当回火温度升至 400 ℃ 以上时，渗碳体发生聚集，长大成为较大的颗粒状。同时，铁素体形态在 600 ℃ 以下回火保持淬火时的板条状或片状。在 600 ℃ 以上时，铁素体的形态变成了近似等轴的多边形晶粒，铁素体发生了再结晶，于是得到了由经过再结晶的多边形铁素体和较大颗粒的渗碳体组成的组织，称为回火索氏体。

碳钢在回火过程中 α 固溶体的含碳量、残留奥氏体量、淬火内应力及碳化物尺寸的变化情况如图 4-29 所示。

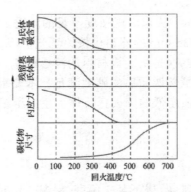

图 4-29　淬火钢在回火过程中的变化

2. 淬火钢回火后的组织和性能

根据回火温度和钢件所要求的力学性能，工业上一般将回火分为三类，见表 4-4。该回火规范主要用于碳钢和低合金钢，而对中、高合金钢则应适当提高回火温度。

表 4-4　回火的种类与应用

种类	加热温度/°C	组织	性能	应用
低温回火	150～250	M$_回$+碳化物	高硬度和高耐磨性，但脆性和残余应力降低 58～64 HRC	各种高碳工具钢、模具、滚动轴承，渗碳件和表面淬火件
中温加火	350～500	T$_回$	高的弹性极限、屈服强度和一定韧性 35～45 HRC	各种弹性元件及热锻模
高温回火（调质处理）	500～650	S$_回$	较高的强度、塑性和韧性，即良好的综合力学性能 25～35 HRC	各种重要结构零件，如轴、齿轮、连杆、高强度螺栓等

某些量具等精密零件，为保持淬火后的高硬度和尺寸稳定性，有时加热在 100～150 °C，需保温长时间（10～50 h），这种低温长时间回火称为尺寸稳定处理或时效处理。

4.5　钢的表面处理

在机械制造业中，有许多零件，如齿轮、凸轮、曲轴及销子等，是在动力载荷（受冲击）及摩擦的条件下工作，因而要求这些零件应具有韧度高、耐磨好的性能。提高零件的耐磨性，硬度就要高，但硬度高，韧度就要低。为使工件能在高韧度的情况下耐磨，就必须使零件的表面硬度高，而心部韧度也要高。对此有两种办法可采用：一是表面淬火，改变表层组织，使钢出现耐磨组织层；二是进行表面化学热处理，改变表面的化学成分，使之由亚共析钢变为过共析钢，达到使表面耐磨的目的。

4.5.1 表面淬火

表面淬火是对工件表面进行淬火的热处理方法。它是利用快速加热，使工件表面很快达到淬火温度并奥氏体化，然后迅速冷却，使表层一定深度淬成马氏体组织，而心部仍为未淬火组织的一种局部淬火方法。

表面淬火按加热方式的不同，可分为感应加热表面淬火、火焰加热表面淬火、电接触加热表面淬火、激光加热表面淬火和电解液加热表面淬火等。

1. 感应加热表面淬火

1）感应加热表面淬火的原理

若将金属置于通有交流电的线圈中，则该金属内将感应而产生同频率的感应电流。感应电流沿工件表面形成封闭回路，通常称之为涡流。涡流在工件中的分布由表面到心部呈指数规律衰减，工件心部电流密度几乎为零，这种现象称为电流的"表面效应"或"集肤效应"。感应加热就是利用电流的表面效应来实现的。

图 4-30 所示为感应加热表面淬火的示意图，将淬火的零件放在特制的感应圈内，和感应圈紧邻的表面部分被感应产生电流，电流在工件内通过就会产生热量（电阻热）而把零件表面迅速加热至高温，工件表面温度升至相变点以上时，而心部温度仍在相变点以下。感应加热后，采用水、乳化液或聚乙烯醇水溶液喷射淬火，淬火后进行 180~200 ℃ 低温回火，以降低淬火应力，并保持高硬度和高耐磨性。

感应电流透入工件表面越深，加热淬火层就越厚。电流透入的深度除了与工件材料的电磁性能（电阻系数与透磁率）有关外，主要还取决于电流频率，频率越高，电流透入深度越浅，加热淬火层也就越薄。

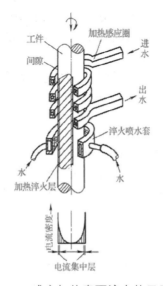

图 4-30　感应加热表面淬火的示意图

97

电流透入钢件表面的深度，对于碳钢，可用公式表示为

$$\delta = \frac{500}{\sqrt{f}} \ (\text{mm})$$

式中　δ——电流透入深度，mm；

　　　f——电流频率，Hz。

根据电流频率的不同，可将感应加热表面淬火分为以下三类，见表 4-5。

表 4-5　感应加热表面淬火种类及应用范围

表面淬火类型	应用范围
高频感应加热淬火	常用电流频率范围为 200~300 kHz，淬硬层深度一般为 0.5~2.0 mm，适用于要求淬硬层较薄的中小型零件，如中小模数的齿轮、中小尺寸的轴类等
中频感应加热淬火	常用电流频率范围为 2 500~8 000 Hz，淬硬层深度一般为 2~10 mm，适用于要求淬硬层较深的零件，如大中模数的齿轮、较大尺寸的轴等
工频感应加热淬火	电流频率为 50 Hz，淬硬层深度可达 10~15 mm，适用于较大直径零件的穿透加热及要求淬硬层深的大直径零件，如轧辊、火车车轮等

2）感应加热表面淬火的特点

与普通淬火相比，感应加热表面淬火主要具有以下几方面优点：

（1）加热速度快，生产率高（小零件几秒一个）。

（2）加热时间短、过热度大，钢的奥氏体化是在较大的过热度（A_{c3} 以上 100~150 °C）进行的，使得奥氏体形核多，且不易长大，因此淬火后表面得到细小的隐晶马氏体，硬度比普通淬火高 2~3 HRC，韧度也有明显提高。

（3）因加热快，工件几乎不发生氧化和脱碳。同时由于仅表面加热而心部未被加热，淬火变形小。

（4）表面淬火后，不仅工件表层强度高，而且由于马氏体转变产生体积膨胀，在工件表层产生有利的残余压应力，从而可有效地提高工件的疲劳强度并降低其缺口敏感性。

（5）加热温度和淬硬层厚度（从表面到半马氏体区的距离）容易控制，便于实现机械化和自动化。

由于这些优点，高频淬火在生产上得到了越来越广泛的应用。但也存在不足之处是：感应加热表面淬火设备昂贵，且处理形状复杂的零件比较困难。

3）感应加热表面淬火的应用

高频感应淬火一般用于中碳钢和中碳低合金钢，如 45，40Cr，40 MnB 等。这类钢经正火或调质后表面淬火，心部保持较高的综合机械性能，而表面具有较高的硬度和耐磨性。高碳钢也可高频表面淬火，主要用于受较小冲击和交变载荷的工具、量具等。

2. 火焰加热表面淬火

用氧-乙炔（或其他可燃气体）火焰对工件表面进行快速加热，随之喷液淬火冷却，从而获得一定厚度淬硬层的工艺称为火焰加热表面淬火，如图 4-31 所示。通过调节烧嘴的位置和

移动速度，可以获得不同厚度的淬硬层，根据工件淬火表面的形状、大小及对表面淬火的要求，火焰淬火的基本操作方法可归纳为固定加热、移动加热、旋转加热和旋转移动加热 4 种，火焰淬火的淬硬层深度为 2 ~ 8 mm，工件淬火后一般应进行 180 ~ 200 ℃ 低温回火，大型工件可采用火焰回火或自回火。淬火表面在磨削之后应进行第二次回火，以减小内应力。

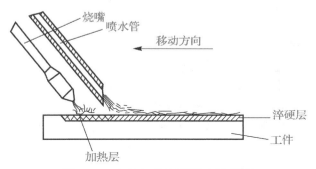

图 4-31　火焰加热表面淬火示意图

　　火焰加热表面淬火和高频感应加热表面淬火相比，火焰淬火设备简单、操作方便、灵活性强。单件小批生产或须在户外淬火或运输拆卸不便的巨型零件、淬火面积很大的大型零件、具有立体曲面的淬火零件等，尤其适合采用火焰淬火，因而其在重型机械、冶金、矿山、机车、船舶等工业部门得到了广泛的应用，如大型齿轮、轴、轧辊、导轨等的表面溶火。

　　火焰淬火容易过热，温度及淬硬层深度的测量和控制较难，因而对操作人员的技术水平要求也较高。

3. 激光加热表面淬火

　　激光加热表面淬火是将激光器发射出的高能量、高功率密度的激光束照射到工件表面，使工件表层以极快速度加热到淬火温度，依靠工件本身热传导迅速制冷而获得一定淬硬层的淬火工艺。

　　激光淬火的原理是:利用聚集后的激光束照射到钢铁材料表面，使其温度迅速升高到相变点以上，当激光移开后，由于仍处于低温的内层材料的快速导热作用，使表层快速冷却到马氏体相变点以下，获得淬硬层。

　　激光加热表面淬火的优点是激光溶火原理与感应加热淬火、火焰加热溶火技术类似，只是其所使用的能量密度更高，加热速度更快，不需要淬火介质，淬火质量好，表层组织超细化，硬度高（比常规淬火高 6 ~ 10 HRC），疲劳强度高，淬火应力和变形极小，且不需要回火，无环境污染，生产效率高，易实现自动化生产。因此，在很多工业领域中它正逐步取代常规加热淬火和化学热处理等传统工艺。激光加热表面淬火的淬硬层深度可达 1 ~ 2 mm，适用于各种金属材料，如钢材、铸铁、铝合金等。其缺点是设备昂贵，大规模生产受到限制。

4. 其他类型的表面淬火

1）电接触加热表面淬火

　　利用触头和工件间的接触电阻在通以大电流时产生的电阻热，将工件表面迅速加热到淬火温度，当电极移开，借工件本身未加热部分的热传导来淬火冷却的热处理工艺称为电接触加热表面淬火。这种方法的优点是设备简单、操作方便、工件畸变小、淬火后不需要回火。

电接触加热表面淬火能显著提高工件的耐磨性和抗擦伤能力，但其淬硬层较薄（0.15～0.30 mm），显微组织及硬度均匀性较差，目前多用于铸铁机床导轨的表面淬火，也可用在气缸套、曲轴、工模具等零件上。

2）电解液加热表面淬火

电解液加热表面淬火是将工件淬火部分置于电解液中作为阴极，金属电解槽作为阳极。电路接通后，电解液产生电离，在阳极上放出氧，在阴极上放出氢。氢围绕工件形成气膜，产生很大的电阻，通过的电流转化为热能将工件表面迅速加热到临界点以上温度。电路断开，气膜消失，加热的工件在电解液中实现淬火冷却。此工艺设备简单，淬火变形小，适用于形状简单的小型工件的批量生产。

4.5.2　钢的化学热处理

化学热处理是指通过改变钢件表层化学成分，使热处理后表层和心部组织不同，从而使表面获得与心部不同工艺性能的热处理方法。也就是说将金属或合金工件置于一定温度的活性介质中保温，使一种或几种元素渗入其表层，以改变其化学成分、组织和性能的热处理工艺。

化学热处理的方法很多，已用于生产的有渗碳、渗氮、碳氮共渗（提高零件的表面硬度、增加耐磨性和疲劳强度等）及渗金属，如渗铝（提高零件的耐热、抗氧化性）、渗铬（提高零件的耐蚀、耐磨性能）、渗钒（提高零件的抗磨、抗咬合擦伤性能）、渗硅（提高零件的耐蚀性能）、渗硼（使零件具有高耐磨性）、渗硫（减摩）、磷化（减摩、防锈）等。发蓝（防锈）也是钢的化学热处理方法中的一种。与表面淬火相比，化学热处理不仅改变表层的组织，而且还改变表层的化学成分。化学热处理的目的主要是提高钢件表面的硬度、耐磨性、抗蚀性、抗疲劳强度和抗氧化性等。

化学热处理过程可分为以下 3 个相互衔接而又同时进行的阶段。

分解：在一定温度下，活性介质分解出能渗入工件的活性原子。

吸收：工件表面吸收活性原子，并溶入工件材料晶格的间隙或与其中元素形成化合物。

扩散：被吸收的原子由表面逐渐向心部扩散，从而形成具有一定深度的渗层。

1. 渗　碳

渗碳是将钢件放入渗碳介质中加热、保温，使碳原子渗入工件表层，以增加钢件表层含碳量和获得一定碳浓度梯度的化学热处理工艺。渗碳用钢为低碳钢和低合金钢（0.10%～0.25%C），如 20，20Cr，20CrMnTi 等。

渗碳的目的是提高表面的硬度、耐磨性及疲劳强度，而心部仍保持足够的韧性和塑性。因此，渗碳主要用于同时受磨损和较大冲击载荷的零件，如变速齿轮、活塞销、套筒及要求很高的喷油泵构件等。

1）渗碳方法及原理

根据渗碳剂的不同状态，渗碳方法可分为气体渗碳、固体渗碳和液体渗碳，最常用的是气体渗碳。

（1）气体渗碳。

气体渗碳是将工件置于密封的气体渗碳炉内，加热到900~950℃，使钢奥氏体化。同时，向炉内滴入易分解的有机液体（如煤油、甲醇、丙酮等）或直接通入气体渗碳剂（如煤气、石油液化气等），使渗碳剂中的活性组分在高温分解，产生活性碳原子，渗入工件表层，并向内扩散，形成一定深度的渗碳层。气体渗碳的原理如图4-32所示。

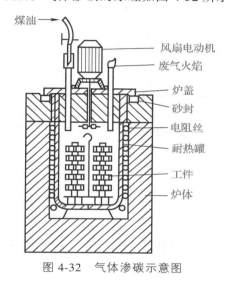

图4-32　气体渗碳示意图

渗碳剂产生活性碳原子的反应为：

$$CH_4 \rightarrow [C] + 2H_2$$
$$2CO \rightarrow [C] + CO_2$$
$$CO + H_2 \rightarrow [C] + H_2O$$

气体渗碳时间短、生产效率高、质量好，且渗碳过程容易控制，是应用最普遍的渗碳方法。

（2）固体渗碳。

如图4-33所示，固体渗碳是将工件放在填充有粒状渗碳剂的密封箱中，然后加热到渗碳温度，保温一定时间，使零件表层增碳的一种化学热处理工艺。固体渗碳剂通常由供碳剂（木炭、焦炭）和催渗剂（一般为碳酸盐，如$BaCO_3$或Na_2CO_3混合而成，催渗剂用量为渗碳剂总量的15%~20%。渗碳过程中的反应为

$$BaCO_3 \rightarrow BaO + CO_2$$
$$CO_2 + C \rightarrow (炭粒) \rightarrow 2CO$$
$$2CO \rightarrow [C] + CO_2$$

101

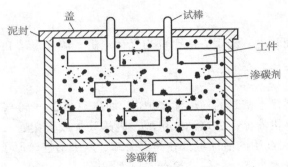

图 4-33　固体渗碳示意图

固体渗碳的周期长、生产效率低、劳动条件差，且质量不易保证。但固体渗碳法设备简单、操作容易，适合于小批量和盲孔零件渗碳，因此在生产中仍具有应用价值。

（3）液体渗碳。

液体渗碳是在液体介质中进行渗碳的方法。渗碳盐浴一般由三类物质组成，第一类是加热介质，通常用 NaCl 和 BaCl 或 NaCl 和 KCl 的混合盐；第二类是渗碳介质，通常用氰盐（NaCN、KCN）、碳化硅、木炭、"603" 渗碳剂等；第三类是催化剂，常用碳酸盐（$BaCO_3$ 或 Na_2CO_3），占盐浴总量的 5% ~ 30%。

液体渗碳的优点是加热速度快、加热均匀、渗碳效率高，便于直接淬火及局部渗碳。液体渗碳的缺点是成本高，渗碳盐浴大多有毒，不适合大批量生产。

2）渗碳工艺参数

渗碳的主要工艺参数是加热温度和保温时间。渗碳温度一般在 900 ~ 950 ℃，温度高渗碳速度快，但过高会使晶粒粗大。同一渗碳温度下，渗层厚度随保温时间延长而增加。有效渗碳层厚度是指渗碳淬火件由表面测定到规定硬度（通常为 550 HV）处的垂直距离。渗碳后表面含碳量以 0.85% ~ 1.05% 为宜，含碳量过低，会令表面耐磨性差；含碳量过高，则渗层变脆，易剥落。

低碳钢渗碳缓冷后得到的组织，表层为珠光体和网状二次渗碳体的过共析组织，心部为珠光体和铁素体的亚共析组织，中间是过渡区，如图 4-34 所示。

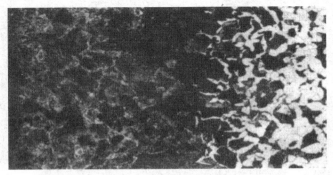

图 4-34　渗碳层显微组织

3）渗碳后的热处理及组织

渗碳后的热处理工艺有直接淬火法、一次淬火法和二次淬火法 3 种，如图 4-35 所示。

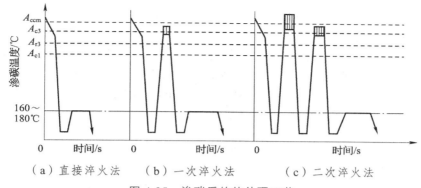

（a）直接淬火法　　（b）一次淬火法　　　（c）二次淬火法

图 4-35　渗碳后的热处理工艺

（1）直接淬火法。

如图 4-35（a）所示，直接淬火法即渗碳后的工件取出后经空气中预冷到 830～850 ℃ 直接淬火。这种方法操作简单、成本低、效率高，但由于淬火温度高，晶粒易粗化。一般只用于本质细晶粒的合金渗碳钢（如 20CrMnTi，20MnVB）或耐磨性、承载能力要求较低的工件。

（2）一次淬火法。

如图 4-35（b）所示，一次淬火法即工件渗碳后空冷至室温，然后再重新加热淬火。淬火温度的选择要兼顾表面和心部的要求，心部组织要求高时，一次淬火的加热温度略高于 A_{c3}。对于受载不大但表面性能要求较高的零件，淬火温度应选用 A_{c1} 以上 30～50 ℃，使表层晶粒细化，但其心部组织无大的改善，性能略差一些。

（3）二次淬火法。

如图 4-35（c）所示，二次淬火法即工件先空冷至室温，然后分别对心部和表层进行淬火强化。第一次淬火是为了改善心部组织，加热温度为 A_{c3} 以上 30～50 ℃。第二次淬火是为细化表层组织，获得细马氏体和均匀分布的粒状二次渗碳体，加热温度为 A_{c1} 以上 30～50 ℃。该法工艺复杂、成本高，一般只应用于受力较大、表面磨损严重、性能要求高的零件。

渗碳件淬火后，须进行 150～200 ℃ 的低温回火，以降低淬火应力和脆性。回火后表层组织为回火马氏体、颗粒状碳化物、少量残留奥氏体，其硬度可达 58～64 HRC，具有很高的耐磨性。其心部韧性较好，硬度较低，可达 30～45 HRC。

一般渗碳件的工艺路线为：锻造→正火→切削加工→渗碳→淬火+低温回火→精加工。

2. 渗　氮

渗氮也称氮化，是在一定温度下使活性氮原子渗入工件表面的化学热处理工艺。通常采用的渗氮工艺有气体渗氮和离子渗氮两种，下面主要介绍气体渗氮的相关知识。

1）渗氮原理与工艺

气体渗氮一般在专用井式渗氮炉中进行，利用氨气受热分解来提供活性氮原子，其反应式为

$$2NH_3 \rightarrow 3H_2 + 2[N]$$

活性氮原子被工件表面吸收，溶解于铁素体中，并不断向内部扩散。当铁素体中氮含量

103

超过溶解度后，便形成氮化物。渗氮时间取决于所需要的渗氮层深度，一般渗氮层深度为 0.3 ~ 0.5 mm，渗氮时间长达 20 ~ 50 h。

渗氮用钢通常是含 Cr，Mo，Al，V 等合金元素的钢，因为这些合金元素易与氮形成高度弥散、硬度高而稳定的氮化物，如 CrN，MoN，AlN 等。38CrMoAl 是广泛应用的渗氮钢，除此以外，如 42CrMo，18Cr2Ni4WA，5CrNiMo，06Cr18Ni11Ti 等不同类型钢都可进行渗氮工艺。

2）渗氮的特点及应用

渗氮主要具有以下几方面优点：

由于渗氮层中合金氮化物具有极高的硬度、熔点及非常稳定的化学性能，所以氮化后零件表面可以获得很高的硬度和耐磨性（可达 1 000 ~ 1 100 HV，相当于 70 HRC 左右），且不需要再进行其他的热处理。

氮化层体积增大，使工件表面产生残余压应力，使疲劳强度提高 15% ~ 35%。由于氮化层表面是由致密的、连续分布的氮化物所组成的，所以具有很高的抗蚀性能。由于渗氮温度低，渗后不需要进行其他的热处理，所以氮化后变形很小。但是渗氮的生产率低、成本高，并需要专门的氮化钢，因此只用于处理要求高硬度、高耐磨性和高精密度的零件，如镗床镗杆、精密传动齿轮及分配式油泵转子等。

渗氮前的零件须经调质处理，目的是改善机加工性能和获得均匀的回火索氏体组织，保证较高的强度和韧性。对于形状复杂或精度要求高的零件，在氮化前精加工后还要进行消除内应力的退火，以减少氮化时的变形。

渗氮零件的工艺路线一般为：锻造→正火→粗加工→调质→精加工→去应力退火→粗磨→渗氮→精磨。

渗氮与渗碳的区别见表 4-6。

表 4-6　渗氮与渗碳的区别

工艺	温度/ °C	时间/h	渗层厚度/mm	渗层硬度	渗后处理	变形量	适用材料
渗碳	920 ~ 950，高	3 ~ 9，较短	0.5 ~ 25，较厚	58 ~ 62 HRC，较软	淬火+低温回火	大	低碳及低碳合金钢
渗碳	500 ~ 600，低	20 ~ 70，较长	0.4 ~ 0.6，较薄	950 ~ 1 000 HV，较硬	不需要	小	中碳合金钢

3. 碳氮共渗

碳氮共渗是将碳、氮同时渗入工件表层的化学热处理过程。碳氮共渗主要有液体碳氮共渗和气体碳氮共渗，液体碳氮共渗有毒，污染环境，劳动条件差，已很少应用，现在多采用气体法。气体碳氮共渗按加热温度的不同，又分为中温碳氮共渗和低温碳氮共渗（氮碳共渗）。

1）中温碳氮共渗

中温碳氮共渗实质是以渗碳为主的共渗工艺，其工艺和气体渗碳相似，是将工件放入密封炉内，加热到共渗温度 820 ~ 880 °C，同时向炉内滴入煤油并通入氨气（或其他共渗介质）。

经保温 1~2 h 后，共渗层可达 0.2~0.5 mm。氮的渗入使碳浓度很快提高，从而使共渗温度降低、时间缩短。碳氮共渗后淬火，再低温回火，使其表层组织为细片状含氮回火马氏体+颗粒状碳氮化合物+少量残留奥氏体。

与渗碳相比，碳氮共渗加热温度低、时间短、零件变形小，耐磨性、疲劳强度和耐蚀性也较好。生产上碳氮共渗常代替渗碳，多用于处理汽车、机床上的齿轮、凸轮、蜗杆、蜗轮和活塞销等。

2）低温碳氮共渗（氮碳共渗）

工件表层渗入氮和碳，并以渗氮为主的化学热处理工艺称为氮碳共渗。这种工艺处理的钢件，其表面硬度、脆性和裂纹敏感性比渗氮工艺处理的钢件要小，又称气体软氮化。

软氮化通常在 500~570 ℃ 的温度下进行，时间 1~4 h，氮碳共渗层深度为 0.2~0.5 mm，硬度较低，一般为 500~900 HV。此工艺常以尿素为共渗介质，因其在低温加热分解的氮原子比碳原子多，氮原子在铁素体中的溶解度比碳原子大，故以渗氮为主。

软氮化不受钢种限制，碳钢、合金钢、铸铁和粉末冶金制品均可应用。氮碳共渗处理后，零件变形很小，处理前后零件精度变化不大，但能提高材料的耐磨、耐疲劳、抗咬合和抗擦伤性能，且渗层不易剥落。例如，Cr12 MoV 钢制作的拉深模，经 570 ℃×1.5 h 气体碳氮共渗后，模具寿命从原来的 1 000~2 000 件提高到 30 000 件，废品率由 1%~2%降低至 0.2%以下。

4. 渗 硼

渗硼是在高温下使硼原子渗入工件表层形成硬化层的化学热处理工艺。渗硼温度多在 800~1 000 ℃，保温 1~6 h，渗硼层厚度为 0.1~0.3 mm。渗硼层一般由 Fe_2B 和 FeB 组成，但也可获得只有单一 Fe_2B 的渗层。单相的 Fe_2B 渗层脆性较小但仍保持高硬度，是比较理想的渗硼层。

固体法是目前国内应用最多的渗硼方法。固体渗硼剂常以硼铁粉或 B_4C 作供硼剂，加入 5%~10%的 KBF_4 作催化剂，再加入 20%~30%的木炭或 SiC 作填充剂。渗硼后应缓慢冷却，一般不需再进行淬火。对心部强度要求较高的，渗硼后可预冷淬火并及时回火。

渗硼使零件表面具有很高的硬度（1 200~2 300 HV）和耐磨性，良好的耐热性、抗蚀性。不足之处是渗硼层较脆，易剥落，研磨加工困难。目前已有用结构钢渗硼代替工具钢制造刃、模具。例如，碳含量 0.45%的碳钢渗硼冷拔模，外模寿命比碳氮共渗处理提高 4 倍多。还可用一般碳钢渗硼代替高合金耐热钢、不锈钢制造受热、受蚀零件。

【知识广场】

1. 热处理技术发展方向

当代热处理技术的发展，主要体现在清洁热处理、精密热处理、节能热处理和少无氧化热处理等方面。

1）清洁热处理

现代热处理技术的发展，不仅仅着眼于热处理本身生产技术的先进性和可靠性，更对人类环境的保护提出了严格的要求，所以有了清洁热处理的概念。清洁热处理，就是在整个热处理生产过程中少无污染物产生和没有有毒有害废物排放的热处理。

传统热处理生产过程中对环境造成污染的主要有废水、废气、废盐、剧毒物、粉尘、电磁波、噪声等。清洁热处理技术就是能够有效治理这些污染的技术。这些技术主要包括可控气氛热处理技术、真空热处理技术、全封闭式淬火技术和合成淬火剂技术等。一方面热处理生产中有毒有害污染物的产生得到了极大的控制；另一方面热处理生产的机械化、自动化程发得到了极大的提高，而且生产环境和工人劳动强度得到了极大的改善。

2）精密热处理

精密热处理就是严格控制热处理产品质量的热处理。其主要特点就是能够准确预测零件热处理后组织、性能和残余应力，以及准确预测材料的成分、冶金质量、工件的形状和尺寸、其他的加工工序对热处理结果的影响，自动优选工艺，正确控制各种工艺，以使热处理畸变和质量分散度减小到最小。精密热处理技术主要包括热处理信息技术、热处理传感技术和热处理计算机技术。

热处理信息技术就是充分利用世界各国对热处理技术的研究成果，在第一时间共享世界最先进热处理生产管理和产品质量控制技术。

热处理传感技术是精密热处理的重要手段，只有实现了这些参数的精密测量和控制，才能有效地提高热处理产品的质量。热处理传感技术主要有高性能和高适应性的温度、时间、压力传感器的应用，氧探头、CO、CO_2 红外分析仪的应用达到对气氛的精确控制，无损检测技术的应用等。

热处理计算机技术就是计算机在热处理上的综合运用。它主要包括热处理质量的在线控制技术、热处理过程的各种计算机控制技术，如炉内气氛和温度场的计算机控制、工件冷却过程计算机控制、热处理工艺与组织和性能的计算机控制技术等。

3）节能热处理

热处理是一个高能耗的行业，节能一直是科技人员努力的方向。目前节能热处理主要包括高效节能的炉温控制技术、气氛制备技术，以及与其他热加工（如铸、锻、焊）相结合的复合热处理技术。另外，专业化、协作化热处理生产也是节能热处理的一个方面。

4）少无氧化热处理

少无氧化热处理就是提高热处理产品质量的热处理。其主要的发展方向就是可控气氛热处理及真空热处理。

2. 热处理新技术简介

1）可控气氛热处理

在热处理工艺过程中，热处理炉内的炉气成分（即工艺介质）可以有效控制的热处理，称为可控气氛热处理。可控气氛热处理的热处理炉型主要有密封箱式炉、辊底炉、网带炉、多用炉、真空炉等，目前气氛炉所用的气氛主要是吸热式气氛和直生式气氛。吸热式气氛就是燃烧气和空气的混合气体，在装有催化剂的外部加热反应室中部分反应形成一种含体积分数为 18%～23%CO、37%～42%H$_2$，其余为 N$_2$ 的气氛；直生式气氛就是把空气和碳氢化合物直接通入高于 800 ℃ 炉膛内的产气方法。气氛控制较先进的方法是使用氧探头（能对高甲烷含量气氛碳势进行准确测定功能）结合 CO 红外分析仪（能准确测量 CO 含量）。可控气氛热处理可应用于对各种金属材料的光亮热处理、渗碳、碳氮共渗、氮碳共渗等。

2）真空热处理

真空热处理是指在真空中进行加热，然后在常压下完成其他热处理工艺的一种热处理方法。真空热处理时工件是在 1.33～0.0133 Pa 真空度的真空介质中加热，因此工件表面无氧化、无脱碳。另外，真空加热主要是辐射传热，加热速度缓慢，工件截面温差小可显著减小工件的变形。所以，真空热处理不仅可实现钢件的无氧化无脱碳，而且可实现热处理生产的无污染和工件的少畸变，它属于清洁和精密热处理技术范畴。目前，真空热处理已成为工模具热处理生产的先进技术。

3）形变热处理

形变热处理是将塑性变形与热处理有机结合的复合工艺。它能同时发挥形变强化和相变强化的作用，提高材料的强韧性，而且还可简化工序、降低成本、减少能耗和材料烧损。形变热处理包括高温形变热处理和低温形变热处理。

（1）高温形变热处理。

将钢加热到奥氏体区内后进行塑性变形，然后立即淬火、回火的热处理工艺称为高温形变热处理，又称高温形变淬火，如热轧淬火、锻热淬火等。与普通热处理相比，此工艺能提高强度 10%～30%，提高塑性 40%～50%，韧性成倍提高。此工艺适用于形状简单的零件或工具的热处理，如连杆、曲轴、模具和刀具。

（2）低温形变热处理。

将钢加热到奥氏体区后急冷至 A_{r1} 以下，进行大量塑性变形，随即淬火、回火的工艺称为低温形变热处理，又称亚稳奥氏体的形变淬火。低温形变热处理与普通热处理相比，在保持塑性、韧性不降低的情况下，可大幅度提高钢的强度和耐磨性。此工艺适用于具有较高淬透性、较长孕育期的合金钢。

形变热处理主要受设备和工艺条件限制，应用还不普遍，对形状比较复杂的工件进行形变热处理尚有困难，形变热处理后对工件的切削加工和焊接也有一定影响。

4）高能束表面改性热处理

高能束表面改性热处理是利用激光、电子束、等离子弧等高功率、高能量密度能源加热工件的热处理工艺的总称。

（1）激光热处理。

激光热处理是利用激光器发射的高能激光束扫描工件表面，使表面迅速加热到高温，以达到改变局部表层组织和性能的热处理工艺。目前工业用激光器大多是二氧化碳激光器。

激光热处理可实现表面淬火、局部表面硬化和表面合金化，它具有以下优点：

① 功率密度高，加热、冷却速度极快，无氧化脱碳，可实现自激冷淬火。

② 应力和变形小，表面光亮，无须再进行表面精加工。

③ 可以在零件选定表面局部加热，解决拐角、沟槽、盲孔底部、深孔内壁等一般热处理工艺难以解决的强化问题。

④ 生产效率高，易实现自动化，无须冷却介质，对环境无污染。

激光表面淬火是激光表面强化领域中最成熟的技术，已得到广泛应用。例如，汽车转向器壳体采用激光表面淬火，获得宽度为 1.52～2.54 mm，深度为 0.25～0.35 mm，表面硬度为 64 HRC 的 4 条淬火带。处理后使用寿命提高 10 倍，而费用仅为高频感应加热淬火和渗氮处理的 1/3。

（2）电子束热处理。

电子束热处理是利用电子枪发射的电子束轰击金属表面，将能量转换为热能进行热处理的方法。电子束在极短时间内以密集能量（可达 10^6～10^8 W/cm^2）轰击工件表面而使表面温度迅速升高，利用自激冷作用进行冲击淬火或进行表面熔铸合金。例如，对 43CrMo 钢电子束表面淬火，当电子功率为 1.8 kW 时，其淬硬层深度达 1.55 mm，表面硬度为 606 HV。电子束加热工件时，表面温度和淬硬深度取决于电子束的能量大小和轰击时间。试验表明，功率密度越大，淬硬深度越深，但轰击时间过长会影响自激冷作用。

电子束热处理的应用与激光热处理相似，其加热效率比激光高，但电子束热处理需要在真空下进行，可控制性也差，而且要注意 X 射线的防护。

（3）离子热处理。

离子热处理是利用低真空中稀薄气体辉光放电产生的等离子体轰击工件表面，使工件表面成分、组织和性能改变的热处理工艺。离子热处理主要包括离子渗氮和离子渗碳等工艺。

① 离子渗氮。离子渗氮是在低于一个大气压的渗氮气氛中利用工件（阴极）和阳极之间产生的辉光放电进行渗氮的工艺。离子渗氮常在真空炉内进行，通入氨气或氮、氢混合气体，炉压在 133～1 066 Pa。接通电源，在阴极（工件）和阳极（真空器）间施加 400～700 V 直流电压，使炉内气体放电，在工件周围产生辉光放电现象，并使电离后的氮正离子高速冲击工件表面，获得电子还原成氮原子而渗入工件表面，并向内部扩散形成氮化层。离子渗氮的优点是速度快，在同样渗层厚度的情况下仅为气体渗氮所需时间的 1/3～1/4。渗氮层质量好、节能、环保、操作条件良好，目前已得到广泛应用。例如，30Cr3WA 钢制造的球面垫圈、蜗杆等零件，经过离子渗氮处理效果良好。但在零件复杂或截面悬殊时，离子渗氮很难同时达到同一的硬度和深度。

② 离子渗碳。离子渗碳是将工件装入温度在 900 ℃ 以上的真空炉内，在通入碳化氢的减压气氛中加热，同时在工件（阴极）和阳极之间施加高压直流电，产生辉光放电使活化的碳被离子化，在工件附近加速而轰击工件表面进行渗碳。离子渗碳的硬度、疲劳强度和耐磨性等力学性能比传统渗碳方法高，并且渗速快、渗层厚度及碳浓度容易控制、不易氧化、表面洁净。

除了上述离子热处理工艺以外，离子热处理还可以进行离子碳氮共渗、离子渗金属等，都具有很大的发展前途。

【技能训练】

1. 轴承零件的球化退火（中级工）

（1）技术要求。轴承材料为 GCr15，锻坯要求球化退火，退火硬度为 170～207 HBS，退火组织应为细小、均匀分布的球化组织，2～4 级合格，碳化物网不大于 2.5 级。

（2）热处理设备选用。热处理设备可用箱式炉、台车式炉、井式炉和推杆式炉等。

（3）工艺规范制定。轴承一般球化退火工艺曲线如图 4-36 所示。

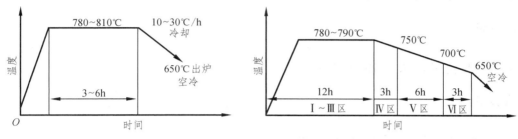

（a）用于箱式、胚式或台车式炉　　　（b）用于推杆式或大型连续炉

图 4-36　一般球化退火工艺曲线

（4）工艺准备及操作。

① 热处理设备及对零件的要求与快速球化退火相同。

② 炉温升到 780～810 ℃后均温开始，均温时间从炉门视孔观察炉内壁温度与工件表面温度一致（颜色一致）时，开始计算保温时间。但实际生产中一般均温时间和保温时间已经在工艺上给定，因此炉温到 780～810 ℃时开始计算保温 3～6 h。

③ 保温后按 10～30 ℃/h 冷却速度随炉冷到 650 ℃以下时出炉空冷。

（5）质量检验。

① 表面质量。目测零件表面有无裂纹、烧伤等缺陷。

② 硬度检查。在不同的位置取三件，用砂轮打磨，按《金属材料　布氏硬度试验的试验方法》（GB/T 231.1—2018）检测零件布氏硬度，符合技术要求为合格。

③ 金相组织。用金相显微镜按 JB 1255 标准检测退火组织是否为细小、均匀分布的球化组织，2～4 级为合格。不允许有 1 级，1 级为欠热，5 级碳化物颗粒不均匀，6 级为过热组织。碳化物 M 不大于 2.5 级为合格。

通过金相组织还可以检查表面脱碳情况，脱碳层深度以不超过车削量的 2/3 为合格。

（6）质量分析。退火过程中常见的缺陷是脱碳层超过规定的深度。产生的原因是：

① 原材料锻造时脱碳严重；

② 炉子密封性差，或在氧化性气氛中加热，退火温度高，保温时间长。

防止的措施是：

① 加强对原材料和锻件的脱碳控制；

② 正确执行工艺，防止失控超温；

③ 提高炉子密封性，或在保护性气氛中加热。

2. 轴承钢球的淬火和回火

内容略。

3. 轴承套圈的淬火和回火（高级工）

内容略。

4. 齿轮高频表面淬火（中级工）

内容略。

5. 内孔表面淬火（高级工）

内容略。

6. 齿轮轴的深层渗碳（中级工）

内容略。

【学习小结】

钢的热处理原理与工艺是本项目乃至本课程学习的一个重点内容，可以概括为"五大转变"和"五种火"，五大转变即钢的热处理原理，五种火即钢的热处理工艺。

1. "五大转变"

（1）加热时的组织转变。指奥氏体的形成，利用 Fe-Fe$_3$C 相图判定加热时是否得到均匀、细小的 A 晶粒。

（2）过冷奥氏体冷却转变。掌握等温 C 曲线及其转变产物，能利用 C 或 CCT 曲线正确分析不同冷却条件下的转变产物。主要转变如下：

① 珠光体型转变（C 曲线鼻尖以上部分）。由高温到低温不同区间的生成物依次称为 P、S、T，它们呈片层状，片层越小，强度、硬度越高。

② 贝氏体型转变（C 曲线鼻尖以下部分）。由高温到低温不同区间的生成物为 B$_上$和 B$_下$。B$_下$有良好的综合力学性能，B$_上$脆性较大。

③ 马氏体型转变。连续冷却的产物，M 分为 M$_{低碳}$和 M$_{高碳}$，M$_{低碳}$强而韧，M$_{高碳}$硬度高、脆性大。

（3）钢回火时的转变。低温回火得到 M$_回$，硬度高；中温回火得到 T$_回$，具有高的弹性极限；高温回火得到 S$_回$，具有良好的综合力学性能。

2. "五种火"

（1）退火。主要包括完全退火、等温退火、球化退火和去应力退火。退火冷却速度缓慢，可改善钢的组织，消除缺陷。退火常用来改善切削加工性能。

（2）正火。正火可以细化晶粒，改善切削加工性能；可以消除粗大二次渗碳体。

（3）淬火。淬火是最重要的热处理工艺，主要获得淬硬组织 M。常用的淬火方法包括单液淬火、双液淬火、M 分级淬火和 B 等温淬火。钢的淬透性是指钢在淬火时获得淬透深度的能力，它是钢本身固有的属性，可用临界直径衡量。钢的淬硬性是指钢淬火后获得最高硬度的能力，它主要取决于马氏体的含碳量。

（4）回火。回火有低温回火、中温回火和高温回火。调质是指淬火+高温回火的综合热处理。

（5）"表火"，表面淬火。对于表面和心部性能要求不一致时采用的淬火方法，只改变表层的组织和性能。

此外，化学热处理也有广泛的应用，主要学习了渗碳、渗氮及碳氮共渗等。

根据加热和冷却方式的不同，可将热处理工艺分为以下三类，如图 4-37 所示。

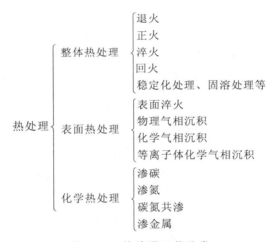

图 4-37 热处理工艺分类

【综合能力训练】

一、名词解释

1. 珠光体、索氏体、托氏体、贝氏体、马氏体；

2. 奥氏体、过冷奥氏体、残余奥氏体；

3. 退火、正火、淬火、回火、表面淬火；

4. 临界淬火冷却速度（Vc）、淬透性、淬硬性；

5. 单液淬火、双液淬火、分级淬火、等温淬火。

二、填空题

1. 钢的奥氏体标准晶粒度分_____，其中_____称为粗晶粒钢，_____称为细晶粒钢。

2. 下贝氏体是由_____和碳化物组成的机械混合物，在光学显微镜下_____。

3. 过冷奥氏体等温转变图通常呈_____形状，所以又称_____。

4. 常用的淬火方法有_____、_____、_____、_____和_____等。

5. 中温回火主要用于处理_____，回火后得到_____。

6. 为了改善碳素工具钢的可加工性，常用的热处理方法是_____。

7. 20、45、T12钢正常淬火后，硬度由大到小按顺序排列为_____。

8. 随回火温度升高，淬火钢回火后的强度、硬度_____。

9. T12钢的正常淬火温度是_____℃，淬火后的组织是_____。

10. 珠光体、索氏体和托氏体的力学性能从大到小排列为_____

11. 感应淬火时，电流频率越高，加热层深度越_____，淬火后工件淬硬层也就越_____。

12. 调质是_____和_____的复合热处理工艺。

13. 表面淬火最适宜的钢种是_____，其预备热处理一般为_____。

14. 根据渗剂的不同，渗碳方法可分为_____、_____和_____三种。

15. 渗碳层的表面碳的质量分数最好在_____范围内，渗碳后采取_____的热处理方法。

三、判断题

1. A_1线以下仍未转变的奥氏体称为残留奥氏体。（   ）

2. 珠光体、索氏体、托氏体都是片层状的铁素体和渗碳体的混合物，所以它们的力学性能相同。（   ）

3. 实际加热时的相变临界点总是低于相图上的临界点。（   ）

4. 钢在奥氏体化冷却，所形成的组织主要取决于钢的加热速度。（   ）

5. 钢经淬火后处于硬脆状态。（   ）

6. 完全退火不适用于低碳钢和高碳钢。（   ）

7. 过冷奥氏体的冷却速度越快，钢件冷却后的硬度越高。（   ）

8. 钢的淬火加热温度都应在单相奥氏体区。（   ）

9. 钢回火的加热温度在A_{c1}以下，因此其在回火过程中无组织变化。（   ）

10. 感应淬火时，电流频率越低，淬硬层越浅；电流频率越高，淬硬层越深。（   ）

11. 钢渗氮后，无须淬火即有很高的表面硬度及耐磨性。（   ）

12. 渗碳零件一般需要选择低碳成分的钢。（   ）

13. 低碳钢和高碳钢零件为了切削方便，可预先进行球化退火处理。（   ）

14. 钢的最高淬火硬度只取决于钢中奥氏体的碳含量。（   ）

15. 马氏体中的碳含量等于钢中的碳含量。（　　　）

四、选择题

1. 热处理加热的目的是获得（　　　）。
   A. 珠光体　　　　　B. 铁素体　　　　　C. 奥氏体　　　　　D. 马氏体

2. 钢在加热时出现过烧现象是指（　　　）。
   A. 奥氏体晶粒粗大　　　　　　　　　B. 奥氏体晶界发生氧化或熔化
   C. 表面氧化

3. 钢在规定条件下淬火后，获得淬硬层深度的能力称为（　　　）。
   A. 耐磨性　　　　　B. 淬透性　　　　　C. 淬硬性

4. 淬火后的钢一般需要进行及时（　　　）。
   A. 正火　　　　　B. 退火　　　　　C. 回火

5. 45 钢的正常淬火组织应为（　　　），T12 钢的正常淬火组织应为（　　　）。
   A. 马氏体　　　　　　　　　　　　B. 马氏体+铁素体
   C. 马氏体＋渗碳体　　　　　　　　D. 马氏体+托氏体

6. 球化退火一般适用于（　　　）。
   A. 低碳　　　　　B. 中碳钢　　　　　C. 高碳钢

7. 化学热处理与其他热处理的主要区别是（　　　）。
   A. 组织变化　　　　　B. 加热温度　　　　　C. 改变表面化学成分

8. 零件渗碳后一般需经（　　　）处理，才能达到表面硬而耐磨的目的。
   A. 调质　　　　　B. 淬火+低温回火
   C. 表面淬火+中温回火

9. 下列钢中不适合表面淬火的是（　　　）。
   A. 45　　　　　B. 08F　　　　　C. 65　　　　　D. 45 Mn

10. 用（　　　）才能消除高碳钢中存在的较严重的网状碳化物。
    A. 正火　　　　　B. 完全退火　　　　　C. 球化退火

11. 回火工艺参数中，（　　　）是决定回火后硬度的主要因素。
    A. 回火温度　　　　　　　　　B. 回火时间
    C. 回火后的冷却速度　　　　　D. 回火零件的尺寸

12. 对于过热的工件，可以用（　　　）或退火的返修办法来消除。
    A. 正火　　　　　B. 回火　　　　　C. 淬火

13. 决定钢淬硬性高低的主要因素是钢的（　　　）。
    A. 淬火冷却速度　　　B. 合金元素含量　　　C. 碳的质量分数

14. （　　　）具有较高的强度、硬度和较好的塑性、韧性。
    A. 珠光体　　　　　B. 上贝氏体　　　　　C. 下贝氏体　　　　　D. 马氏体

15. 渗氮零件与渗碳零件相比，（　　　）。

A. 渗层硬度更高　　B 渗层更厚　　C. 有更好的冲击性能

16. 火焰淬火和感应淬火相比（　　　　）。

A. 效率更高　　　　　　　　　　B. 淬硬层深度更易掌握

C. 设备简单，操作灵活

五、简答题

1. 什么是钢的热处理？热处理的目的是什么？它有哪些基本类型？

2. 热处理的实质是什么？什么样的材料能进行热处理？

3. 热处理加热的目的是什么？为什么要控制适当的加热温度和保温时间？

4. 简述过冷奥氏体在 $A_1 \sim M_s$ 不同温度下等温时，转变产物的名称和性能。

5. 影响 C 曲线的主要因素有哪些？试比较共析钢、亚共析钢和过共析钢的 C 曲线。

6. 马氏体有几种形态？马氏体转变有哪些特点？马氏体的硬度主要取决于什么？

7. 退火和正火有什么区别？在实际生产中如何选择？为什么钢淬火后一般要进行回火？回火的目的是什么？

8. 理想的淬火冷却介质应具有什么样的冷却特性？

9. 常用的淬火冷却介质有哪些？它们各有什么特点？

10. 说明下列零件的淬火及回火温度，并说明回火后得的组织和硬度。

（1）45 钢小轴（要求有较好的综合力学性能）；

（2）65 钢弹簧；

（3）T12 钢性刀。

11. 钢的淬透性与淬硬性有何区别？

12. 钳工用的锉刀，材料为 T12，要求硬度为 62～64 HRC，试问应采用什么热处理方法？写出工艺参数和热处理后的组织。

13. 钢的淬透层深度通常是如何规定的？用什么方法测定结构钢的淬透性？

14. 随着回火温度的升高，淬火钢的力学性能将发生怎样的变化？

15. 甲、乙两厂生产同一批零件，材料均选用 45 钢，硬度要求为 220～250 HBS，其中甲厂采用正火，乙厂采用调质，都达到硬度要求。试分析甲、乙两厂产品的组织和性能差别。

16. 某活塞用 45 钢制造，由于形状复杂，按正常淬火加热温度（840 ℃）加热后水冷，大约有 40%出现淬火裂纹。请分析原因并改进该工件的淬火工艺。

17. 将两个同尺寸的含碳量 1.2%的钢试样，分别加热到 780 ℃ 和 860 ℃，并保温相同时间，然后以大于 V_k 的同一冷却速度冷却至室温，试问：

（1）哪个试样中马氏体的碳含量较高？

（2）哪个试样中残留奥氏体量较多？

（3）哪个试样中未溶碳化物较多？

（4）哪个淬火加热温度较合适？为什么？

18. 某 45 钢制齿轮要求整体具有良好的综合力学性能，齿面要求耐磨，其加工工艺路线为：锻造→预备热处理→切削→最终热处理→磨齿→检验→装配。

（1）说明各道热处理工艺的目的。

（2）确定各道热处理工艺的类型及热处理后的组织。

19. 用含碳量 1.2%的碳钢制造的丝锥，要求其成品硬度>60 HRC，加工工艺过程为：轧制→热处理 1→机加工→热处理 2→机加工。现要求：

（1）写出各热处理工序的名称及作用；

（2）制定最终热处理的工艺规范（加热温度、冷却介质）。

项目 5   工业用钢

（1）掌握钢的分类与编号、性能、热处理工艺及应用。
（2）熟悉合金元素对钢的基本相、显微组织和热处理性能的影响。
（3）能根据机械零部件的不同要求进行合理选材。
（4）了解特殊用钢的性能特点与应用情况。
（5）掌握砂轮机的安全使用和金属材料火花鉴别实验的操作技能。

📐【教学提示】

（1）本项目教学应采用多媒体与课堂讨论相结合的教学方式，通过视频和图片，了解钢的种类；通过讨论理解合金元素对钢性能和加工工艺的影响。
（2）教学重点：合金元素对钢的基本相、显微组织和热处理的影响；碳钢与合金钢的成分、性能特点、热处理工艺及应用。
（3）教学难点：钢的合金化机制；钢材选材与热处理工艺的制定。

📝【案例导入】

造型独特、设计新颖的 2008 北京奥运会主体育场"鸟巢"采用全钢结构，所使用的钢种为 Q460，厚度为 100 ~ 110 mm，为"鸟巢"量身定做的 Q460 钢在国内从未生产，我国科研人员通过改进工艺，在保证低碳当量的基础上，适当增加了微合金元素的含量使其在强度基本不下降的前提下还具有良好的抗振性、抗低温性能、抗层状撕裂性能和焊接性能。

"鸟巢"的跨度很大，如果使用低强度的钢材，将使钢材的断面增大，在受力比较复杂的情况下，会带来一系列的问题。例如，110 mm 厚的高强度钢材如果换成低强度钢材，厚度至少要达到 220 mm，而钢板越厚，焊接越难。除了焊接不便，低强度钢材体积和负重大是另外一个缺点。钢材出厂后并不是直接使用到建筑上，而是要焊成方形柱或矩形柱来使用，如果用低强度钢，需要把柱子焊得很大，大尺寸的钢结构不利于加工制作，如果采用高强度钢，柱子就可焊得很小，重量和占地面积都要小很多，更加方便加工制作。

5.1 非合金钢

非合金钢简称碳钢，是最基本的铁碳合金，它是指含碳量大于 0.0218%而小于 2.11%，且冶炼时不特意加入合金元素的铁碳合金。非合金钢资源丰富、容易冶炼，价格便宜，具有较好的力学性能和优良的工艺性能，应用广泛。

5.1.1 杂质元素对钢性能的影响

钢中的常存杂质元素主要是指锰、硅、硫、磷及氮、氧、氢等元素。这些杂质元素在冶炼时或者是由原料、燃料及耐火材料带入钢中，或者是由大气进入钢中，或者是脱氧时残留于钢中。它们的存在会对钢的性能产生影响。

1. 硅和锰的影响

硅和锰来源于生铁和脱氧剂，在钢中均为有益元素。硅能溶于铁素体，使铁素体强化，提高钢的强度和硬度，硅还能使钢的液态流动性变好，有利于铸造成型。钢中的锰大部分能溶于铁素体，提高钢的强度和硬度；此外，锰还能与钢中的硫化合成硫化锰，从而减轻硫的危害作用。当硅和锰作为杂质元素时，其含量分别控制在 0.5%和 0.8%以下。

2. 硫和磷的影响

硫和磷在钢中都是有害元素。

硫在 α-Fe 中的溶解度很小，在钢中常以 FeS 的形式存在。FeS 与 Fe 易在晶界上形成低熔点（985 ℃）的共晶体，当钢在 1 000～1 200 ℃进行热加工时，由于共晶体的熔化而导致钢材脆性开裂，这种现象称为热脆性。加锰可消除硫的这种有害作用：FeS+Mn→Fe+MnS，所生成的 MnS 熔点高（1 600 ℃），从而可避免热脆性。

磷能全部溶于铁素体中，有强烈的固溶强化作用，虽可提高强度、硬度，但却显著降低钢的塑性和韧性，这种现象称为冷脆性。

由于硫、磷对钢的质量影响严重，钢的质量等级是按照硫和磷的含量高低分类的，钢中的硫、磷含量应严格控制。

3. 气体元素的影响

氮：室温下氮在铁素体中溶解度很低，钢中过饱和的氮在常温放置过程中会以 Fe_2N、Fe_4N

形式析出而使钢变脆，称为时效脆化。在钢中加入 Ti、V、Al 等元素可使氮以这些元素氮化物的形式被固定，从而消除时效倾向。

氧： 氧在钢中主要以氧化物夹杂的形式存在，氧化物夹杂与基体的结合力弱，不易变形，易成为疲劳裂纹源。

氢： 常温下氢在钢中的溶解度很低。当氢在钢中以原子态溶解时，降低韧性，引起氢脆。当氢在缺陷处以分子态析出时，会产生很高的内压，形成微裂纹，其内壁为白色，称白点或发裂。

5.1.2　非合金钢的分类及用途

1. 普通碳素结构钢

按 GB700—2006 的规定，碳素结构钢的牌号以钢材的最低屈服强度表示。这类钢虽然含有有害杂质及非金属夹杂物较多，但其冶炼方法简单，工艺性好，价格低廉，而且在性能上也能满足一般工程结构件及普通零件的要求，因此，用量很大，约占钢材总量的 80%。

钢的牌号是由代表屈服点的"屈"字的汉语拼音首字母"Q"，屈服点值（数字），质量等级符号 A、B、C、D，脱氧方法等的符号（用脱氧方法等名称的汉语拼音首位字母表示，如沸腾钢（F）、镇静钢（Z）、特殊镇静钢（TZ）组成。其中"Z"与"TZ"符号可以省略。例如，Q235-A·F 代表碳素结构钢，屈服点值为 235 MPa，并为 A 级沸腾钢。

普通碳素结构钢一般情况下都不经热处理，而是在供应状态下直接使用。通常 Q195（A1）、Q215（A2）、Q235（A3）含碳量低，有一定强度，常轧制成薄板、钢筋、焊接钢管等，用于桥梁、建筑等钢结构，也可制造普通的铆钉、螺钉、螺母、垫圈、地脚螺栓、轴套、销轴等，Q255（A4）和 Q275（A5）钢强度较高，塑性、韧性较好，可进行焊接。通常轧制成型钢、条钢和钢板作结构件，以及制造连杆、键、销、简单机械上的齿轮、联轴器等。

2. 优质碳素结构钢

优质碳素结构钢含有害杂质 P、S 的量及非金属夹杂物较少，其均匀性及表面质量都比较好，且必须同时保证钢的化学成分和力学性能。这类钢的产量较大，价格便宜，力学性能较好，广泛用于制造各种机械零件和结构件。这些零件通常都要经过热处理后使用。

1）优质碳素结构钢的编号及成分特点

优质碳素结构钢的牌号是用两位数表示钢中的 C 的质量分数，以万分之几表示。例如，"40 钢"表示平均 C 的质量分数为 0.40% 的优质碳素结构钢。不足两位数时，前面补 0。从 10 钢开始，以数字"5"为变化幅度上升一个钢号。若数字后带"F"（如 08F），则表示为沸腾钢。优质碳素结构钢按含锰不同，分为普通含锰量（ ω_{Mn} = 0.35% ~ 0.8%）和较高含锰量（ ω_{Mn} = 0.7% ~ 1.2%）两组。较高含锰量的一组，在钢号后加"Mn"，如 15 Mn、20 Mn 等。

2）常用优质碳素结构钢的热处理及应用

08钢、10钢的含碳量很低，其强度低而塑性好，且有较好的焊接性能和压延性能，通常轧制成薄板或钢带。它们主要用于制造冷冲压零件，如各种仪表板、容器及垫圈等零件。

15钢、20钢、25钢也具有较好的焊接性和压延性能，常用于制造受力不大、韧度较高的结构件和零件，如焊接容器、制造螺母、螺钉等，以及制造强度要求不太高的渗碳零件，如凸轮、齿轮等。渗碳零件的热处理一般是在渗碳后再进行一次淬火（840～920℃）及低温回火。

35钢、40钢、45钢、50钢、55钢属于调质钢，可用来制造性能要求较高的零件，如齿轮、连杆、轴类等。调质钢一般要进行调质处理，以得到强度与韧度良好配合的综合力学性能。对综合力学性能要求不高或截面尺寸很大、淬火效果差的工件可采用正火代替调质。

60钢、65钢、70钢、75钢、80钢、85钢属于弹簧钢，经适当热处理后，可用来制造要求弹性好、强度较高的零件，如弹簧、弹簧热圈等，也可用于制造耐磨零件。冷成形弹簧一般只进行低温去应力处理。热成形弹簧一般要进行淬火（～850℃）及低温回火（200～250℃）处理。

3. 碳素工具钢

在机械制造业中，用于制造各种刃具、模具及量具的钢称为工具钢。由于工具要求高硬度和高耐磨性且多数刃具还要热硬性，工具钢的含碳量均较高。工具钢通常采用淬火+低温回火的热处理工艺，以保证高硬度和耐磨性。

碳素工具钢的C的质量分数为0.65%～1.35%。根据其S、P的含量不同，碳素工具钢又可分为优质工具钢和高级优质工具钢两类。

1）碳素工具钢的编号及成分特点

碳素工具钢的钢号以"碳"字汉语拼音字头"T"表示，其后面加上顺序数字，数字表示钢的C的平均质量分数，以千分之几表示，如为高级优质碳素工具钢，则在数字后再加"A"字。如T8钢表示C的质量分数平均为0.8%的优质碳素工具钢。T12A钢表示C的质量分数平均为1.2%的高级优质碳素工具钢。含锰量较高者，在钢号后标以"Mn"，如T8Mn。碳素工具钢的优点是容易锻造、加工性能良好，而且价格便宜，生产量占全部工具钢的60%左右。缺点是淬透性低，Si、Mn含量略有改变，就会对淬透性产生较大的影响。因此，对碳素工具钢还容易产生淬火变形和淬裂，尤以形状复杂的工具为甚，同时它的回火抗力也较差。为了提高碳素工具钢的可锻性及减少其淬裂倾向，其硫、磷含量应比优质碳素结构钢限制更严格。

2）碳素工具钢的热处理与应用

工具钢的毛坯一般为锻造成形，再由毛坯机加工成工具产品。碳素工具钢锻造后，因硬度高，不易进行切削加工，有较大应力，组织又不符合淬火要求，故应进行球化退火，以改善切削加工性，并为最后淬火作组织准备，退火后的组织应为球状珠光体，其硬度一般小于217 HBS。

淬火加热温度要根据钢种来确定，同时也要考虑性能要求，工件形状、大小及冷却介质等。淬火冷却时由于其淬透性较低，为了得到马氏体组织，除形状复杂、有效厚度或直径小于 5 mm 的小刃具在油中冷却外，一般都选用冷却能力较强的冷却介质（如水、盐水、碱水等）。还应指出，淬火时，较强的冷却介质会使淬火应力变大，可能引起较大的变形甚至开裂，这是碳素工具钢的一个显著缺点。

4. 铸　钢

一些形状复杂、综合力学性能要求较高的大型零件，由于在工艺上难于用锻造方法成形，在性能上又不能用力学性能低的铸铁制造，因而需要采用铸钢件。工程上用的碳素铸钢的 C 的质量分数为 0.2% ~ 0.6%，含碳量过高，则塑性不好，凝固时易产生裂纹，要提高碳素铸钢的力学性能，则可通过加入合金元素来形成合金铸钢。

铸钢的牌号用"ZG"+两组数字组成，如 ZG200-400，第一组数字代表屈服强度值，第二组数字代表抗拉强度值。目前铸钢在重型机械制造、运输机械、国防工业等部门应用较多，如轧钢机机架、水压机横梁与气缸、机车车架、铁道车辆转向架上的摇枕、汽车与拖拉机具轮拨叉、起重行车车轮、大型齿轮等。

5.2　合金钢

非合金钢品种齐全，冶炼、加工成型比较简单，价格低廉。经过一定的热处理后，其力学性能得到不同程度的改善和提高，可满足工农业生产中许多场合的需求。但是非合金钢的淬透性比较差，强度、屈强比、高温强度、耐磨性、耐腐蚀性等也都比较低，它的应用受到了限制。因此，为了提高钢的某些性能，满足现代工业和科学技术迅猛发展的需要，人们在非合金钢的基础上，有目的地加入了锰、硅、镍、钒、钨、钼、铬、钛、硼、铝、铜、氮和稀土等合金元素，形成了合金钢。合金元素的加入，不但会对钢中的基本相、Fe-Fe$_3$C 相图和钢的热处理相变过程产生较大的影响，同时还改变了钢的组织结构和性能，合金元素在钢中的作用是一个非常复杂的物理、化学过程。

5.2.1　合金钢的分类与编号

1. 合金钢的分类

合金钢的种类繁多，根据选材、生产、研究和管理等不同的要求，可采用不同的分类方法。

1）按用途分类

（1）合金结构钢：主要用于制造重要的机械零部件和工程结构件，包括普通低合金钢、易切削钢、渗碳钢、调质钢、弹簧钢、滚动轴承钢等。

（2）合金工具钢：主要用于制造重要工具，包括刃具钢、模具钢、量具钢等。

（3）特殊性能用钢：主要用于制造有特殊物理、化学、力学性能要求的钢，包括不锈钢、耐热钢、耐磨钢等。

2）按合金元素的含量分类

非合金钢：（1）低碳钢：≤0.25%C。

（2）中碳钢：0.25%～0.6%C。

（3）高碳钢：≥0.6%C。

合 金 钢：（1）低合金钢：钢中合金元素总的质量分数 $\omega_{Me} \leq 5\%$。

（2）中合金钢：钢中合金元素总的质量分数 ω_{Me}：5%～10%。

（3）高合金钢：钢中合金元素总的质量分数 $\omega_{Me} \geq 10\%$。

3）按平衡状态或退火组织分类

可以分为亚共析钢、共析钢、过共析钢和莱氏体钢。

除以上的分类方法外，还可根据化学成分、正火组织、有无相变、工艺特征、质量等进行分类。

2. 合金钢的牌号表示方法

1）合金结构钢的牌号表示方法

根据国家标准的规定，合金结构钢的牌号用"两位数字+元素符号+数字"表示。元素符号前两位数字表示钢的平均碳质量分数 ω_C，以万分之一为单位计。元素符号用合金元素的符号表示，其后面的数字表示该合金元素的质量分数，以百分之一为单位计。当 $\omega_{Me}<1.5\%$ 时，只标明元素名称，不标明质量分数；当 $\omega_{Me} =$（1.5%～2.4%），（2.5%～3.4%），……时，则在元素符号后相应地标上 2、3、4……。如 15MnV，表示碳的平均质量分数为 0.15%C，锰、钒的平均质量分数均小于 1.5% 的合金结构钢。若为高级优质钢，则在钢的牌号末尾加上"A"，如 18Cr2Ni4WA。

对属于合金结构钢的滚动轴承钢，则采用另外的方法来表示其牌号。滚动轴承钢牌号的首位用"滚"或滚字的汉语拼音字首"G"来表示其用途，后面紧跟的是滚动轴承的常用元素"Cr"，其后数字则表示铬的质量分数，以千分之一为单位计。如 GCr15，表示钢中铬的平均质量分数为 1.5%。易切削钢牌号的表示方法相似，用"易"或"易"字的汉语拼音字首"Y"开头，后面和合金结构钢牌号表示方法一样，如（易 40 锰或 Y40Mn），表示 $\omega_C = 0.40\%$，$\omega_{Mn}<1.5\%$ 的易切削钢。

2）合金工具钢的牌号表示方法

与合金结构钢的牌号表示方法相比，合金工具钢中合金元素的表示方法未变，如 CrWMn

表示合金元素平均质量分数 ω_{Cr}、ω_W、ω_{Mn} 均小于 1.5%，合金工具钢的碳含量表示方法则有所不同，当 C%≥1.0% 时，不标出碳质量分数，如 CrWMn 钢。当 ω_c<1.0% 时，用一位数字在最前面表示碳质量分数，以千分之一为单位计，其后紧随合金元素，如 9SiCr 表示碳质量分数平均为 0.9%C，ω_{si}、ω_{Cr} 皆小于 1.5%。高速工具钢的碳的平均质量分数无论是多少，都不标出。如 W18Cr4V 钢碳的平均质量分数在（0.7%~0.8%）C。

3）特殊性能钢的牌号表示方法

特殊性能钢牌号的表示方法与合金工具钢基本相同，如 9Cr18 钢表示钢中碳的平均质量分数为 0.9%C，铬的平均质量分数为 18%Cr。但是不锈钢、耐热钢在碳质量分数很低时，表示方法有所不同，当碳平均质量分数≤0.03% 或≤0.08% 时，分别在第一个合金元素符号前冠"00"或"0"表示其碳平均质量分数，如 00Cr17Ni14Mo2、0Cr18Ni9 钢等。

由于耐磨钢零件经常是铸造成型后就使用，其牌号最前面是"ZG"，表示铸钢，紧随其后是元素符号，然后是该元素的平均质量分数，以百分之一计，横杠后数字表示序号。如 ZGMn13-1 表示铸造高锰钢，含锰平均为 13%Mn，序号为 1。

5.2.2　合金元素在钢中的作用

1. 合金元素在钢中存在的形式

为了使钢获得预期的性能，而有目的地加入钢中的化学元素称为合金元素。按其与碳的亲和力的大小，可将合金元素分为非碳化物形成元素和碳化物形成元素两大类，在钢中主要以固溶体和化合物的形式存在。

（1）非碳化物形成元素：包括 Ni、Co、Cu、Si、Al、N、B 等，在钢中不与碳化合，大多溶入铁素体、奥氏体或马氏体中，产生固溶强化；有的形成其他化合物如 Al_2O_3、AlN、SiO_2、Ni_3Al 等。

（2）碳化物形成元素：

$$\text{Mn、Cr、Mo、W、V、Nb、Zr、Ti 等} \longrightarrow$$

形成碳化物的倾向由弱到强

这类合金元素在钢中：

一是可溶入渗碳体中形成合金渗碳体，如 $(Fe, Mn)_3C$、$(Fe, Cr)_3C$ 等，是低合金钢中存在的主要碳化物，比渗碳体的硬度高，且稳定。

二是强碳化物形成元素与碳形成特殊碳化物，如 TiC、NbC、VC、MoC、WC、Cr_3C_6 等，它们具有高熔点、高硬度、高耐磨性、稳定性好，主要存在于高碳高合金钢中，产生弥散强化，提高钢的强度、硬度和耐磨性。

（3）其他：如稀土元素，钢号中统一用 Re 表示。

（4）以游离形式存在（Cu、Pb 等）。

2. 合金元素对铁素体的影响

由于合金元素与铁在原子尺寸和晶格类型等方面存在着一定的差异，当合金元素溶入时，会使铁素体的晶格发生不同程度的畸变，使其塑性变形抗力明显增加，强度和硬度提高。合金元素与铁的原子尺寸和晶格类型相差越大，引起的晶格畸变越大，产生的固溶强化效应越大。此外，合金元素常常分布在位错附近，降低了位错的可动性，增大了位错的滑移抗力，也提高了强度和硬度。图 5-1 反映了合金元素对铁素体硬度的影响。由图可见，硅、锰、镍的强化效果大于钼、钨、铬，而且合金元素含量越高，强化效应越明显。冲击韧性随合金元素质量分数增加而变化的趋势是有所下降，但是当 $\omega_{Si} \leqslant 1\%$ 时，铁素体的韧性变化不大；当 $\omega_{Cr} \leqslant 2\%$、$\omega_{Ni} \leqslant 5\%$ 时，铁素体的冲击韧性还有所提高。因此，为了使钢具有良好的强韧性，就必须严格控制合金元素的质量分数。

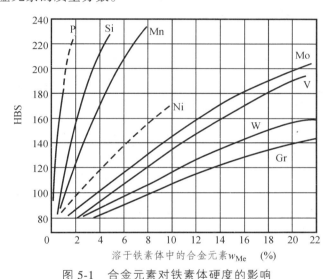

图 5-1　合金元素对铁素体硬度的影响

3. 合金元素对渗碳体和特殊碳化物的影响

合金元素是溶入渗碳体，还是形成特殊碳化物，是由它们与碳亲和能力的强弱程度决定的。强碳化物形成元素钛、锆、铌、钒等，倾向于形成特殊碳化物，如 TiC、ZrC、NbC、NC、VC 等，这类碳化物具有较高的熔点、硬度和稳定性，加热到高温时也不容易溶入奥氏体中，也难以聚集长大。如果形成在奥氏体晶界上，会阻碍奥氏体晶粒的长大，提高钢的强度、硬度和耐磨性。但合金碳化物的数量增多时，会使钢的塑性和韧性下降。

中强碳化物形成元素钨、钼、铬等，可形成渗碳体类型碳化物 $(Fe, Cr)_3C$，又可形成特殊碳化物 $Fe_3(W, Mo)C$、Mo_2C、MoC、W_2C、WC、$Cr_{23}C_6$、Cr_7C 等，这类碳化物的强度、硬度、熔点、耐磨性和稳定性等都比渗碳体高。它们在加热时若能溶入奥氏体中，可以提高钢的高温强度、淬透性和回火抗力等。

弱碳化物形成元素锰，一般形成合金渗碳体(Fe,Mo)₃C，其熔点、硬度和稳定性等都不如上述特殊碳化物，但是它易溶于奥氏体，会对钢的淬透性和回火抗力产生较大的影响。

当钢中同时存在几个碳化物形成元素时，会根据其与碳亲和力的强弱不同，依次形成不同的碳化物。如钢中含 Ti、W、Mo 及较高的碳量时，首先形成 TiC，再形成 Fe，MoC 或 W₂C，最后才形成(Fe, Mn)₃C。

4. 合金元素对 Fe-Fe₃C 相图的影响

1）合金元素对 α 相区的影响

合金元素溶入铁中形成固溶体后，会对铁的同素异晶转变温度产生影响，从而导致 α 相区发生了扩大或缩小，如图 5-2 所示。扩大 α 相区元素（能使 α 相区扩大）：镍、锰、钴、碳、氮、铜等，使 A_3 点下降，A_4 点上升。缩小 α 相区元素（能使 α 相区缩小）：铬、钒、钼、钨、钛、铝、硅、硼、铌、锆等，使 A_3 点上升，A_4 点下降。

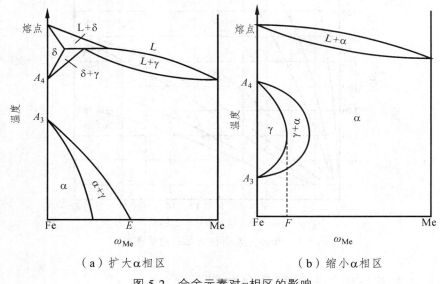

（a）扩大 α 相区　　　　　　　　　（b）缩小 α 相区

图 5-2　合金元素对 α 相区的影响

2）合金元素对 S 点和 E 点的影响

扩大 α 相区元素锰、镍等会使 S 点和 E 点向左下方移动；缩小 α 相区元素铬、硅等会使 S 点和 E 点向左上方移动，钢中加入合金元素以后，S 点和 E 点的左移，意味着共析点和莱氏体的含碳量降低。例如，钢中加入 12%Cr 时，共析点的碳浓度约为 0.4%C。由于这个因素，原本含 0.5%C 的属于亚共析钢的碳素钢就变成了属于过共析的合金钢了。同样，含 12%C 的钢当碳质量分数仅为 1.5%C 时就出现了共晶莱氏体组织。

合金元素加入钢中还会引起共析转变温度的升高或下降，所以，在制定合金钢的热处理工艺时，对加热温度必须做相应的调整。

5. 合金元素对钢加热和冷却转变的影响

1）合金元素对钢在加热转变时的影响

（1）对奥氏体化的影响。

将合金钢加热到 A_{c1} 以上发生奥氏体相变时，合金元素对碳化物稳定性的影响，以及它们与碳在奥氏体中的扩散能力直接控制了奥氏体的形成过程。

强碳化物形成元素钛、铌、锆等形成的碳化物稳定性高，不易分解，同时还会提高碳在奥氏体中的扩散激活能，阻碍碳的扩散，从而延缓奥氏体化过程。非碳化物形成元素镍、钴等，则降低碳在奥氏体中的扩散激活能，加速碳的扩散，促进奥氏体转变。因此，合金钢在热处理时，必须调整加热温度和保温时间，以保证奥氏体转变的顺利进行。

（2）对奥氏体晶粒尺寸的影响。

除锰以外的大多数合金元素都有阻碍奥氏体晶粒长大的趋势。强碳化物形成元素钛、锆、铌、钒的作用尤为明显，这是因为它们形成的合金碳化物稳定性高，而且多以弥散质点分布在奥氏体晶界上，使晶界迁移阻力增大；钨、钼、铬等对奥氏体晶粒长大的阻碍作用中等；非碳化物形成元素硅、镍、铜等对奥氏体晶粒长大影响不大；锰则促进奥氏体晶粒长大，所以对锰钢热处理时，要严格控制加热温度和保温时间。

2）合金元素对过冷奥氏体转变的影响

（1）对"C"曲线的影响。

除钴以外的大多数合金元素都不同限度地使 C 曲线右移，增大过冷奥氏体的稳定性，提高钢的淬透性（只有当合金元素完全溶入奥氏体中才会产生以上的作用，如果合金元素形成的碳化物未溶解完，就可能成为珠光体转变的核心，反而会降低钢的淬透性）。锰、硅、镍等仅使 C 曲线右移而不改变其形状；铬、钨、钼、钒等在使 C 曲线右移的同时，还将珠光体转变与贝氏体转变分成两个区域。

（2）对 Ms 点的影响。

除钴、铝以外，大多数合金元素溶入奥氏体中会降低钢的 M_s 点，增加了钢中的残余奥氏体的数量，对钢的硬度和尺寸稳定性产生较大的影响。合金元素降低 M_s 点的强弱程度次序为：锰、铬、镍、钼、钨、硅。

5.3 合金结构钢

在碳素结构钢的基础上添加一些合金元素就形成了合金结构钢。与碳素结构钢相比，合金结构钢具有较高的淬透性，较高的强度和韧性。即用合金结构钢制造的各类机械零部件具有优良的综合机械性能，从而保证了零部件安全地使用。

5.3.1 普通低合金结构钢

1. 用 途

普通低合金结构钢（简称普低钢）是在低碳碳素结构钢的基础上加入少量合金元素（总 $\omega_{Me}<3\%$）得到的钢。这类钢比相同碳质量分数碳素钢的强度高 10%～30%，因此又常被称为"低合金高强度钢"。这类钢被广泛应用于桥梁、船舶、管道、车辆、锅炉、建筑等方面，是一种常用的工程机械用钢。

与低碳钢相比，普低钢不但具有良好的塑性和韧性及焊接工艺性能，而且还具有较高的强度，较低的冷脆转变温度和良好的耐腐蚀能力。因此，用普低钢代替低碳钢，可以减少材料和能源的损耗，减轻工程结构件的自重，增加可靠性，还可以安全地在高寒地区和要求抵抗腐蚀的行业使用。

2. 成分特点

（1）普低钢中碳的平均质量分数一般不大于 0.2%C（保证较好的塑性和焊接性能）；

（2）加入锰（普低钢的主加元素）平均质量分数在（1.25%～1.5%）Mn。锰可以溶入铁素体起固溶强化作用，还可以通过对 Fe-Fe_3C 相图中 S 点的影响，增加组织中珠光体的量并使之细化；

（3）加入硅也是起到提高强度-固溶强化的作用；

（4）加入铌、钒、钛等强碳化物形成元素，起到第二相弥散强化和阻碍奥氏体晶粒长大的作用；

（5）加入铜、磷等元素则是为了提高钢的抗腐蚀能力。

3. 热处理特点

这类钢大多在热轧状态下使用，组织为铁素体加珠光体。考虑到零件加工特点，有时也可在正火及正火加回火状态下使用。

我国生产的常用新旧低合金结构钢标准牌号对照及用途见表 5-1。

表 5-1　新旧低合金结构钢标准牌号对照及用途

GB/T 1591—2018	GB 1591—1988	用 途
	09 MnV、09 MnNb、09 Mn2、12 Mn	汽车、桥梁、车辆、容器、船舶、油罐及建筑结构等
Q355	12 MnV、14 MnNb、16 Mn、16 MnRE、18Nb	建筑结构、桥梁、车辆、压力容器、化工容器、船舶、锅炉、重型机械、机械制造及电站设备等
Q390	15 MnV、15 MnTi、16 MnNb	桥梁、船舶、高压容器、电站设备、起重设备及锅炉等
Q420	15 MnVN、14 MnVTiRE	大型桥梁和船舶、高压容器、电站设备、车辆及锅炉等
Q460		大型桥梁及船舶、中温容器（<120 ℃）、锅炉、石油化工高压厚壁容器（<100 ℃）

5.3.2 渗碳钢

渗碳钢是用于制造渗碳零件的钢种。常用渗碳钢的牌号、化学成分、热处理、性能及用途见表 5-2。

表 5-2　常用渗碳钢的牌号、化学成分、性能及用途

类别	钢号	热处理/°C			力学性能（不小于）			毛坯尺寸/mm	应用举例
		第一次淬火	第二次淬火	回火	σ_b/MPa	σ_s/MPa	A_{KU2}/J		
低淬透性	15				375	225		25	小轴、小模数齿轮、活塞销等小型渗碳件
	20				410	245		25	小轴、小模数齿轮、活塞销等小型渗碳件
	20Mn2	850（水、油）	780~820（水、油）	200（水、空）	785	590	47	15	代替 20Cr 作小齿轮、小轴、活塞销、十字削头等船舶主机螺钉、齿轮、活塞销、凸轮、滑阀、轴等
	15Cr	880（水、油）		200（水、空）	735	490	55	15	
	20Cr	880（水、油）	780~820（水、油）	200（水、空）	835	540	47	15	机床变速箱齿轮、齿轮轴、活塞销、凸轮、蜗杆等
	20MnV	880（水、油）		200（水、空）	785	590	55	15	同上，也用作锅炉、高压容器、大型高压管道等
中淬透性	20CrMn	850（油）		200（水、空）	930	735	47	15	齿轮、轴、蜗杆、活塞销、摩擦轮
	20CrMnTi	880（油）	870（油）	200（水、空）	1080	850	55	15	汽车、拖拉机上的齿轮、齿轮轴、十字头等
	20MnTiB	860（油）		200（水、空）	1130	930	55	15	代替 20CrMnTi 制造汽车、拖拉机截面较小、中等负荷的渗碳件
	20MnVB	850（油）		200（水、空）	1080	885	55	15	代替 2CrMnTi、20Cr、20CrNi 制造重型机床的齿轮和轴、汽车齿轮
高淬透性	18Cr2Ni4WA	950（空）	850（空）	200（水、空）	1180	835	78	15	大型渗碳齿轮、轴类和飞机发动机齿轮
	20Cr2Ni4	880（油）	780（油）	200（水、空）	1180	1080	63	15	大截面渗碳件如大型齿轮、轴等承受高负荷的齿轮、蜗轮、蜗杆、轴、方向接头叉等
	12Cr2Ni4	860（油）	780（油）	200（水、空）	1080	835	71	15	

1. 工作条件和性能要求

某些机械零件（如汽车和拖拉机的齿轮、内燃机凸轮、活塞销等）在工作时经常既承受强烈的摩擦磨损和交变应力的作用，又承受着较强烈的冲击载荷的作用，一般的低碳钢即使经渗碳处理也难以满足这样的工作条件。为此，在低碳钢的基础上添加一些合金元素形成的合金渗碳钢，经渗碳和热处理后表面具有较高的硬度和耐磨性，心部则具有良好的塑性和韧性，同时达到了外硬内韧的效果，保证了比较重要的机械零件在复杂工作条件下的正常运行。

2. 化学成分

（1）C：0.10%~0.25%，可保证心部有良好的塑性和韧性。

127

（2）加入合金元素 Ni、Cr、Mn、B 等，作用是提高淬透性，强化铁素体，改善表面和心部的组织与性能。镍在提高心部强度的同时还能提高韧性和淬透性。

（3）加入微量的 Mo、W、V、Ti 等合金元素为了形成稳定的合金碳化物，防止渗碳时晶粒长大，提高渗碳层的硬度和耐磨性。

3. 热处理特点

预先热处理一般采用正火工艺，渗碳后热处理一般是淬火加低温回火，或是渗碳后直接淬火。渗碳后工件表面碳的质量分数可达到（0.80% ~ 1.05%）C，热处理后表面渗碳层的组织是回火马氏体+合金碳化物+残余奥氏体，硬度可达到 60 ~ 62 HRC。心部组织与钢的淬透性和零件的截面尺寸有关，全部淬透时为低碳回火马氏体+铁素体，硬度为 40 ~ 48 HRC。未淬透时为索氏体+铁素体，硬度为 25 ~ 40 HRC。

4. 常用渗碳钢

按淬透性的高低不同，合金渗碳钢可分为低、中、高淬透性钢三类。

1）低淬透性合金渗碳钢

有 15Cr、20Cr、20 Mn2、20 MnV 等，这类钢中碳和合金元素总的质量分数（ω_{Me}<2%）较低，淬透性较差，水淬临界直径为 20 ~ 35 mm，心部强度偏低。通常用来制造截面尺寸较小、受冲击载荷较小的耐磨件，如活塞销、小齿轮、滑块等。这类钢渗碳时心部晶粒粗化倾向大，尤其是锰钢，因此当它们的性能要求较高时，常常采用渗碳后再在较低的温度下加热淬火。

2）中淬透性合金渗碳钢

有 20CrMnTi、20CrMn、20CrMnMo、20 MnVB 等。这类钢合金元素的质量分数（ω_{Me}≤4%）较高，淬透性较好，油淬临界直径为 25 ~ 60 mm，渗碳淬火后有较高的心部强度。可用来制作承受中等动载荷的耐磨件，如汽车变速齿轮、花键轴套、齿轮轴、联轴器等。这类钢含碳化物形成元素 Ti、V、Cr 等，渗碳时晶粒长大倾向较小，可采用渗碳后直接淬火工艺，提高了生产效率，并且节约了能源。

3）高淬透性合金渗碳钢

有 18Cr2Ni4WA、20Cr2Ni4A 等。这类钢的合金元素的质量分数更高（ω_{Me}≤7.5%），在铬、镍等多种合金元素共同作用下，淬透性很高，油淬临界直径大于 100 mm，淬火和低温回火后心部有很高的强度。这类钢主要用来制作承受重载和强烈磨损的零件，如内燃机车的牵引齿轮、柴油机的曲轴和连杆等。

下面以合金渗碳钢 20CrMnTi 制造汽车变速齿轮为例，说明其工艺路线的安排和热处理工艺的选用。

20CrMnTi 钢制作汽车变速齿轮的生产工艺流程如下：锻造→正火→加工齿形→非渗碳部位镀铜保护+渗碳+预冷直接淬火+低温回火→喷丸+磨齿（精磨）。

技术要求:渗碳层厚为 1.2~1.6 mm,表面碳质量分数为 1.0%C;齿顶硬度为 58~60 HRC,心部硬度为 30~45 HRC。

预先热处理正火的目的是改善锻造不良组织和切削加工性。渗碳后预冷直接油淬+低温回火,为的是保证表面获得高硬度和高耐磨性,心部具有良好配合的强度和韧性。

5.3.3 调质钢

经调质处理后使用的钢称为调质钢,根据是否含合金元素分为碳素调质钢和合金调质钢。

1. 工作条件和性能要求

汽车、拖拉机、车床等其他机械上的重要零件(如汽车底盘半轴、高强度螺栓、连杆等)大多工作在受力复杂、负荷较重的条件下,要求具有较高水平的综合力学性能,即要求较高的强度与良好的塑性与韧性相配合。

但是不同的零件受力状况不同,其对性能要求的侧重也有所不同。整个截面受力都比较均匀的零件(如只受单向拉、压、剪切的连杆),要求截面处的强度与韧性都要有良好的配合。截面受力不均匀的零件,如表层受拉应力较大心部受拉应力较小的螺栓,则表层强度比心部就要要求高一些。

2. 化学成分

调质钢一般是中碳钢,钢中碳的质量分数在(0.30%~0.50%)C,碳含量过低,强度、硬度得不到保证;碳含量过高,塑性、韧性不够,而且使用时也会发生脆断现象。合金调质钢的主加元素是铬、镍、硅、锰,它们的主要作用是提高淬透性,并能够溶入铁素体中使之强化,还能使韧性保持在较理想的水平。钒、钛、钼、钨等能细化晶粒,提高钢的回火稳定性。钼、钨还可以减轻和防止钢的第二类回火脆性,微量硼对 C 曲线有较大的影响,能明显提高淬透性。铝则可以加速钢的氮化过程。

3. 热处理特点

预先热处理采用退火或正火工艺,目的是改善锻造组织,细化晶粒,为最终热处理做组织上的准备,最终热处理是淬火+高温回火,淬火加热温度在 850 ℃左右,回火温度在 500~650 ℃。合金调质钢的淬透性较高,一般都在油中淬火,合金元素质量分数较高的钢甚至在空气中冷却也可以得到马氏体组织。为了避开第二类回火脆性发生区域,回火后通常进行快速冷却。

热处理组织是回火索氏体,某些零件除了要求良好的综合力学性能外,表面对耐磨性还有较高的要求,这样在调质处理后还可以进行表面淬火或氮化处理。

根据零件的实际要求,调质钢也可以在中、低温回火状态下使用,这时得到的组织是回火托氏体或回火马氏体。它们的强度高于调质状态下的回火索氏体,但冲击韧性值较低。

4. 常用调质钢

合金调质钢可按其淬透性的高低分为三类，见表 5-3。

表 5-3　常用调质钢的牌号、热处理、性能和用途

| 类别 | 钢号 | 热处理/°C | | 机械性能（不小于） | | | 退火硬度/HB | 毛坯尺寸/mm | 应用举例 |
		淬火	回火	σ_s/MPa	δ_5/%	A_K			
低淬透性	45	840	600	355	16	39	≤197	25	小截面、中载荷的调质件，如主轴、曲轴、齿轮、连杆、链轮等
	40 Mn	840	600	355	17	47	≤207	25	比 45 钢强韧性要求稍高的调质件
	45 Mn2	840（油）	550	735	10	47	≤217	25	代替 40Cr 作直径 ϕ<50 mm 的重要调质件，如机床齿轮、钻床主轴、凸轮、蜗杆等
	45 MnB	840（油）	500	835	9	39	≤217	25	
中淬透性	40CrNi	820（油）	500	785	10	55	≤241	25	作较大截面的重要件，如曲轴、主轴、齿轮、连杆等
	35CrMo	850（油）	550	835	12	63	≤229	25	代 40CrNi 作大截面齿轮和高负荷传动轴、发电机转子等
高淬透性	37CrNi3	820（油）	500	980	10	47	≤269	25	高强韧性的大型重要零件，如汽轮机叶轮、转子轴等
	25Cr2Ni4WA	850（油）	550	930	11	71	≤269	25	大截面高负荷的重要调质件，如汽轮机主轴、叶轮等

1）低淬透性合金调质钢

多为锰钢、硅锰钢、铬钢、硼钢，有 40Cr、40 MnB、40 MnVB 等。这类钢合金元素总的质量分数（ω_{Me}<2.5%）较低，淬透性不高，油淬临界直径为 20～40 mm，常用来制作中等截面的零件，如柴油机曲轴、连杆、螺栓等。

2）中淬透性合金调质钢

多为铬锰钢、铬钼钢、镍铬钢，有 35CrMo、38CrMoAl、38CrSi、40CrNi 等。这类钢合金元素的质量分数较高，油淬临界直径为 40～60 mm，常用来制作大截面、重负荷的重要零件，如内燃机曲轴、变速箱主动轴等。

3）高淬透性合金调质钢

多为铬镍钼钢、铬锰钼钢、铬镍钨钢，有 40CrNiMoA、40CrMnMo、25CrgNi4WA 等。这类钢合金元素的质量分数最高，淬透性也很高，油淬临界直径为 60～100 mm。铬和镍的适当配合，使此类钢的力学性能更加优异，主要用来制造截面尺寸更大、承受更重载荷的重要零件，如汽轮机主轴、叶轮、航空发动机轴等。

下面以 40Cr 钢制作拖拉机连杆螺栓为例，说明生产工艺路线的安排和热处理工艺的选用。连杆螺栓的生产工艺路线如下：下料→锻造→退火（或正火）→粗加工+调质→精加工→装配。

技术要求：调质处理后组织为回火索氏体，硬度为 30～38 HRC。

预先热处理采用退火或正火，目的是改善锻造组织，细化晶粒，改善切削加工性，为调

质处理做组织上的准备。调质处理是在 840 ± 10 ℃ 加热、油淬，然后在 520 ± 25 ℃ 回火、水冷（防止第二类回火脆性），最后得到强度、冲击韧性、疲劳强度良好配合的回火索氏体组织。

5.3.4 弹簧钢

用来制造各种弹性零件（如板簧、螺旋弹簧、钟表发条等）的钢称为弹簧钢。

1．工作条件和性能要求

弹簧是广泛应用于交通、机械、国防、仪表等行业及日常生活中的重要零件，主要工作在冲击、振动、扭转、弯曲等交变应力下，利用其较高的弹性变形能力来储存能量，以驱动某些装置或减缓振动和冲击作用。因此，弹簧必须有较高的弹性极限和强度，防止工作时产生塑性变形；弹簧还应有较高的疲劳强度和屈强比，避免疲劳破坏；弹簧应该具有较高的塑性和韧性，保证在承受冲击载荷条件下正常工作；弹簧应具有较好的耐热性和耐腐蚀性，以便适应高温及腐蚀的工作环境；为了进一步提高弹簧的力学性能，它还应该具有较高的淬透性和较低的脱碳敏感性。

2．化学成分

弹簧钢的碳质量分数在（0.40% ~ 0.70%）C，以保证其有较高弹性极限和疲劳强度，碳含量过低，强度不够，易产生塑性变形；碳含量过高，塑性和韧性会降低。耐冲击载荷能力下降，碳素钢制成的弹簧件力学性能较差，只能做一些工作在不太重要场合的小弹簧。

合金弹簧钢中的主加合金元素是硅和锰，主要是为了提高淬透性和屈强比，硅的作用比较明显，但是硅会使弹簧钢热处理表面脱碳倾向增大，锰则会使钢易于过热。铬、钒、钨的加入为的是在减少弹簧钢脱碳、过热倾向的同时，进一步提高其淬透性和强度，这些元素可以提高过冷奥氏体的稳定性，使大截面弹簧得以在油中淬火，降低其变形、开裂的概率。此外，钒还可以细化晶粒，钨、钼能防止第二类回火脆性，硼则有利于淬透性的进一步提高。

3．热处理特点

根据弹簧的尺寸和加工方法不同，可分为热成型弹簧和冷成形弹簧两大类，它们的热处理工艺也不相同。

1）热成型弹簧的热处理

直径或板厚大于 10 mm 的大型弹簧件，多用热轧钢丝或钢板制成。先把弹簧加热到高于正常淬火温度 50 ~ 80 ℃ 的条件下热卷成形，然后进行淬火+中温回火，获得具有良好弹性极限和疲劳强度的回火托氏体，其硬度为 40 ~ 48 HRC。弹簧钢淬火加热应选用少、无氧化的设备，如盐浴炉、保护气氛炉等，防止氧化脱碳。弹簧热处理后一般还要进行喷丸处理，目的是强化表面，使表面产生残余压应力，提高疲劳强度，延长使用寿命。

热轧弹簧钢采用热成形制造板簧的工艺路线如下：扁钢剪断→加热压弯成形后余热淬火+中温回火+喷丸→装配。

2）冷成型弹簧的热处理

直径小于 8 mm 的小尺寸弹簧件，常用冷拔钢丝冷卷成形。根据拉拔工艺不同，冷成形弹簧可以只进行去应力处理或进行常规的弹簧热处理。冷拉钢丝制造工艺及后续热处理方法有以下 3 种：

（1）铅浴处理冷拉钢丝：先将钢丝连续拉拔 3 次，使总变形量达到 50%左右，然后加热到 A_{c3} 以上温度使其奥氏体化，随后在 450～550 ℃ 的铅浴中等温，使奥氏体全部转化为索氏体组织，再多次冷拔至所需尺寸。这类弹簧钢丝的屈服强度可达 1 600 MPa 以上，而且在冷卷成形后不必再进行淬火处理，只要在 200～300 ℃ 退火消除应力即可。

（2）油淬回火钢丝：先将钢丝冷拉到规定尺寸，再进行油淬回火。这类钢丝强度虽不如铅浴处理的冷拉钢丝，但是其性能均匀一致。在冷卷成形后，只要进行去应力回火处理，不再经过淬火回火处理。

（3）退火状态钢丝：将钢丝冷拉到所需尺寸，再进行退火处理。软化后的钢丝冷卷成形后，需经过淬火+中温回火，以获得所需的力学性能。

4. 常用弹簧钢

合金弹簧钢根据合金元素不同主要有两大类：

（1）硅、锰为主要合金元素的弹簧钢：65 Mn、60Si2 Mn 等，常用来制作大截面的弹簧。

（2）铬、钒、钨、钼等为主要合金元素的弹簧钢：50CrVA、60Si2CrVA 等。碳化物形成元素铬、钒、钨、钼的加入，能细化晶粒，提高淬透性，提高塑性和韧性，降低过热敏感性，常用来制作在较高温度下使用的承受重载荷的弹簧。常用弹簧钢的牌号、成分、热处理、性能及用途见表 5-4。

表 5-4　常用弹簧钢的牌号、成分、热处理、性能及用途

钢号	主要成分/%				热处理		机械性能				应用范围
	C	Mn	Si	Cr	淬火 / ℃	回火 / ℃	σ_s /MPa	σ_b /MPa	δ_{10} /%	ψ/%	
65	0.62～0.70	0.50～0.80	0.17～0.37	≤0.25	840（油）	500	800	1 000	9	35	截面<15 mm 的小弹簧
70	0.62～0.75	0.50～0.80	0.17～0.37	≤0.25	830（油）	480	850	1 050	8	30	
65 Mn	0.62～0.70	0.90～1.20	0.17～0.37	≤0.25	830（油）	540	800	1 000	8	30	截面≤25 mm 的弹簧，如车箱缓冲卷簧
55Si2 Mn	0.52～0.65	0.60～0.90	1.50～2.00	≤0.35	870（油或水）	480	1 200	1 300	6	30	
60Si2CrA	0.56～0.64	0.40～0.70	1.40～1.80	0.70～1.00	870（油）	420	1 600	1 800	δ_6	20	截面≤30 mm 的重要弹簧，如小型汽车载重车板簧、扭杆簧、低于350 ℃ 的耐热弹簧
55CrMnA	0.52～0.60	0.65～0.95	0.17～0.37	0.65～0.95	850（油）	500	$\sigma_{0.2}$1 100	1 250	δ_6	35	

5.3.5 滚动轴承钢

用来制作各种滚动轴承零件[如轴承内外套圈、滚动体（滚珠、滚柱、滚针等）]的专用钢称为滚动轴承钢。

1. 工作条件和性能要求

滚动轴承在工作时，滚动体与套圈处于点或线接触方式，接触应力在 1500~5 000 MPa，而且是周期性交变承载，每分钟的循环受力次数达上万次，经常会发生疲劳破坏使局部产生小块的剥落。除滚动摩擦外，滚动体和套圈还存在滑动摩擦，所以轴承的磨损失效也是十分常见的。因此，滚动轴承必须具有较高的淬透性，高且均匀的硬度和耐磨性，良好的韧性、弹性极限和接触疲劳强度，在大气及润滑介质下有良好的耐蚀性和尺寸稳定性。

2. 化学成分

滚动轴承钢碳的质量分数较高，一般在（0.95%~1.10%）C，以保证其获得高强度、高硬度和高耐磨性。

铬是滚动轴承钢的基本合金元素，其质量分数为（0.4%~1.05%）Cr。铬的主要作用是提高淬透性和回火稳定性，铬能与碳作用形成细小、弥散分布的合金渗碳体，可以使奥氏体晶粒细化，减轻钢的过热敏感性，提高耐磨性，并能使钢在淬火时得到细针状或隐晶马氏体，使钢在保持高强度的基础上增加韧性。

但铬的含量不易过高，否则淬火后残余奥氏体的量会增加，碳化物呈不均匀分布，导致钢的硬度、疲劳强度和尺寸稳定性等降低。对大型轴承（如钢珠直径超过 30 mm 的滚动轴承）而言，还可以加入硅、锰、钒，进一步提高强度、耐磨性和回火稳定性。

滚动轴承钢的接触疲劳强度等对杂质和非金属夹杂物的含量和分布比较敏感，因此，必须将硫、磷的质量分数分别控制在 0.02%S 和 0.02%P 之内，氧化物、硫化物、硅酸盐等非金属夹杂物含量和分布控制在规定的级别之内。

3. 热处理特点

滚动轴承的预先热处理采用球化退火，目的是得到细粒状珠光体组织，降低锻造后钢的硬度，使其不高于 210 HBS，提高切削加工性能，并为零件的最终热处理做组织上的准备。

滚动轴承钢的最终热处理一般是淬火+低温回火，淬火加热温度严格控制在 820~840 ℃，150~160 ℃ 回火组织应为回火马氏体+细小粒状碳化物+少量残余奥氏体，硬度为 61~65 HRC。对于尺寸性稳定要求很高的精密轴承，可在淬火后于 60~80 ℃ 进行冷处理，消除应力和减少残余奥氏体的量，然后再进行回火和磨削加工，为进一步稳定尺寸，最后采用低温时效处理（120~130 ℃）保温 5~10 h。

4. 常用滚动轴承钢

我国的滚动轴承钢大致可分为 4 类：

（1）铬轴承钢：目前我国的轴承钢多属此类钢，其中最常见的是 GCr15，除用作中、小轴承外，还可制成精密量具、冷冲模具和机床丝杠等。

（2）含硅、锰等合金元素轴承钢：为了提高淬透性，在制造大型和特大型轴承常在铬轴承钢的基础上添加硅、锰等，如 GCr15SiMn。

（3）无铬轴承钢：为节约铬，我国制成只有锰、硅、钼、钒，而不含铬的轴承钢如 GSiMnV、GSiMnMoV 等，与铬轴承钢相比，其淬透性、耐磨性、接触疲劳强度、锻造性能较好，但是脱碳敏感性较大且耐蚀性较差。

（4）渗碳轴承钢：为进一步提高耐磨性和耐冲击载荷可采用渗碳轴承钢，如用于中小齿轮、轴承套圈、滚动件的 G20CrMo 和 G20CrNiMo，用于冲击载荷的大型轴承的 Gg0Cr2Ni4A。

常用滚动轴承钢的牌号、成分、热处理及用途见表 5-5。

表 5-5　高碳铬轴承钢的牌号、成分及退火硬度

牌号	化学成分/%									退火硬度/HBW
	C	Si	Mn	Cr	Mo	P	S	Ni	Cu	
						不大于				
GCr4	0.95~1.05	0.15~0.30	0.15~0.30	0.35~0.50	≤0.08	0.025	0.020	0.25	0.20	179~207
GCr15	0.95~1.05	0.15~0.35	0.25~0.45	1.40~1.65	≤0.10	0.025	0.025	0.30	0.25	179~207
GCr15SiMn	0.95~1.05	0.45~0.75	0.95~1.25	1.40~1.65	≤0.10	0.025	0.025	0.30	0.25	179~217
GCr15SiMo	0.95~1.05	0.65~0.85	0.20~0.40	1.40~1.70	0.3~0.4	0.027	0.020	0.30	0.25	179~217
GCr18 Mo	0.95~1.05	0.20~0.40	0.25~0.40	0.65~1.95	0.15~0.25	0.025	0.020	0.25	0.25	179~207

5.4　合金工具钢

在碳素工具钢的基础上加入一定种类和数量的合金元素，用来制造各种刃具、模具、量具等用钢就称为合金工具钢。与碳素工具钢相比，合金工具钢的硬度和耐磨性更高，而且还具有更好的淬透性、红硬性和回火稳定性。因此，它常被用来制作截面尺寸较大、几何形状较复杂、性能要求更高的工具。

5.4.1 刃具钢

用来制造车刀、铣刀、锉刀、丝锥、钻头、板牙等刃具的钢统称为刃具钢。

1. 工作条件和性能要求

刀具在切削加工零件时，在受到零件的反作用的同时受到与零件及切屑的摩擦力，刀具经受磨损。切削速度越快，摩擦越严重，刃部温度越高，甚至会达到 500 ~ 600 ℃。在被加工对象不同时，刃具还常受到冲击和振动。因此刃具钢必须具有以下性能才能正常工作。

（1）高硬度：刃具的硬度必须大于被加工零件才能使零件被加工成形，一般切削刀具的刃口硬度都在 60 HRC 以上。

（2）高耐磨性：耐磨性是影响刃具尤其是锉刀等使用寿命和工作效率的主要因素之一，刃具钢的耐磨性取决于钢的硬度、韧性和钢中碳化物的种类、数量、尺寸、分布等。

（3）高红硬性：红硬性是钢在高温下保持高硬度的能力。刃具工作时，刃部的温度很高，大都超过了碳素工具钢的软化温度。所以红硬性的高低是衡量刃具钢的重要指标之一，红硬性的高低与钢的回火稳定性和合金碳化物弥散沉淀有关。

（4）良好配合的强度、塑性和韧性：能使刀具在冲击或振动载荷等作用下正常工作，防止脆断、崩刃等破坏。

2. 低合金刃具钢

对于某些低速而且走刀量较小的机用工具，以及要求不太高的刃具，可用碳素工具钢 T7、T8、T10、T12 等制作。碳素工具钢价格低廉，加工性能好，经适当热处理后可获得较高的硬度和良好的耐磨性。但是其淬透性差，回火稳定性和红硬性不高，不能用作对性能有较高要求的刀具。为了克服碳素工具钢的不足之处，在其基础上加（3% ~ 5%）Me 的合金元素就形成了低合金刃具钢。

1）化学成分

低合金刃具钢碳的平均质量分数大都在（0.75% ~ 1.5%）C，以保证获得较高的硬度和耐磨性。加入锰、硅、铬、钒、钨等合金元素改善了钢的性能，锰、硅、铬主要作用是提高淬透性，硅还能提高回火稳定性，钨、钒等与碳形成细小弥散的合金碳化物，提高硬度和耐磨性，细化晶粒，进一步增加回火稳定性。

2）热处理特点

低合金刃具钢的预先热处理是球化退火，目的是改善锻造组织和切削加工性能，最终热处理是淬火+低温回火。组织为回火马氏体+碳化物+少量残余奥氏体，具有较高的硬度和耐磨性。

下面以 9SiCr 钢制造的圆板牙为例说明其热处理特点和工艺路线的安排。

圆板牙是切削加工外螺纹的刀具，要求钢中碳化物均匀分布，热处理后硬度和耐磨性较高，而且齿形变形小。其制造工艺路线安排如下：下料→球化退火→机加工→淬火+低温回火

→磨平面→抛槽→开口。

9SiCr 圆板牙的球化退火采用等温处理工艺，组织为粒状珠光体，硬度在 19~24 HBS，适宜切削加工。

淬火+低温回火工艺先在 600~650 ℃ 预热，目的是缩短随后的淬火保温时间，减轻氧化脱碳的可能性。在 850~870 ℃ 加热保温后，迅速转移到 160~200 ℃ 的硝盐槽中进行分级淬火，降低淬火时的变形。然后在 190~200 ℃ 低温回火，降低残余应力，保留较高的硬度值 60~63 HRC。

3）常用低合金刃具钢

常用的低合金刃具钢有 9SiCr、9 Mn2 V、CnWMn 等，其中以 9SiCr 钢的应用为多。这类钢的淬透性、耐磨性等明显高于碳素工具钢，而且变形量小，主要用于制造截面尺寸较大、几何形状较复杂、加工精度要求较高、切割速度不太高的板牙、丝锥、铰刀、搓丝板等。常用低合金刃具钢的牌号、成分、热处理及用途见表 5-6。

表 5-6　低合金刃具钢的牌号、成分、热处理与用途

钢组	牌　号	化学成分/%					淬火		用途举例
		C	Si	Mn	Cr	其他	温度 ℃	硬度 HRC	
量具刃具用钢	9SiCr	0.85 ~ 0.95	1.20 ~ 1.60	0.30 ~ 0.60	0.95 ~ 1.25		820 ~ 860（油）	≥62	丝锥、板牙、钻头、铰刀、齿轮铣刀、冷冲模、轧辊
	8 MnSi	0.75 ~ 0.85	0.30 ~ 0.60	0.80 ~ 1.10			800 ~ 820（油）	≥60	一般多用作木工凿子、锯条或其他刀具
	Cr06	1.30 ~ 1.45	≤0.40	≤0.40	0.50 ~ 0.70		780 ~ 810（水）	≥64	用作剃刀、刀片、刮刀、刻刀、外科医疗刀具
	Cr2	0.95 ~ 1.10	≤0.40	≤0.40	1.30 ~ 1.65		830 ~ 860（油）	≥62	低速、材料硬度不高的切削刀具，量规、冷轧辊等
	9Cr2	0.80 ~ 0.95	≤0.40	≤0.40	1.30 ~ 1.70		820 ~ 850（油）	≥62	主要用子用作冷轧辊、冷冲头及冲头、木工工具等
	W	1.05 ~ 1.25	≤0.40	≤0.40	0.10 ~ 0.30	(W)0.80 ~ 1.20	800 ~ 830（水）	≥62	低速切削硬金属的刀具，如麻花钻、车刀等
冷作模具钢	9 Mn2V	0.85 ~ 0.95	≤0.40	1.70 ~ 2.00	—	(V)0.10 ~ 0.25	780 ~ 810（油）	≥62	丝锥、板牙、铰刀、小冲模、冷压模、料模、剪刀等
	CrWMn	0.90 ~ 1.05	≤0.40	0.80 ~ 1.10	0.90 ~ 1.20	(W)1.20 ~ 1.60	800 ~ 830（油）	≥62	拉刀、长丝锥、量规及形状复杂精度高的冲模、丝杠等

注：各钢种 S、P 含量均不大于 0.030%。

3. 高速钢

高速钢是一种高合金工具钢，含钨、钼、铬、钒等合金元素，总量超过 10%Me。高速钢优于其他工具钢的主要之处是其具有良好的红硬性，在切削零件刃部温度高达 600 °C 时，硬度仍不会明显降低。因此，高速钢刃具能以比低合金工具钢高得多的切削速度加工零件，故冠名高速钢以示其特性，常用于车刀、铣刀、高速钻头等。

1）化学成分

高速钢的碳平均质量分数较高，一般为（0.70%～1.50%）C。高碳一方面是保证与钨、钼等诸多合金元素形成大量的合金碳化物，阻碍奥氏体晶粒长大，提高回火稳定性；另一方面是在加热时使奥氏体含一定量的碳，淬火得到的马氏体有较高的硬度和耐磨性。钨是使高速钢具有较高红硬性的主要元素，钨在钢中主要以 Fe_4W_2C 形式存在，加热时部分 Fe_4W_2C 溶入奥氏体中，淬火时存在于马氏体中，使钢的回火稳定性得以提高。于 560 °C 回火时，钨会以弥散的特殊碳化物 W_2C 的形式出现，形成了"二次硬化"，对钢在高温下保持高硬度起较大作用。加热时部分未溶的 Fe_4W_2C 则会阻碍奥氏体晶粒长大，降低过热敏感性和提高耐磨性。合金元素钼的作用与钨相似，一份钼可代替两份钨，而且钼还能提高韧性和消除第二类回火脆性。但是含钼较高的高速钢脱碳和过热敏感性较大。

铬在高速钢中的主要作用是提高淬透性、硬度和耐磨性。铬主要以 $Cr_{23}C_6$ 形式存在，这种碳化物在高速钢的正常淬火加热温度下几乎全部溶解，对阻碍奥氏体晶粒长大不起作用，但是溶入奥氏体中会明显提高淬透性和回火稳定性。高速钢中铬含量一般都在 4%Cr 左右，过高会增加残余奥氏体量，过低会使淬透性则达不到要求。

钒的主要作用是细化晶粒，提高硬度和耐磨性。钒碳化物为 V_4C 或 VC，比钨、钼、铬碳化物都稳定，而且是细小弥散分布，加热时很难溶解，对奥氏体晶粒长大有很大的阻碍作用，并能有效地提高硬度和耐磨性。高温回火时也会产生"二次硬化"现象，但是提高红硬性的作用不如钨、钼明显。

2）热处理特点

高速钢的碳及合金元素质量分数皆较高，属于莱氏体钢，铸态组织有粗大、鱼骨状的共晶碳化物，分布不均匀，如图 5-3 所示，会使强度下降，脆性增加，并且不能通过热处理来改变碳化物分布，只有通过锻造将其去碎，使其均匀分布，锻后必须缓冷。

高速钢因其化学成分的特点，其热处理具有淬火加热温度高、回火次数多等特点。下面以 W18Cr4V 钢制造盘形齿轮铣刀为例，说明其热处理工艺选用和生产工艺路线的制定。

（1）球化退火：高速钢锻造后的硬度很高，只有经过退火降低硬度才能进行切削加工。一般采用球化退火降低硬度，消除锻造应力，为淬火做组织上的准备。球化退火后组织由索氏体和均匀分布的合金碳化物所组成，如图 5-4 所示。

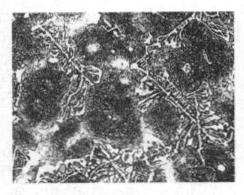

图 5-3　W18Cr4 V 钢的铸态组织（400×）　　　　图 5-4　W18Cr4V 钢的退火组织（400×）

（2）淬火＋回火：W18Cr4 V 钢盘形齿轮铣刀的热处理工艺见图 5-5。W18Cr4 V 钢中含大量合金元素，导热性差。为避免加热过程产生变形开裂，一般在 800～840 ℃ 预热，截面尺寸较大的零件可在 500～650 ℃ 多进行一次预热。合金元素只有溶入高速钢中才能有效地提高其红硬性，所以高速钢淬火温度都比较高，一般在 1 270 ℃ 加热，但是温度也不可过高，否则奥氏体晶粒长大明显，残余奥氏体量也会增加。

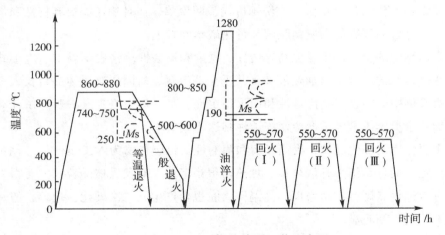

图 5-5　W18Cr4V 钢热处理工艺示意图

高速钢淬透性高，一般采用油冷，截面尺寸小的刀具，在空气中即可淬硬。对于形状复杂、要求小变形的刀具，先将其淬入 580～620 ℃ 的中性盐浴中分级均温，然后再空冷，可防止变形、开裂。W18Cr4V 钢淬火组织是马氏体＋残余奥氏体＋粒状碳化物（见图 5-6），其残余奥氏体量高达 30%。为了减少残余奥氏体，稳定组织，消除应力，提高红硬性，高速钢要进行多次回火：W18Cr4V 钢硬度和回火温度的关系见图 5-7，随回火温度提高，钢的硬度开始呈下降趋势，大于 300 ℃ 后，硬度反而随温度升高而提高，在 570 ℃ 左右达到最高值。这是因为温度升高，马氏体中析出了细小弥散的特殊碳化物 W_2C、VC 等，造成了第二相的弥散强化效应，此外由于部分碳及合金元素从残余奥氏体中析出，M 点升高，钢在回火冷时，部分残余奥氏体转变为马氏体，发生了"二次淬火"，使硬度升高。以上两个因素就是高速钢回火出现"二次硬化"的根本原因,当回火温度大于 560 ℃时,碳化物发生聚集长大,导致硬度下降。

高速钢淬火后要在 560 ℃回火三次是因为一次回火不能完全消除残余奥氏体,第一次回火后,残余奥氏体量由 30%降为 15%左右,第二次回火后还有 5%~7%,第三次回火后残余奥氏体减少为 1%~2%。而且,后一次回火可消除前一次回火时马氏体转变产生的内应力。W18Cr4V 钢淬火+三次回火后组织为回火马氏体+碳化物+少量残余奥氏体。

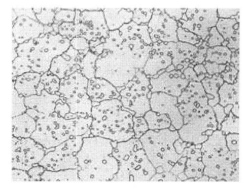

图 5-6　W18Cr4V 钢的淬火组织（400×）

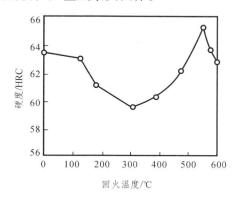

图 5-7　W18Cr4V 钢的硬度与回火温度的关系

3）常用高速钢

我国常用高速钢有钨系钢如 W18Cr4V,红硬性和加工性能好,钨-钼系钢如 W5Mo 耐磨性、热塑性和韧性较好,但脱碳敏感性较大,而且磨削性能不如钨系钢。近年来,我国又开发出含钴、铝等的超硬高速钢,这类钢能更大限度地溶解合金元素,提高红硬性,但是脆性较大,有脱碳倾向。

常用高速钢的牌号、成分、热处理及用途见表 5-7。

表 5-7　常用高速钢的牌号、成分、热处理及硬度

牌号	化学成分/%							热处理温度/℃		淬火回火 HRC
	C	Mn	Si	Cr	W	Mo	V	淬火	回火	
W18Cr4V（T51841）	0.70~0.80	0.10~0.40	0.20~0.40	3.80~4.40	17.50~19.00	≤0.30	1.00~1.40	1 270~1 285	550~570	≥63
W18Cr4V2Co5	0.85~0.95	0.10~0.40	0.20~0.40	3.75~4.50	17.50~19.00	0.40~1.00	0.80~1.20	1 280~1 300	540~560	≥63
W6Mo5Cr4V2（T66541）	0.80~0.90	0.15~0.45	0.20~0.45	3.80~4.40	5.50~6.75	4.50~5.50	1.75~2.20	1 210~1 230	550~570	≥63
W6Mo5Cr4V3	1.00~1.10	0.15~0.40	0.20~0.45	3.75~4.50	6.00~7.00	4.50~5.50	2.25~2.75	1 200~1 230	540~560	≥64
W9Mo3Cr4V（T69341）	0.77~0.87	0.20~0.45	0.20~0.40	3.80~4.40	8.50~9.50	2.70~3.30	1.30~1.70	1 220~1 240	540~560	≥63
W6Mo5Cr4V2A1	1.05~1.20	0.15~0.40	0.20~0.60	3.80~4.40	5.50~6.75	4.50~5.50	1.75~2.20	1 220~1 250	540~560	≥65

注：① 各钢种 S、P 含量均不大于 0.030%；② 淬火介质为油。

5.4.2 模具钢

用作冷冲压模、热锻压模、挤压模、压铸模等模具的钢称为模具钢。根据性质和使用条件的不同，可分为冷作模具钢和热作模具钢两大类。

1. 冷作模具钢

冷作模具钢是用于在室温下对金属进行变形加工的模具，包括冷冲模、冷镦模、冷挤压模、拉丝模、落料模等。

1）工作条件和性能要求

处于工作状态的冷作模具承受着强烈的冲击载荷和摩擦、很大的压力和弯曲力的作用，主要的失效破坏形式包括磨损、变形和开裂等，因此冷作模具钢要求具有较高的硬度和耐磨性，良好的韧性和疲劳强度。截面尺寸较大的模具还要求具有较高的淬透性，高精度模具则要求热处理变形小。

2）化学成分

为保证获得高硬度和高耐磨性，冷作模具钢碳的质量分数较高，大多超过 1.0%C，有的甚至高达 2.0%C。

铬是冷作模具钢中的主要合金元素，能提高淬透性，形成 Cr_7C_3 或（Cr，Fe）$_7C_3$。等碳化物，能明显提高钢的耐磨性。锰可以提高淬透性和强度，钨、钼、钒等与碳形成细小弥散的碳化物，除了进一步提高淬透性、耐磨性、细化晶粒外，还能提高回火稳定性、强度和韧性。

3）热处理特点

冷作模具钢热处理的目的是最大限度地满足其性能要求，以便能正常工作，现以 Cr12MoV 冷作模具专用钢制造冲孔落料模为例来分析热处理工艺方法及制定生产工艺路线。凸、凹模均要求硬度在 58 ~ 60 HRC，要求具有较高的耐磨性、强度和韧性，较小的淬火变形。为此，设计其生产工艺路线如下：锻造→退火→机加工→淬火+回火→精磨或电火花加工→成品。

Cr12MoV 钢的组织与性能与高速钢相类似，合金元素含量较高，锻后空冷易出现马氏体组织，一般锻后都采用缓冷。钢中有莱氏体组织，可以通过锻造使其破碎，并均匀分布。锻后退火工艺与高速钢的等温退火工艺相似，退火后硬度小于 255 HBS，可进行机械加工。

Cr12MoV 钢的淬火温度较低，低温回火后钢的耐磨性和韧性较高，组织为回火马氏体+残余奥氏体+合金碳化物，硬度为 58 ~ 60 HRC。如果要求模具具有较高的红硬性，能够在 400 ~ 450 ℃条件下工作，则要进行"二次硬化法"处理，将淬火加热温度提高到 1 100 ~ 1 150 ℃，此时由于钢中出现了大量的残余奥氏体，硬度仅为 42 ~ 50 HRC，但是随后在 510 ~ 520 ℃高温下三次回火，析出了细小弥散的合金碳化物及残余奥氏体转变为马氏体，产生"二次硬化"现象，硬度回升到 60 ~ 62 HRC，红硬性也较好，但是淬火加热温度较高，组织粗化会导致强度和韧性下降。

4）常用冷作模具钢

对于几何形状比较简单、截面尺寸和工作负荷不太大的模具可用高级优质碳素工具钢 T8A、T10A、T12A 和低合金刃具钢 9SiCr、9Mn2V、CrWMn 等，它们耐磨性较好，淬火变形不太大。对于形状复杂、尺寸和负荷较大的模具多用 Cr12 型钢，如 Cr12、Cr12MoV 钢或 W18Cr4V 等，它们的淬透性、耐磨性和强度较高，淬火变形较小。

常用合金冷作模钢的牌号、化学成分、热处理及用途见表 5-8。

表 5-8　耐冲击工具用钢和冷作模具钢的牌号、化学成分及硬度

钢组	牌　　号	化学成分/%						硬度 HRC
		C	Mn	Cr	W	Mo	V	
耐冲击工具用钢	4CrW2Si	0.35 ~ 0.45	≤0.40	1.00 ~ 1.30	2.00 ~ 2.50			≥53
	5CrW2Si	0.45 ~ 0.55	≤0.40	1.00 ~ 1.30	2.00 ~ 2.50			≥55
	6CrW2Si	0.55 ~ 0.65	≤0.40	1.10 ~ 1.30	2.20 ~ 2.70			≥57
冷作模具钢	Cr12	2.00 ~ 2.30	≤0.40	11.50 ~ 13.00				≥60
	Cr12Mo1V1	1.40 ~ 1.60	≤0.60	11.00 ~ 13.00		0.70 ~ 1.20	0.50 ~ 1.10	≥59
	Cr12MoV	1.45 ~ 1.70	≤0.40	11.00 ~ 12.50		0.40 ~ 0.60	0.15 ~ 0.30	≥58
	9CrWMn	0.85 ~ 0.95	0.90 ~ 1.20	0.50 ~ 0.80	0.50 ~ 0.80			≥62
	Cr4W2MoV	1.12 ~ 1.25	≤0.40	3.50 ~ 4.00	1.90 ~ 2.60	0.80 ~ 1.20	0.80 ~ 1.10	≥60
	6Cr4W3Mo2VNb（0.20 ~ 0.35%Nb）	0.60 ~ 0.70	≤0.40	3.80 ~ 4.40	2.50 ~ 3.50	1.80 ~ 2.50	0.80 ~ 1.20	≥60
	6Cr6Mo5Cr4V	0.55 ~ 0.65	≤0.60	3.70 ~ 4.30	6.00 ~ 7.00	4.50 ~ 5.50	0.70 ~ 1.10	≥60

注：各钢中 S、P 的含量均不大于 0.030%。

2. 热作模具钢

热作模具钢是用于制造在受热状态下对金属进行变形加工的模具，包括热锻模、热挤压模、热镦模、压铸模、高速锻模等。

1）工作条件和性能要求

热作模具钢在工作时经常接触炽热的金属，型腔表面温度高达 400 ~ 600 ℃。金属在巨大的压应力、张应力、弯曲应力和冲击载荷作用下，与型腔做相对运动时，会产生强烈的

磨损。工作过程中还要反复受到冷却介质冷却和热态金属加热的交替作用，模具工作面出现热疲劳"龟裂纹"。因此，为使热作模具正常工作，要求模具用钢在较高的工作温度下具有良好的强韧性，较高的硬度、耐磨性、导热性、抗热疲劳能力，较高的淬透性和尺寸稳定性。

2）化学成分

热作模具钢碳的质量分数一般保持在（0.3%～0.6%）C，以获得所需的强度、硬度、耐磨性和韧性，碳含量过高，会导致韧性和导热性下降；碳含量过低，强度、硬度、耐磨性难以保证。

铬能提高淬透性和回火稳定性；镍除与铬共存时可提高淬透性外，还能提高综合力学性能；锰能提高淬透性和强度，但是有使韧性下降的趋势；钼、钨、钒等能产生二次硬化，提高红硬性、回火稳定性、抗热疲劳性、细化晶粒，钼和钨还能防止第二类回火脆性。

3）热处理特点

热作模具钢热处理的目的主要是提高红硬性、抗热疲劳性和综合力学性能，最终热处理一般为淬火斗高温（或中温）回火，以获得均匀的回火索氏体（或回火托氏体）。现以5CrMnMo钢制造板牙热锻模为例来分析。

板牙热锻模要求硬度为351～387 HBS，抗拉强度大于1 200～1 400 MPa，冲击值在32～56 J，同时还要满足对热作模具淬透性、抗热疲劳等的要求。其生产工艺路线如下：锻造→退火→粗加工→成型加工→淬火+回火→精加工（修型、抛光）。

由于钢在轧制时会出现纤维组织，导致各向异性，所以要予以锻造消除。锻后要缓冷，防止应力过大产生裂纹，采用780～800 ℃保温4～5 h退火，消除锻造应力，改善切削加工性能，为最终热处理做组织上的准备。

为降低热应力，大型模具需在500 ℃左右预热，为防止模具淬火开裂，一般先由炉内取出空冷至750～780 ℃预冷，然后再淬入油中，油冷至150～200 ℃（大致为油只冒青烟而不着火的温度）取出立即回火，避免冷至室温再回火导致开裂。回火消除了应力，获得回火索氏体（或回火托氏体）组织，以得到所需的性能。

4）常用热作模具钢

制造中、小型热锻模（有效厚度小于400 mm）一般选用5CrMnMo钢，制造大型热锻模（有效厚度大于100 mm）多选用5CrNiMo钢，它的淬火加热温度比5CrMnMo钢高10 ℃左右，淬透性和红硬性优于5CrMnMo钢。

热挤压模冲击载荷较小，但模具与热态金属长时间接触，对热强性和红硬性要求较高，常选用3Cr2W8V或4Cr5W2VSi钢，淬火后多次回火产生二次硬化，组织与高速钢类似。

压铸模钢的选用与成型金属种类有关，压铸熔点为400～450 ℃的锌合金，一般选用低合金钢30CrMnSi或40Cr等；压铸熔点为850～920 ℃的铜合金，可选用3Cr2W8V钢。常用热作模具钢的牌号、化学成分、热处理及用途见表5-9。

表 5-9　常用热作模具钢的牌号、化学成分及硬度

| 钢组 | 牌　号 | 化学成分/% | | | | | | | 交货状态硬度 HB |
		C	Si	Mn	Cr	W	Mo	V	
热作模具钢	5CrMnMo	0.50 ~ 0.60	0.25 ~ 0.60	1.20 ~ 1.60	0.60 ~ 0.90		0.15 ~ 0.30		241 ~ 197
	5CrNiMo	0.50 ~ 0.60	≤0.40	0.50 ~ 0.80	0.50 ~ 0.80		0.15 ~ 0.30		241 ~ 197
	3Cr2W8V	0.35 ~ 0.40	≤0.40	≤0.40	2.20 ~ 2.70	7.50 ~ 9.00		0.20 ~ 0.50	≤255
	3Cr3Mo3W2V	0.32 ~ 0.42	0.60 ~ 0.90	≤0.65	2.80 ~ 3.30	1.20 ~ 1.80	2.50 ~ 3.00	0.80 ~ 1.20	≤255
	5Cr4W5Mo2V	0.40 ~ 0.50	≤0.40	≤0.40	3.40 ~ 4.40	4.50 ~ 5.30	1.50 ~ 2.10	0.70 ~ 1.10	≤269
	8Cr3	0.75 ~ 0.85	≤0.40	≤0.40	3.20 ~ 3.80				255 ~ 207
	4CrMnSiMoV	0.35 ~ 0.45	0.80 ~ 1.10	0.80 ~ 1.10	1.30 ~ 1.50		0.40 ~ 0.60	0.20 ~ 0.40	241 ~ 197
	4Cr3Mo3SiV	0.35 ~ 0.45	0.80 ~ 1.20	0.25 ~ 0.70	3.00 ~ 3.75		2.00 ~ 3.00	0.25 ~ 0.75	≤229

注：各钢中 S、P 的含量均不大于 0.030%。

5.4.3　量具钢

用于制造卡尺、千分尺、样板、塞规、块规、螺旋测微仪等各种测量工具的钢被称为量具钢。

1. 工作条件和性能要求

量具在使用过程中始终与被测零件紧密接触并做相对移动，主要承受磨损破坏。因此，要求其具有较高的硬度和耐磨性，以保证测量精度，还要有耐轻微冲击、碰撞的能力，热处理变形要小，在存放和作用过程中要有极高的尺寸稳定性。

2. 化学成分

量具钢碳的质量分数较高，一般在（0.90% ~ 1.50%）C，以保证良好的硬度和耐磨性。合金元素铬、钨、锰等提高淬透性，降低 M_s 点，使热应力和组织应力减小，减轻了淬火变形影响，还能形成合金碳化物，提高硬度和耐磨性。

3. 热处理特点

量具钢热处理主要目的是得到高硬度和高耐磨性，保持高的尺寸稳定性。所以量具钢应尽量采用在缓冷介质中淬火，并进行深冷处理以减少残余奥氏体量。然后低温回火消除应力，保证高硬度和高耐磨性。下面以 CrWMn 钢制造的测量标定线性尺寸的块规为例，说明其热处理工艺方法的选定和生产工艺路线的安排。

块规是机械制造行业常用的标准量块，硬度值要求达到 62 ~ 65 HRC，淬火不直度小于

0.05 mm，长期使用时尺寸应保持高稳定性。生产工艺路线如下：锻造→球化退火→机加工→淬火→冷处理→回火→粗磨→低温人工时效→精磨→低温去应力回火→研磨

CrWMn 钢的预先热处理采用球化退火，消除锻造应力，得到粒状珠光体和合金渗碳体组织，提高了切削加工性，为最终热处理作组织上准备。其工艺为 780~800 ℃ 加热，在 Ar1 以下 690~710 ℃ 长时间等温，硬度为 217~255 HBS。

与用作低合金刃具 CrWMn 钢的热处理区别是，用于量具钢的热处理增加了冷处理和时效处理，冷处理能极大限度地减少残余奥氏体的量，避免残余奥氏体转变为马氏体引起尺寸的胀大。时效处理则可以松弛残余应力和防止因马氏体分解而引起的尺寸收缩效应，保证块规高的硬度和尺寸稳定性。冷处理后的低温回火是消除淬火、冷处理的应力和把过高的硬度降到规定值。时效后低温回火目的是在保证高硬度、高耐磨性的基础上，消除磨削应力，进一步稳定尺寸。

4. 常用量具钢

我国目前没有专用的量具钢。对于量块、量规等形状复杂、精度要求高的量具可用 CrWMn、Cr2、GCr15、W18Cr4 V 等钢制造。对于样板、塞规等形状简单、尺寸小、精度要求不高的量具可用 60、65 Mn 等钢制造。对于在化工、煤矿、野外使用的对耐蚀性要求较高的量具可用 4Cr13、9Cr18 等钢制造。量具用钢的选用见表 5-10。

表 5-10　量具用钢的选用举例

用　途	选用的牌号举例	
	钢的类别	钢　号
尺寸小、精度不高，形状简单的量规、塞规、样板等	碳素工具钢	T10A、T11A、T12A
精度不高，耐冲击的卡板、板样、直尺等	渗碳钢	15、20、15Cr
块规、螺纹塞规、环规、样柱、样套等	低合金工具钢	CrMn、9CrWMn、CrWMn
各种要求精度的量具	冷作模具钢	9Mn2V、Cr2Mn2SiWMoV
要求精度和耐腐蚀的量具	不锈钢	4Cr13、9Cr18

5.5　特殊性能钢

不锈钢、耐热钢、耐磨钢等具有特殊物理、化学性能的钢被统称为特殊性能钢。

5.5.1　不锈钢

不锈钢是指某些在大气和一般介质中具有较高化学稳定性的钢。

1. 金属腐蚀的概念

金属的腐蚀常可分为化学腐蚀和电化学腐蚀两类。

化学腐蚀是金属与周围介质发生纯粹的化学作用，整个腐蚀过程没有微电流产生，不发生电化学反应。化学腐蚀包括钢的高温氧化、脱碳、石油生产和输送过程钢的腐蚀，氢和含氢气氛对钢的腐蚀（氢蚀）等。

电化学腐蚀是金属在电解质溶液中产生了原电池，腐蚀过程中有微电流产生，电化学腐蚀包括金属在大气、海水、酸、碱、盐等溶液中产生的腐蚀。下面以在硝酸酒精溶液中珠光体组织的侵蚀来说明电化学腐蚀现象。

组成珠光体的两个相渗碳体和铁素体的电极电位不同，在电解质溶液中，电极电位较负的铁素体成为阳极被腐蚀，电极电位较正的渗碳体则成为阴极而不被腐蚀。原先已抛光的金属磨面因组织的电极电位不同产生了腐蚀，导致了凹凸不平，它们对外来光线的漫散射不同，在金相显微镜下就观察到了明暗相间的珠光体组织。腐蚀是金属零件在服役中经常发生的一种失效破坏形式，会对国民经济建设造成巨大的损失。据不完全统计，全世界每年因腐蚀而破坏的金属件约占其总量的 10%，所以提高金属材料的耐腐蚀性有着重大的意义。金属材料腐蚀破坏的主要形式是电化学腐蚀，在实际生产中常采用以下措施加以防护。

（1）形成钝化膜保护金属：在钢中添加某些合金元素，钢受腐蚀时能立即在表面形成一层致密的钝化膜，隔绝钢与介质的接触，防止进一步腐蚀。如含铝、铬的合金钢在高温下能形成致密的氧化铝、氧化铬保护膜，阻碍氧原子向内扩散，提高了抗氧化性。

（2）获得单相组织，避免形成原电池：加入合金元素使钢在室温下仅为单相存在，无电极电位差，不产生微电流，不发生电化学腐蚀。如当镍、锰或铬的质量分数达一定值时，就可得到单相奥氏体钢或单相铁素体钢。

（3）提高基体电极电位，减小电极电位差：金属材料中，一般第二相的电极电位都比较高，往往会使基体成为阳极受到腐蚀。加入某些元素提高基体的电极电位，就能够延缓基体的腐蚀，提高耐蚀性。如在钢中加入质量分数大于 13%Cr，铁素体的电极电位会由 0.2 V 提高到 0.56 V，钢的抗蚀性大大增加。

2. 用途及性能要求

不锈钢主要在石油、化工、海洋开发、原子能、宇航、国防工业等领域用于制造在各种腐蚀性介质中工作的零件和结构，对不锈钢的性能要求主要是耐蚀性。此外，根据零件或构件不同的工作条件，要求其具有适当的力学性能。对某些不锈钢还要求其具有良好的工艺性能。

3. 成分特点

1）碳含量

不锈钢的碳含量在 0.03 ~ 0.95%。碳含量越低，则耐蚀性越好，故大多数不锈钢的碳含量为 0.1 ~ 0.2%；对于制造工具、量具等少数不锈钢，其碳含量较高，以获得高的强度、硬度和耐磨性。

2）合金元素

（1）铬：铬是提高耐蚀性的主要元素。

① 铬能提高钢基体的电极电位，当铬的原子分数达到 1/8，2/8，3/8，……时，钢的电极电位呈台阶式跃增，称为 $n/8$ 规律。所以铬钢中的含铬量只有超过台阶值（如 $n=1$，换成质量百分数则为 11.7%）时，钢的耐蚀性才明显提高。

② 铬是铁素体形成元素，当铬含量大于 12.7% 时，使钢形成单相铁素体组织。

③ 铬能形成稳定致密的 Cr_2O_3 氧化膜，使钢的耐蚀性大大提高。

（2）镍：加镍的主要目的是为了获得单相奥氏体组织。

（3）钼：加钼主要是为了提高钢在非氧化性酸中的耐蚀性。

（4）钛、铌：钛、铌的主要作用是防止奥氏体不锈钢发生晶间腐蚀。晶间腐蚀是一种沿晶粒周围发生腐蚀的现象，危害很大。它是由于 $Cr_{23}C_6$ 析出于晶界，使晶界附近铬含量降到 12% 以下，电极电位急剧下降，在介质作用下发生强烈腐蚀。而加钛、铌则先于铬与碳形成不易溶于奥氏体的碳化物，避免了晶界贫铬。

4. 常用不锈钢

目前应用的不锈钢，按其组织状态主要分为马氏体不锈钢、铁素体不锈钢和奥氏体不锈钢三大类。常用不锈钢的牌号、成分、热处理及用途见表 5-11。

表 5-11　常用不锈钢的牌号、成分、热处理、力学性能及用途

类别	牌号	化学成分/%			热处理/°C		力学性能（不小于）			用途举例
		C	Cr	其他	淬火	回火	$\sigma_{0.2}$/MPa	δ_5/%	硬度	
马氏体型	1Cr13	≤0.15	11.50~13.50	Si≤1.00 Mn≤1.00	950~1000（油冷）	700~750（快冷）	345	25	HB159	制作抗弱腐蚀介质并承受冲击载荷的零件，如汽轮机叶片，水压机阀、螺栓、螺母等
	4Cr13	0.36~0.45	12.00~14.00	Si≤0.60 Mn≤0.80	1050~1100（油冷）	200~300（空冷）	—		HRC50	制作具有较高硬度和耐磨性的医疗器械、量具、滚动轴承等
铁素体型	1Cr17	≤0.12	16.00~18.00	Si≤0.75 Mn≤1.00	退火 780~850（空冷或缓冷）		250	20	HB183	制作硝酸工厂、食品工厂用的设备
奥氏体型	0Cr18Ni9	≤0.07	17.00~19.00	Ni8.00~11.00	固溶 1010~1150（快冷）		205	40	HB187	具有良好的耐蚀及耐晶间腐蚀性能，为化学工业用的良好耐蚀材料
奥氏体/铁素体型	0Cr26Ni5Mo2	≤0.08	23.00~28.00	Ni3.0~6.0 Mo1.0~3.0 Si≤1.00 Mn≤1.50	固溶 950~1100（快冷）		390	18	HB277	抗氧化性、耐点腐蚀性好、强度高，作耐海水腐蚀用等
	03Cr18Ni5Mo3Si2	≤0.030	18.00~19.50	Ni4.5~5.5 Mo2.5~3.0 Si1.3~2.0 Mn1.0~2.0	固溶 920~1150（快冷）		390	20	HV300	适于含氯离子的环境，用于炼油、化肥、造纸、石油、化工等工业热交换器和冷凝器等
沉淀硬化型	0Cr17Ni7Al	≤0.09	16.00~18.00	Ni6.5~7.75 Al0.75~1.5	固溶 1000~1100（快冷）固溶后，于 760±15 °C 保持 90 min；在 1 h 内冷却到 15 °C 以上，再加热到 565±10 °C 保持 90 min 空冷		960	20 5	HB363	添加铝的沉淀硬化型钢种，作弹簧、垫圈、计器部件

注：① 表中所列奥氏体不锈钢的 Si≤1%，Mn≤2%。
　　② 表中所列各钢种的 P≤0.035%，S≤0.030%。

1）马氏体不锈钢

主要是 Cr13 型不锈钢。典型钢号为 1Cr13、2Cr13、3Cr13、4Cr13。随含碳量提高，钢的强度、硬度提高，但耐蚀性下降。

1Cr13、2Cr13、3Cr13 的热处理为调质处理，使用状态下的组织为回火索氏体。这三种钢具有良好的耐大气、蒸汽腐蚀能力及良好的综合力学性能，主要用于制造要求塑韧性较高的耐蚀件，如汽轮机叶片等。

4Cr13 的热处理为淬火加低温回火，使用状态下的组织为回火马氏体。这种钢具有较高的强度、硬度。它主要用于要求耐蚀、耐磨的器件，如医疗器械、量具等。

2）铁素体不锈钢

典型钢号如 1Cr17 等。这类钢的成分特点是高铬低碳，组织为单相铁素体。由于铁素体不锈钢在加热冷却过程中不发生相变，因而不能进行热处理强化，可通过加入钛、铌等强碳化物形成元素或经冷塑性变形及再结晶来细化晶粒。铁素体不锈钢的性能特点是耐酸蚀，抗氧化能力强，塑性好，但有脆化倾向：475 ℃ 脆性，即将钢加热到 450 ~ 550 ℃ 停留时产生的脆化，可通过加热到 600 ℃ 后快冷消除；σ 相脆性，即钢在 600 ~ 800 ℃ 长期加热时，因析出硬而脆的 σ 相产生的脆化。这类钢广泛用于硝酸和氮肥工业的耐蚀件。

3）奥氏体不锈钢

主要是 18-8（18Cr-8Ni）型不锈钢。这类钢的成分特点是低碳高铬镍，组织为单相奥氏体。因而具有良好的耐蚀性、冷热加工性及可焊性，高的塑韧性，这类钢无磁性。奥氏体不锈钢常用的热处理为固溶处理，即加热到 920 ~ 1150 ℃ 使碳化物溶解后水冷，获得单相奥氏体组织。对于含有钛或铌的钢，在固溶处理后还要进行稳定化处理，即将钢加热到 850 ~ 880 ℃，使钢中铬的碳化物完全溶解，而钛或铌的碳化物不完全溶解，然后缓慢冷却，使 TiC 充分析出，以防止发生晶间腐蚀。

常用奥氏体不锈钢为 1Cr18Ni9、1Cr18Ni9Ti 等，广泛用于化工设备及管道等。

奥氏体不锈钢在应力作用下易发生应力腐蚀，即在特定合金-环境体系中，应力与腐蚀共同作用引起的破坏。奥氏体不锈钢易在含 Cl⁻ 的介质中发生应力腐蚀，裂纹为枯树枝状。

4）其他类型不锈钢

（1）复相（或双相）不锈钢：典型钢号如 0Cr26Ni5 Mo2、03Cr18Ni5 Mo3Si2 等。这类钢的组织由奥氏体和δ铁素体两相组成（其中铁素体占 5% ~ 20%），其晶间腐蚀和应力腐蚀倾向小，强韧性和可焊性较好，可用于制造化工设备及管道、海水冷却的热交换设备等。

（2）沉淀硬化不锈钢：典型钢号如 0Cr17Ni7Al、0Cr15Ni7 Mo2Al 等，这类钢经固溶、二次加热及时效处理后，组织为在奥氏体-马氏体基体上分布着弥散的金属间化合物，主要用作高强度、高硬度且耐腐蚀的化工机械和航天用的设备、零件等。

5.5.2 耐热钢

耐热钢是指具有良好的高温抗氧化性和高温强度的钢。

1. 金属耐热性的基本概念

金属材料的耐热性包含高温抗氧化性和高温强度两个方面。

1）高温抗氧化性

金属的高温抗氧化性是指钢在高温条件下对氧化作用的抗力，是钢能否持久地工作在高温下的重要保证条件。氧化是一种典型的化学腐蚀，在高温空气、燃烧废气等氧化性气氛中，金属与氧接触发生化学反应即氧化腐蚀，腐蚀产物（氧化膜）附着在金属的表面。随着氧化的进行，氧化膜厚度继续增加，金属氧化到一定程度后是否继续氧化，直接取决于金属表面氧化膜的性能。如果生成的氧化膜是致密、稳定的，与基体金属结合力高，氧化膜强度较高，就能够阻止氧原子向金属内部的扩散，降低氧化速度，否则会加速氧化，使金属表面起皮和脱落等，导致零件早期失效。

钢表面氧化膜的组成与温度有关，在 570 ℃ 以下，氧化膜由 $Fe_2O_3+Fe_3O_4$ 组成，比较致密，能有效地阻碍氧的扩散，抗氧化性较好。大于 570 ℃ 加热，氧化膜由 $FeO+Fe_2O_3+Fe_3O_4$ 组成，靠近钢表面的是 FeO，向外依次为 Fe_3O_4 和 Fe_2O_3，FeO 疏松多孔，占整个氧化膜厚的 90%左右，金属原子和氧原子很容易通过 FeO 层扩散，加速氧化。高温下 FeO 的存在，钢的抗氧化性大大下降，而且温度越高，原子扩散越快，氧化速度越快。

提高钢的抗氧化性主要途径是合金化，在钢中加入铬、硅、铝等合金元素，使钢在高温与氧接触时，优先形成致密的高熔点氧化膜 Cr_2O_3、SiO_2、Al_2O_3 等，严密地覆盖住钢的表面，阻止氧化的继续进行。

2）高温强度

金属的高温强度是指金属材料在高温下对机械载荷作用的抗力，即高温下金属材料抵抗塑性变形和破坏的能力。金属在高温下表现出的力学性能与室温下有较大的区别，当工作温度大于再结晶温度后，金属除了受外力作用产生了塑性变形和加工硬化外，还会发生再结晶和软化的过程，因此在室温下能正常服役的零件就难以满足高温下的要求。金属在高温下的力学性能与温度、时间、组织变化等因素有关。

金属在高温下工作常会发生"蠕变"现象，即当工作温度大于再结晶温度，工作应力超过该温度下的弹性极限时，随时间的延长金属发生缓慢变形的现象。金属对蠕变的抗力越大，其高温强度也越高。

金属的高温强度一般以蠕变极限和持久强度来表示。蠕变极限是指金属在某温度下，经过一段时间后，其残余变形量达一定数值时的应力值。持久强度是指在恒定温度下经过一定时间，金属材料发生断裂破坏时的应力值。金属材料在高温下晶界强度低于晶内，因此加入合金元素提高再结晶温度，形成稳定的特殊碳化物，以及采用粗晶材料，减少晶界等都能有效地提高钢的高温强度。

2. 常用耐热钢

根据成分、性能和用途的不同，耐热钢可分为抗氧化钢和热强钢两类。

1）抗氧化钢

抗氧化钢基本上是在铬钢、铬镍钢、铬锰氮钢的基础上添加硅、铝、稀土元素等形成的，常用的有 3Cr18 Mn12Si2N、2Cr20 Mn9Ni2Si2N、3Cr18Ni25Si2 等钢，它们会形成 Cr_2O_3、SiO_2、Al_2O_3 氧化膜，提高抗氧化性、抗硫蚀性和抗渗碳性，还具有较好的剪切、冲压和焊接性能。在铬钢中加入镧、铈等稀土元素，既可以降低 $Cr_{23}C_6$ 的挥发，形成更稳定的（Ct，La）$_2O_3$；又能促进铬的扩散，有利于形成 Cr_2O_3，进一步提高抗氧化性。

抗氧化钢的铸造性能较好，常制成铸件使用。一般采用固溶处理，得到均匀的奥氏体组织。它可用于工作温度高达 1 000 ℃ 的零件，如加热炉的受热零件、锅炉吊钩等。

2）热强钢

（1）珠光体钢：珠光体热强钢的化学成分特点是碳的质量分数较低，合金元素总量也小于（3%～5%）Me，常用钢号有 15CrMo、12CrMoV 等。这类钢一般在正火（A_{c3}+50 ℃）及随后高于使用温度 100 ℃ 下回火后使用，组织为细珠光体或铁素体+索氏体。它们的耐热性不高，大多用于工作温度小于 600 ℃，承载不大的耐热零件。

（2）马氏体钢：马氏体热强钢的铬质量分数较高，有 Cr12 型和 Cr13 型的钢 1Cr11 MoV、1Cr12 MoV 钢和 1Cr13、2Cr13 钢等。这类钢一般在调质状态下使用，组织为均匀的回火索氏体。它们的耐热性和淬透性皆比较好，工作温度与珠光体钢相近，但是热强性却高得多。常被用作工作温度不超过 600 ℃，承受较大载荷的零件，如汽轮机叶片、增压器叶片、内燃机排气阀等。

（3）奥氏体钢：奥氏体热强钢含较高铬和镍，总量超过 10%，常用钢有 1Cr18Ni9Ti、4Cr14Ni14W2 Mo 等。一般经高温固溶处理或固溶时效处理，稳定组织或析出第二相进一步提高强度后使用。它们的热稳定性和热强性都优于珠光体热强钢和马氏体热强钢，工作温度可高达 750～800 ℃。常被用作内燃机排气阀、燃汽轮轮盘和叶片等。

常用耐热钢的牌号、热处理及用途见表 5-12。

表 5-12　常用耐热钢的牌号、热处理、力学性能及用途

类别	牌号	热处理/ ℃		力学性能（不小于）					用途举例
		淬火	回火	$\sigma_{0.2}$/MPa	σ_b/MPa	δ_5/%	ψ/%	硬度	
珠光体型	12CrMo	900（空）	650（空）	410	265	24	60	179	450 ℃ 的汽轮机零件，475 ℃ 的各种蛇形管
	15CrMo	900（空）	650（空）	440	295	22	60	179	<550 ℃ 的蒸汽管，650 ℃ 的水冷壁管及联箱和蒸汽管等
马氏体型	1Cr13	950～1 000（油冷）	700～750（快冷）	345	540	25	55	HB 159	800 ℃ 以下耐氧化用部件
	1Cr12WMoV	1 000～1 050（油冷）	680～700（空冷）	585	735	15	45		透平叶片、紧固件、转子及轮盘
铁素体型	1Cr17	退火 780～850 空冷或缓冷		250	400	20	50	HB 183	900 ℃ 以下耐氧化部件，如散热器、炉用部件、油喷嘴
奥氏体型	0Cr18Ni9	固溶 1 010～1 150（快冷）		205	520	40	60	HB 187	可承受 870 ℃ 以下反复加热
	0Cr23Ni13	固溶 1 030～1 150（快冷）		205	520	40	60	HB ≤187	可承受 980 ℃ 以下反复加热，如炉用材料

5.5.3 耐磨钢

耐磨钢主要是指在冲击载荷作用下发生冲击硬化的高锰钢。高锰钢共包括 5 种牌号，其化学成分和力学性能见表 5-13。

表 5-13　高锰钢的化学成分和力学性能

牌 号	化学成分/%						力学性能（不小于）				HBS ≤
	C	Mn	Si	S ≤	P ≤	其他	σ_s/ MPa	σ_b/ MPa	δ_5/%	α_{Ku}/ J/cm²	
ZGMn13-1	1.00 ~ 1.45	11.00 ~ 14.00	0.30 ~ 1.00	0.040	0.090		—	635	20		—
ZGMn13-2	0.90 ~ 1.35	11.00 ~ 14.00	0.30 ~ 1.00	0.040	0.070		—	685	25	147	300
ZGMn13-3	0.95 ~ 1.35	11.00 ~ 14.00	0.30 ~ 0.80	0.035	0.070			735	30	147	300
ZGMn13-4	0.90 ~ 1.30	11.00 ~ 14.00	0.30 ~ 0.80	0.040	0.070	1.50 ~ 2.50Cr	390	735	20		300
ZGMn13-5	0.75 ~ 1.30	11.00 ~ 14.00	0.30 ~ 1.00	0.040	0.070	0.90 ~ 1.20 Mo					

1. 用途和性能要求

耐磨钢主要用于既承受严重磨损又承受强烈冲击的零件，如拖拉机、坦克的履带板、破碎机的颚板、挖掘机的铲齿和铁路的道岔等。因此，高的耐磨性和韧性是对高锰钢的主要性能要求。

2. 成分特点

高碳：含碳量为 0.75 ~ 1.45%，以保证高的耐磨性。高锰：含锰量为 11 ~ 14%，以保证形成单相奥氏体组织，获得良好的韧性。

3. 热处理及使用

高锰钢的铸态组织为奥氏体加碳化物，性能硬而脆。为此，需对其进行"水韧处理"，即把钢加热到 1 100 ℃，使碳化物完全溶入奥氏体，并进行水淬，从而获得均匀的过饱和单相奥氏体。这时，其强度、硬度并不高（180 ~ 200 HB），但塑性、韧性却很好。为获得高耐磨性，使用时必须伴随着强烈的冲击或强大的压力，在冲击或压力作用下，表面奥氏体迅速加工硬化，同时形成马氏体并析出碳化物，使表面硬度提高到 500 ~ 550 HB，获得高耐磨性。而心部仍为奥氏体组织，具有高耐冲击能力。当表面磨损后，新露出的表面又可在冲击或压力作用下获得新的硬化层。

高锰钢水冷后不应当再受热，因加热到 250 ℃ 以上时有碳化物析出，会使脆性增加。这种钢由于具有很高的加工硬化性能，常采用硬质合金、含钴高速钢等切削工具，并采取适当的刀角及切削条件进行机械加工。

【知识广场】

中国古代炼钢技术

炼钢生产在中国已有2500多年的历史。最早的炼钢方法叫"块炼法"。即炼铁使用木炭作燃料，热量少，加上炉体小，鼓风设备差，因此炉温比较低，不能达到铁的熔炼温度，所以炼出的铁是海绵状的固体块，称为"块炼铁"。块炼铁冶炼比较费时，质地比较软，含杂质多，经过锻打成为可以使用的熟铁。出土文物表明，中国最迟在战国晚期已经掌握这种最初期的炼钢技术。人们在锻打块炼铁和熟铁的过程中，需要不断地反复加热，铁吸收木炭中的碳份，提高了含碳量，减少夹杂物后成为钢。这种钢组织紧密、碳分均匀，适用于制作兵器和刀具，即"百炼钢"。百炼钢组织更加细密，成分更加均匀，所以钢的品质提高，主要用于制作宝刀、宝剑。

在西汉中晚期，中国出现新的炼钢技术"炒钢"，这是在生铁冶铸技术的基础上发展起来的一种炼钢技术。其基本方法是将生铁加热成半液体和液体状，然后加入铁矿粉，同时不断搅拌，利用铁矿粉和空气中的氧去掉生铁中的一部分碳，使生铁中的碳含量降低，去渣，直接获得钢，这就是炒钢技术。这项技术的发明是炼钢技术的重大突破，使冶炼业能向社会提供大量廉价、优质的熟铁或钢，满足生产和战争的需要。

大约在东汉末，出现炼钢新工艺"灌钢"法的初始形式。南北朝时，綦毋怀文对这一炼钢工艺进行了重大改进和完善。綦毋怀文的炼钢方法是"烧生铁精，以重柔铤，数宿则成钢"，就是说，选用品位比较高的铁矿石，冶炼出优质生铁，然后，把液态生铁浇注在熟铁上，经过几度熔炼，使铁渗碳成为钢。灌钢法是中国古代炼钢技术上一个了不起的成就，使钢的产量和品质大大提高，宋代又把生铁片嵌在盘绕的熟铁条中间，用泥巴把炼钢炉密封起来，进行烧炼，效果更好。明代又有改进，把生铁片盖在捆紧的若干熟铁薄片上，使生铁液可以更好均匀地渗入熟铁之中。不用泥封而用涂泥的草鞋遮盖炉口，使生铁可从空气中得到氧气而更易熔化，从而提高冶炼的效率。明中期以后，灌钢法更进一步发展为苏钢法，以熟铁为料铁，置于炉中，而将生铁板放在炉口，当炉温升高到 1 300 ℃ 左右，生铁板开始熔化时，既用火钳夹住生铁板左右移动，并不断翻动料铁，使料铁均匀地淋到生铁液；这样，既可产生很好的渗碳作用，又可产生剧烈的氧化作用，使铁和渣分离，生产出含渣少而成分均匀的钢材。

【技能训练】

钢种火花鉴别实验

1. 实验目的

（1）了解火花鉴别钢材的方法。

（2）掌握几种主要钢材的火花特征。

2．实验设备

（1）台式砂轮机或手提式砂轮机。

（2）20钢、45钢、T10钢、灰铸铁、W18Cr4V钢试块或试棒各一，尺寸以手能方便握持为宜。

3．实验步骤

（1）选定好火花鉴别的工作场地，最好在暗处，以避免阳光直射影像，影响火花的光色和清晰度。

（2）使用手提式砂轮机时，将试样排列在地面上。

（3）手拿砂轮机，打开开关时砂轮平稳旋转，用砂轮圆周接触钢材进行磨削，用力适度，并使火花束大致向略高于水平方向发射，以便于观察。使用台式砂轮机时，打开开关，待砂轮机启动旋转后，手拿试块与砂轮圆周磨削，操作时使火花束与视线有一适当角度（60°~80°）。

4．实验结果

（1）20钢。火花束较长，流线稍多，呈草黄色，自根部起逐渐膨胀粗大，至尾部逐渐收缩，尾部下垂呈半弧夹形，花量不多，主要为一次花，如图5-8所示。

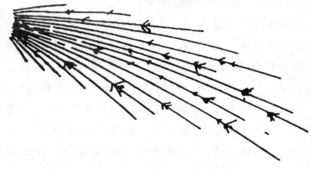

图 5-8　20 钢火花束

（2）45钢。火花束较短，流线多而稍细，呈明亮黄色，花量较多，主要为二次花，也有三次花，火花盛开，如图5-9所示。

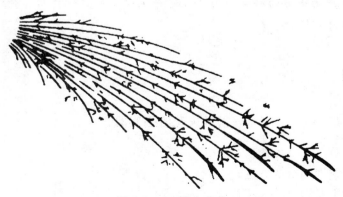

图 5-9　45 钢火花束

（3）T10钢。火花束短而粗，流线多而很细密，呈橙红色，如图5-10所示。

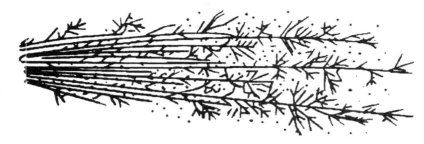

图5-10　T10钢火花束

（4）灰铸铁。火花束较粗，流线多而细，尾部渐粗且下垂，呈羽毛状尾花，颜色为暗红色，有少量二次爆花，如图5-11所示。

图5-11　灰铸铁火花束

（5）W18Cr4V钢。火花束细长，流线少，呈暗红色，中部和根部为断续流线，有时呈波浪状，尾部膨胀而下垂成点状狐尾尾花，如图5-12所示。

图5-12　W18Cr4V钢火花束

5. 安全注意事项

（1）操作时，应戴无色平光防护眼镜，以免砂料飞射入眼内。

（2）操作时，应站立在砂轮一侧，不得面对砂轮站立。

（3）用手拿紧工件并轻压砂轮，用力适度。

【学习小结】

本项目阐述了合金元素在钢中所起的作用、对铁碳合金相图和钢的热处理的影响，合金结构钢和合金工具钢的分类、牌号、热处理工艺、性能和应用举例，见表5-14。

表 5-14　低合金钢和合金钢的成分、组织、热处理、性能及用途

类　别	成分特点	热处理	组　织	主要性能	典型牌号	用　途
低合金高强度结构钢	低碳低合金	一般不用	F+P	高强度、良好塑性和焊接性	Q345	桥梁、船舶等
低合金耐候性钢	低碳低合金	一般不用	F+P	良好耐大气腐蚀能力	12MnCuCr	要求高耐候的结构件
合金调质钢	中碳合金	调质	回 S	良好的综合力学性能	40Cr	齿轮、轴等零件
合金渗碳钢	低碳合金	渗碳+淬火+低温回火	表层：高碳回 M+碳化物　心部：低碳回 M	表面硬、耐磨，心部强而韧	20CrMnTi	齿轮、轴等耐磨性要求高受冲击的重要零件
合金弹簧钢	高碳合金	淬火+中温回火	回 T	高的弹性极限	60Si2Mn	大尺寸重要弹簧
高锰耐磨钢	高碳高锰	高温水韧处理	A	在巨大压力和冲击下，才发生硬化	ZGMn13-3	高冲击耐磨零件，如坦克履带板等
轴承钢	高碳铬钢	淬火+低温回火	高碳回火 M+碳化物	高硬度、高耐磨性	GCr15	滚动轴承元件
合金刃具钢	高碳低合金	淬火+低温回火	高碳回火 M+碳化物	高硬度、高耐磨性	9SiCr	低速刃具，如丝锥、板牙等
冷作模具钢	高碳高铬	（1）淬火+低温回火　（2）高温淬火+多次回火	高碳回火 M+碳化物	（1）高硬度、高耐磨性　（2）热硬性好、硬耐磨	Cr12MoV	制作截面较大、形状复杂的各种冷作模具。采用二次硬化法的模具还适用于在 400～450 ℃ 条件下工作
热作模具钢	中碳合金	淬火+高温回火	回 S 或回 T	较高的强度和韧性，良好的导热性、耐热疲劳性	5CrNiMo	500 ℃ 热作模具
高速工具钢	高碳高合金	高温淬火+多次回火	高碳回火 M+碳化物	高硬度、高耐磨性、好的热硬性	W18Cr4V	铣刀、拉刀等热硬性要求高的刃具、冷作模具
不锈钢	低碳高铬或低碳高铬高镍	（以奥氏体不锈钢为例）高温固溶处理	A	优良的耐蚀性、好的塑性和韧性	1Cr18Ni9	用作耐蚀性要求高及冷变形成型的力不大的零件
耐热钢	低中碳高铬或低中碳高铬高镍	（以铁素体耐热钢为例）800 ℃ 退火	F	具有高的抗氧化性	1Cr17	作 900 ℃ 以下耐氧化部件，如炉用部件、油喷嘴等

【综合能力训练】

一、填空题

1. 合金钢按主要用途可分为_____、_____和_____三大类。

2. 合金结构钢可细分为_____、_____、_____、和_____五类。

3. 调质钢的含碳量一般在_____ %～_____ %。

4. 合金刃具钢分为_____和_____两类。

5. 高速钢在 600 ℃ 高温下仍能保留高的硬度，即具有高的_____性。

二、说明下列各符号的含义

T8、45 Mn、60、Q235A、Q345、20CrMnTi、38CrMoAl、40Cr、GCr15、HT150、KTJH300-06、QT400-15、Y20、ZG230-450、60Si2 Mn

三、将下列材料与用途连线

Q195   GCr15   W18Cr4V   20Cr   1Cr13

铣刀   汽轮机叶片   地脚螺栓   传动轴   滚动轴承

四、综合分析

1. 钳工锯 T8，T10，T12 等钢料时比锯 10，20 钢费力，锯条容易磨钝。

2. 钢适宜于通过压力加工成型，而铸铁适宜于通过铸造成型。

3. 什么叫合金钢？同碳素钢相比，有哪些优越性？

4. 比较 40Cr、T12、20CrMnTi 的淬硬性和淬透性。

5. 根据相关材料手册和书籍，查出 10 钢、20 钢、30 钢、40 钢、50 钢的 σ_b、δ、HB、α_K 的数值，并画出以钢号为横坐标，以各种力学性能为纵坐标的关系曲线。

项目 6 铸 铁

✏️ 【学习目标与技能要求】

（1）掌握铸铁的编号、性能、热处理工艺与应用。
（2）理解石墨的形态与铸铁性能的关系。
（3）了解铸铁的石墨化过程。

📐 【教学提示】

（1）本项目教学采用多媒体教学，通过视频和图片了解铸铁的石墨形态、铸铁性能及应用；通过讨论法，使学生能辨析总结铸铁的石墨化过程，以及石墨相的形态、大小、分布对铸铁性能的影响。
（2）教学重点：铸铁的编号、性能。
（3）教学难点：铸铁的石墨化过程。

📝 【案例导入】

铸铁与人们的生活息息相关，在我们的生活中就经常使用铸铁材料。铸铁散热器就是铸铁应用于我们生活中的一个实例。铸铁散热器具有以下特点：安全可靠，经久耐用，使用寿命超过 50 年，价格便宜；各种轻薄型（如柱翼型、圆管柱型等铸铁）散热器的出现，使散热器的重量减少 6% ~ 30%，金属热强度提高 30%。目前市场上的散热器主要有铝制散热器、铜铝复合散热器、钢制散热器和铸铁散热器。与其他散热器相比，铸铁散热器安全、可靠、经济、耐用，是工程及家装采暖首选产品。虽然铸铁散热器过去的垄断地位曾受到挑战，但目前其领导地位仍不可动摇，仍保持高达 60% ~ 75% 的市场份额。

📖 【知识与技能模块】

6.1 铸铁基础知识

6.1.1 铸铁概述

铸铁是指一系列主要由铁、碳和硅组成的合金的总称。常用铸铁的成分为：2.5 ~ 4.0%C，

1.0～3.0%Si，0.5～1.4%Mn，0.01～0.50%P，0.02～0.20%S。为提高铸铁的力学性能或某种特殊性能，常加入合金元素 Cr、Mo、V、Cu、Al 等形成合金铸铁。

生产中应用最广泛的一类铸铁叫灰口铸铁。与白口铸铁不同，灰口铸铁中的碳主要以游离态的石墨存在。石墨的强度、硬度很低，塑性、韧性几乎为零。所以，石墨在铸铁中犹如裂纹和空洞，故常把灰口铸铁看作是基体上布满了裂纹和空洞的钢，石墨常用符号 G 表示。

石墨破坏了基体的连续性，削弱了基体的强度和韧性，铸铁的机械性能比钢差，不能通过锻造、轧制、拉丝等方法加工成型，主要采用铸造成型。但是，正是由于石墨的存在，给铸铁带来了许多钢所不及的优良性能，如：

（1）良好的铸造性能：铸铁由于含碳量比钢高，所以熔点比钢低，熔化浇注方便，铁液流动性好，充填铸型能力强，冷却时收缩率也小，不容易因内应力过大而造成开裂，所以，适合浇注形状复杂的零件或毛坯，铸造性能良好。

（2）良好的减磨性能：铸铁零件在发生摩擦时，因石墨是松软的固体润滑剂，能起到一定的润滑作用。此外，铸铁在摩擦时，石墨容易脱落，石墨脱落后留下的凹坑又有利储存润滑油，也能减少铸铁的磨损。因此，工业上常用铸铁制造机床导轨、车轮制动片甚至轴承等。

（3）较好的消振性：铸铁中的石墨对振动能起到缓冲作用，石墨能吸收振动能，从而阻止了晶粒之间振动能的传递，使铸铁具有较好的消振性，正是利用铸铁的这一特点，工业上的许多零件常用铸铁来制造，如汽车、拖拉机的轴壳、气缸外壳、机床底座等。

（4）良好的切削加工性能：铸铁一般硬度都比较低，切削加工容易，石墨又类似空洞和裂纹，使切屑发生脆断，不易拉毛加工后的表面；石墨是润滑剂，能起到减磨作用，刀具不容易磨损。因此，铸铁的切割加工性能良好。

（5）低的缺口敏感性：钢制零件，常因表面带有缺口（如刀痕、裂纹、油槽、键槽等）而容易引起应力集中，致使零件开裂，即对缺口比较敏感。但是，铸铁由于其石墨本身犹如空洞和裂纹，所以对外加的缺口不敏感。而且圆整石墨还能切断裂纹的扩展。

铸铁除上述优良性能外，还因铸造方便、资源丰富、成本低廉、价格便宜等优点受到重视，尤其在机械制造工业中，广泛应用铸铁来铸造零件和毛坯。

6.1.2　铸铁的分类

铸铁按其碳的存在形式和石墨的形状分为白口铸铁、麻口铸铁、灰口铸铁、可锻铸铁、球墨铸铁、蠕墨铸铁，此外还有含合金元素的合金铸铁。

根据 C 的存在形式，可以将铸铁分为：

（1）白口铸铁：组织中的碳几乎全部以渗碳体（Fe_3C）存在，断口呈白亮色，故称白口铸铁。白口铸铁硬度高、脆性大，切削加工困难，不宜直接使用。工业上除制造一部分农用机具外，多数是作为炼钢原料或生产可锻铸铁的坯料。

（2）麻口铸铁：C 大部分以渗碳体形式存在，少部分以石墨形式存在，如共晶铸铁组织为 Ld′+P+G，断口灰白相间，硬而脆，很少应用。

（3）灰口铸铁：C 大部分或全部以石墨形式存在，如共晶铸铁组织为 F+G、F+P+G、P+G，断口暗灰，应用广泛。

灰口铸铁的组织是由各种不同形状的石墨分布在钢的基体上所构成的混合组织。一般地，按基体的组织，可以分为 F、F+P 及 P 灰口铸铁。

根据石墨（G）形态，如图 6-1 所示，灰口铸铁又可以分为：

① 普通灰口铸铁：G 呈片状。

② 可锻铸铁：G 呈团絮状。

③ 球墨铸铁：G 呈球状。

④ 蠕墨铸铁：G 呈蠕虫状。

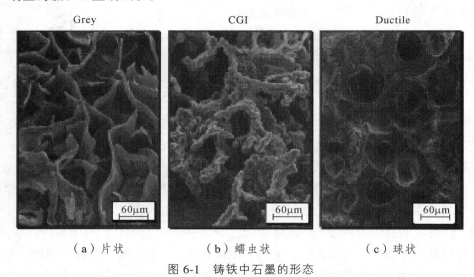

（a）片状　　　　　　　　（b）蠕虫状　　　　　　　　（c）球状

图 6-1　铸铁中石墨的形态

6.1.3　铸铁的石墨化

1. 铸铁的石墨化

铸铁中石墨的形成过程称为铸铁的石墨化。铸铁的石墨化，是一个比较复杂的过程，它包括从液体中直接结晶出石墨和从固态奥氏体中析出石墨，或者使已形成的渗碳体发生分解，分解出石墨，即 $Fe_3C \rightarrow 3Fe + C$（石墨）。

当铸铁以极缓慢速度冷却时，碳以石墨析出，冷却速度快时就会析出渗碳体，铸铁冷却析出石墨得到的相图称为 Fe-G 相图。通常将 Fe-Fe₃C 和 Fe-G 相图画在一起，就成为铁碳合金双重相图，如图 6-2 所示。

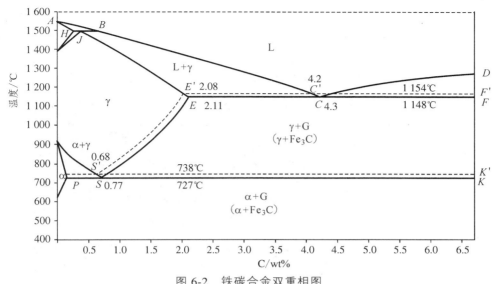

图 6-2 铁碳合金双重相图

石墨化过程可以分为以下三个阶段:

第一阶段石墨化是指从液态中析出共晶石墨 G晶, 即 L$_{C'}$→(A$_{E'}$+G晶)。这个阶段石墨是在高温下析出的, 原子扩散能力强, 容易析出。

第二阶段石墨化是指奥氏体冷却时析出的二次石墨 G$_Ⅱ$, 即 A$_E$→A$_{S'}$+G$_Ⅱ$。

第三阶段石墨化是指共析转变奥氏体转变为铁素体和共析石墨 G析, 即 A$_{S'}$→(F$_P$+G析)。这个阶段由于温度较低, 就需要更长的时间, 如果冷却快就会得到珠光体, 即 A$_S$→P(F$_P$+Fe$_3$G析)。

石墨化过程进行的程度不同, 铸铁将获得不同的组织。石墨化完全进行, 铸铁将获得铁素体(F)+石墨(G)组织; 如果第三阶段石墨化受到阻碍, 就将获得铁素体(F)-珠光体(P)+石墨(G)组织; 第三阶段完全受阻, 将得到珠光体(P)+石墨(G)组织。

2. 影响铸铁石墨化的因素

影响铸铁石墨化的因素较多, 其中化学成分和冷却速度是主要因素。

1)化学成分的影响

化学成分是影响石墨化过程的主要因素。碳和硅都是强烈促进石墨化的元素, 铸铁中碳和硅的质量分数越大, 石墨化越容易; 但铸铁中碳和硅的质量分数过大会使石墨数量增多并粗化, 从而导致铸铁力学性能下降。磷也是促进石墨化的元素, 但其作用较弱, 磷在铸铁中会增加铸铁的硬度和脆性, 但能改善铸铁的铸造性能。硫是强烈阻碍石墨化的元素, 且会降低铸铁的铸造性能。锰也是阻碍石墨化的元素, 但其作用较弱, 锰会减弱硫对石墨化的有害作用。合金元素对石墨化的影响程度为 Al、C、Si、Ti、Ni、P、Co、Zr、Nb、W、Mn、S、Cr、V、Fe、Mg、Ce、B 等。其中, Nb 为中性元素, 向左促进程度加强, 向右阻碍程度加强。

2)冷却速度的影响

冷却速度是影响石墨化过程的工艺因素。冷却速度快, 碳原子扩散不充分, 石墨化难以充分进行, 铸铁容易产生白口组织; 冷却速度慢, 碳原子扩散充分, 有利于石墨化过程充分进行，铸铁容易获得灰口铸铁组织。冷却速度受造型材料、铸造方法、铸件壁厚等因素的影响。例如，薄壁铸件在成型过程中冷却速度快，容易产生白口铸铁组织；厚壁铸件在成型过程中冷却速度慢，容易获得灰口组织。

碳、硅含量和铸件壁厚对石墨化过程的影响如图 6-3 所示。

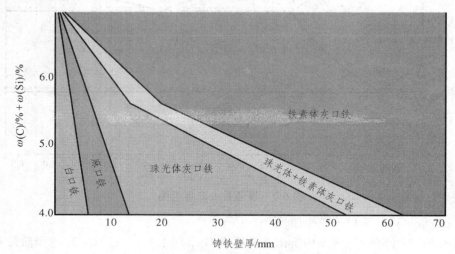

图 6-3　化学成分和壁厚对石墨化的影响

6.2　常用铸铁

6.2.1　灰口铸铁

灰口铸铁是工业上应用最广泛的一种铸铁。在各类铸铁中，灰口铸铁的产量占 80%以上，灰铸铁的铸造性能，切削性能、耐磨性能和消振性能都优于其他铸铁，而且生产方便、成本低、成品率高、资源丰富。所以，被大量用于机床制造、汽车、拖拉机制造和重型机械制造中。

1. 灰口铸铁的成分和组织

（1）成分：2.5% ~ 3.6%C，1.1% ~ 2.5%Si，0.6% ~ 1.2%Mn 及少量 S 和 P。

（2）组织：G 呈片状，按基体分为 F、F+P 及 P 灰口铸铁，分别适用于低、中、较高负荷，灰口铸铁显微组织见图 6-4。

2. 灰口铸铁的牌号、性能及应用

灰口铸铁的牌号由 "HT" 及数字组成。其中 "HT" 是 "灰""铁" 两字汉语拼音的第一个字母，其后的数字表示最低的抗拉强度，如 HT100 表示灰口铸铁，最低抗拉强度是 100 MPa。常用灰口铸铁的牌号、力学性能及用途见表 6-1。

F+G   F+P+G   P+G

图 6-4　灰口铸铁显微组织（100×）

表 6-1　灰口铸铁的牌号、性能及用途

铸铁类别	牌　号	抗拉强度/MPa	抗弯强度/MPa	抗压强度/MPa	用途举例
铁素体 灰口铸铁	HT100~260	100	260	500	低负荷和不重要的零件，如盖、外罩、手轮、支架和重锤等
铁素体-珠光体 灰口铸铁	HT150~330	280	470	650	中等应力的零件，如支柱、底座、齿轮箱、工作台、刀架、端盖、阀体、管路、附件等
珠光体 灰口铸铁	HT200~400	320	530	750	承受较大应力、用作重要的零件，如气缸、齿轮、机座、飞轮、床身、刹车轮、联轴器、齿轮箱和轴承座等
	HT250~470	290	500	1 000	
孕育铸铁	HT300~540	300	540	1 100	承受高弯曲应力及高抗压强度的重要零件，如齿轮、凸轮、车床卡盘、剪床及压力机机身和润滑阀壳体等

3. 灰口铸铁的孕育处理

为了提高灰口铸铁的力学性能，在铁液浇注之前，往铁液中加入少量的孕育剂（如硅铁或硅钙合金），使铁液中同时生成大量均匀分布的石墨晶核，改变铁液的结晶条件，使灰口铸铁获得细晶粒的珠光体基体和细片状石墨组织，这种处理称为孕育处理。经过孕育处理的灰口铸铁称为孕育铸铁，也叫变质铸铁。孕育铸铁的强度有很大的提高，并且塑性和韧性也有所提高，常用来制造力学性能要求较高、截面尺寸变化较大的大型铸件。

4. 灰口铸铁的热处理

热处理只能改变铸铁的基体组织，而不能改变石墨的形状、大小和分布情况。因此，灰口铸铁的热处理一般用于消除铸件的内应力和白口组织，稳定铸件尺寸，改善切削加工性和提高铸件工作表面的硬度及耐磨性。由于石墨的导热性差，铸铁热处理的加热速度比非合金钢要慢些，强化效果不如钢和球墨铸铁。

1）消除内应力退火（时效处理）

铸件在冷却过程中因各部位的冷却速度不同，往往会产生一定的内应力。铸造应力会引起铸件的变形甚至开裂，因此必须消除铸造应力。消除铸造应力的方法有消除内应力退火和自然时效。

消除内应力退火是将铸件缓慢加热到 500 ~ 600 °C，保温一定时间，然后随炉缓冷至300 °C 以下出炉空冷。这种退火方法也称为人工时效。对大型铸件可采用自然时效，即将铸件在露天下放置一年以上，使铸造应力缓慢松弛。

2）高温石墨化退火

灰口铸铁的表层及一些薄截面处，由于冷速较快，可能产生白口组织，硬度增加，切削加工困难。故需要进行退火降低硬度，其工艺规程依铸件壁厚而定，冷却方法根据性能要求而定，如果主要是为了改善切削加工性，可采用炉冷或以 30 ~ 50 °C/h 速度缓慢冷却；若需要提高铸件的耐磨性，采用空冷可得到珠光体为主要基体的灰铸铁。为消除白口和提高强度、硬度及耐磨性，将铸件加热至 850 ~ 950 °C，保温 1 ~ 3 h。

3）表面淬火

表面淬火的目的是提高铸件表面硬度和耐磨性。常用的表面淬火有火焰加热表面淬火、高频与中频感应加热表面淬火和电接触加热表面淬火等。如对机床导轨进行中频感应加热表面淬火，使表面淬火层获得细马氏体基体+石墨的组织，其耐磨性就会显著提高。

6.2.2 可锻铸铁

可锻铸铁又称马铁或韧性铸铁。它是由白口铸铁的坯料，经可锻化退火（也称石墨化退火）后获得的，其作用是使白口铸铁中的大量渗碳体发生分解，分解为铁和团絮状石墨。

1. 可锻铸铁的成分和组织

（1）成分：可锻铸铁由两个矛盾的工艺组成，即先得到白口铁，再经石墨化退火得到可锻铸铁。因此，要适当降低石墨化元素 C、Si 和增加阻碍石墨化元素 Mn、Cr，与灰口铸铁相比，可锻铸铁中碳、硅的质量分数低一些。可锻铸铁的化学成分为：2.4% ~ 2.8%C，0.8% ~ 1.4%Si，0.3% ~ 0.6%Mn（珠光体可锻铸铁 1.0% ~ 1.2%）。

（2）组织：可锻铸铁的组织有两种类型；铁素体（F）+团絮状石墨（G），珠光体（P）+团絮状石墨（G）。

将白口铸铁件加热到 910 ~ 960 °C，经长时间保温，使组织中的渗碳体分解为奥氏体和石墨（团絮状），然后缓慢降温，奥氏体将在已形成的团絮状石墨上不断析出石墨。当冷却至共析转变温度范围（720 ~ 770 °C）时，缓慢冷却，得到以铁素体为基体的黑心可锻铸铁（称为铁素体可锻铸铁）。如果在通过共析转变温度时的冷却速度较快，则得到以珠光体为基体的可锻铸铁（称为珠光体可锻铸铁）。可锻化退火工艺曲线如图 6-5 所示，可锻铸铁的显微组织如图 6-6 所示。

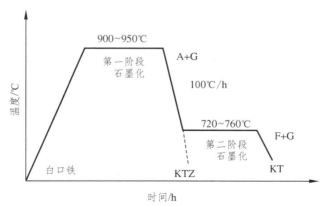

图 6-5 可锻铸铁可锻化退火工艺曲线

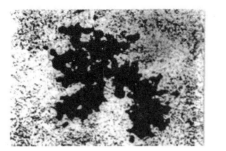

（a）珠光体可锻铸铁　　　　（b）铁素体可锻铸铁

图 6-6 可锻铸铁的显微组织

2. 可锻铸铁的牌号、性能及应用

可锻铸铁的牌号是由 3 个字母及 2 组数字组成，牌号中"KT"是"可铁"两字汉语拼音的第一个字母，其后的"H"表示黑心可锻铸铁，"Z"表示珠光体可锻铸铁。符号后面的 2 组数字分别表示其最小的抗拉强度值（MPa）和伸长率值（%）。可锻铸铁的牌号和力学性能见表 6-2。

表 6-2　可锻铸铁的牌号、性能及用途

种　类	牌　号	力学性能				用途举例
		σ_b /MPa	$\sigma_{r0.2}$ /MPa	δ/%	HBS	
		不小于				
黑心可锻铸铁	KTH300-06	300		6	不大于150	弯头、三通管件、中低压阀门等
	KTH300-08	330		8		扳手、梨刀、梨柱、车轮壳等
	KTH350-10	350	200	10		汽车前后轮壳、减速器壳、制动器及铁道零件等
珠光体可锻铸铁	KTZ450-06	450	270	6	150～200	曲轴、连杆、齿轮、活塞环、轴套等

可锻铸铁是由软松的团絮状石墨均匀分布在钢的基体中所构成的组织。因团絮状石墨对基体割裂作用小，不像片状石墨有尖端会引起应力集中。能较大限度地发挥钢的强度和韧性，因此可锻铸铁的韧性比灰铸铁好，但不可锻造。由于可锻化退火的时间长而严重影响生产率，可锻铸铁的应用已逐渐为球墨铸铁所替代，而仅对形状复杂、批量很大的薄壁小件，因不宜用球墨铸铁，才采用可锻铸铁。

6.2.3　球墨铸铁

球墨铸铁是铸铁中性能最好的一种，其应用日趋广泛，在一定范围内可以替代碳钢或低合金钢。球墨铸铁是采用与灰铸铁化学成分相似的铁液，在浇注前加入适量的球化剂和孕育剂，进行球化和孕育处理，而获得球状石墨分布在钢的基体中的组织。目前常用的球化剂是纯镁或稀土镁合金，孕育剂是硅铁或硅钙合金。

1. 球墨铸铁的成分、组织和性能

（1）化学成分：球墨铸铁的化学成分与灰铸铁相比，其特点是含碳与含硅量高，含锰量较低，含硫与含磷量低，并含有一定量的稀土与镁。由于球化剂镁和稀土元素都起阻止石墨化的作用并使共晶点右移，所以球墨铸铁的碳当量较高一般 $\omega_C = 3.6\% \sim 4.0\%$，$\omega_{Si} = 2.0\% \sim 3.2\%$。

（2）组织：球铁的显微组织由球形石墨和金属基体两部分组成。随着化学成分和冷却速度的不同，球铁在铸态下的金属基体可分为铁素体、铁素体-珠光体、珠光体三种，如图 6-7 所示。

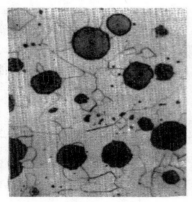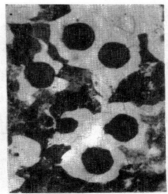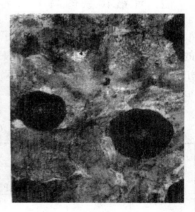

（a）铁素体球铁　　　　　（b）铁素体-珠光体球铁　　　　　（c）珠光体球铁

图 6-7　球墨铸铁的显微组织

（3）性能：球墨铸铁的力学性能与基体的类型，以及球状石墨的大小、形状及分布状况有关。由于球状石墨对基体的割裂作用最小，又无应力集中作用，球墨铸铁基体的强度、塑性和韧性可以充分发挥，因此球墨铸铁与灰铸铁相比，具有高的强度和良好的塑性与韧性。它的某些性能可以与钢相媲美，如屈服点比碳素结构钢高，疲劳强度接近中碳钢。同时，它

还具有灰铸铁的减振性、减摩性和小的缺口敏感性等优良性能。球墨铸铁中的石墨球的圆整度越好，球径越小，分布越均匀，则球墨铸铁的力学性能就越好。

2. 球墨铸铁的牌号及用途

球墨铸铁的牌号用"QT"符号及其后面两组数字表示。"QT"是"球铁"两字汉语拼音的第一个字母，两组数字分别代表其最低抗拉强度和最低断后伸长率。如 QT700-2 表示球墨铸铁，最低抗拉强度为 700 MPa，最低断后伸长率为 2%。表 6-3 所示为部分球墨铸铁的牌号、力学性能及用途。

表 6-3　球墨铸铁的牌号、力学性能及用途

牌　号	基本类型	力学性能				应用举例
		σ_b/MPa	σ_s/MPa	δ/%	HBS	
		不大于				
QT400-18	铁素体	400	250	18	130～180	承受冲击、振动的零件，如汽车轮毂、拨叉、齿轮箱、飞轮壳等
QT400-15	铁素体	400	250	15	130～180	
QT600-3	珠光体+铁素体	600	370	3	190～270	载荷大、受力复杂的零件，如汽车曲轴、机床蜗杆、气缸体等
QT700-2	珠光体	700	420	2	225～305	
QT800-2	珠光体	800	480	2	245～335	
QT900-2	下贝氏体	900	600	2	280～360	高强度齿轮，如汽车后桥螺旋锥轮，内燃机曲轴、凸轮轴等

3. 球墨铸铁的热处理

球墨铸铁通过各种热处理，可以明显地提高其力学性能。球墨铸铁的热处理工艺性能较好，凡是钢的热处理工艺，一般都适合于球墨铸铁。球墨铸铁常用的热处理工艺有：

（1）退火：退火的主要目的是为了得到铁素体基体的球墨铸铁，提高其塑性和韧性，改善切削加工性能，消除内应力。

（2）正火：正火的目的是为了得到珠光体基体的球墨铸铁，提高其强度和耐磨性。

（3）调质：调质的目的是为了得到回火索氏体基体的球墨铸铁，从而获得高的综合力学性能。该工艺适应于受力复杂、要求综合力学性能高的球墨铸铁铸件，如连杆、曲轴等。

（4）贝氏体等温淬火：贝氏体等温淬火的目的是为了得到贝氏体基体的球墨铸铁，从而获得高强度、高硬度和高韧性的综合力学性能。该工艺适用于形状复杂、易变形或易开裂的球墨铸铁铸件，如齿轮、凸轮轴等。

6.2.4　蠕墨铸铁

蠕墨铸铁是 20 世纪 60 年代开发的一种铸铁材料。它是用高碳、低硫、低磷的铁液加入蠕化剂（镁钛合金、镁钙合金等），经蠕化处理后获得的高强度铸铁。

1. 蠕墨铸铁的成分、组织和性能

（1）成分：蠕墨铸铁碳硅含量较高，化学成分一般为：C：3.5%～3.9%；Si：2.2%～2.8%；少量 Mn、P、S 等。

（2）组织：蠕墨铸铁中的石墨呈短小的蠕虫状，其形状介于片状石墨和球状石墨之间。蠕墨铸铁的显微组织有 3 种类型：铁素体（F）+蠕虫状石墨（G），珠光体（P）+铁素体（F）+蠕虫状石墨（G），珠光体（P）+蠕虫状石墨（G）。铁素体蠕墨铸铁的显微组织如图 6-8 所示。

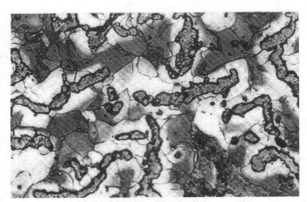

图 6-8　铁素体蠕墨铸铁的显微组织

（3）性能：蠕墨铸铁的力学性能优于基体相同的灰铸铁而低于球墨铸铁。蠕墨铸铁在铸造性能、减振性、耐热性能等方面比球墨铸铁好；切削加工性与球墨铸铁相似，比灰铸铁稍差。

2. 蠕墨铸铁的牌号及用途

蠕墨铸铁的牌号用"RuT"符号及其后面数字表示。"RuT"是"蠕""铁"两字汉语拼音的第一个字母，其后数字表示最低抗拉强度。如 RuT300 表示蠕墨铸铁，最低抗拉强度为 300 MPa。常用的蠕墨铸铁的牌号与力学性能见表 6-4。

表 6-4　蠕墨铸铁的牌号、力学性能及用途

牌　号	力学性能				用途举例
	σ_b/MPa	$\sigma_{0.2}$/MPa	δ%	HBS	
	不小于				
RuT260	260	195	3	121～197	增压器进气壳体、汽车底盘零件等
RuT300	300	240	1.5	140～217	排气管、变速箱体、气缸盖、液压件、钢锭模等
RuT340	340	270	1.0	170～249	大型齿轮箱体、盖、座，飞轮，起重机卷筒等
RuT380	380	300	0.75	193～274	活塞环、气缸套、制动盘、钢珠研磨盘、吸淤泵体等

【知识广场】

合金铸铁

在普通铸铁中加入一定量的合金元素，可以使铸铁具有某些特殊性能，这类铸铁称为合金铸铁，如耐磨铸铁、耐热铸铁、耐蚀铸铁等。

1. 耐磨铸铁

耐磨铸铁主要用于制造要求高耐磨性的零件。根据组织可分为以下两类。

（1）耐磨灰铸铁：在灰铸铁中加入少量合金元素磷、钒、铬、钼、锑、稀土等，可以增加金属基体中珠光体数量，且使珠光体细化；同时也细化了石墨，使铸铁的强度和硬度升高，大大提高了铸铁的耐磨性。这类灰铸铁，如磷铜钛铸铁、磷钒钛铸铁、铬钼铜铸铁、稀土磷铸铁、锑铸铁等，具有良好的润滑性和抗咬合抗擦伤的能力，可广泛用于制造要求高耐磨的机床导轨、气缸套、活塞环、凸轮轴等零件。

（2）抗磨白口铸铁：通过控制化学成分（如加入 Cr、Mo、V 等促进白口化元素）和增加铸件冷却速度，可以使铸件获得没有游离石墨而只有珠光体，渗碳体和碳化物组成的组织，这种白口组织具有高硬度和高耐磨性。例如，含铬大于 12% 的高铬白口铸铁，经热处理后基体可为高强度的马氏体；加上高硬度的铬碳化物，具有优异的抗磨料磨损性能。抗磨白口铸铁广泛应用于制造犁铧、杂质泵叶轮、泵体、各种磨煤机、矿石破碎机、水泥磨机、抛丸机的衬板、磨球、叶片等零件。

2. 耐热铸铁

普通灰铸铁的耐热性较差，只能在小于 400 ℃ 的温度下工作。耐热铸铁是指可以在高温下使用，其抗氧化或抗生长性能符合使用要求的铸铁。"生长"是指由于氧化性气体沿石墨片边界和裂纹渗入铸铁内部造成的氧化，以及因 Fe、C 分解而发生的石墨化引起铸件体积膨胀。向铸铁中加入铝、硅、铬等元素，使铸件表面形成一层致密的 Fe_2SiO_4、Al_2O_3、、Cr_2O_3，等氧化膜，能明显提高高温下的抗氧化能力，同时能够使铸铁的基体变为单相铁素体。此外，硅、铝可提高相变点，使其在工作温度下不发生固态相变，可减少由此而产生的体积变化和显微裂纹。铬可形成稳定的碳化物，提高铸铁的热稳定性。

常用的耐热铸铁有中硅铸铁、高铬铸铁、镍铬硅铸铁等，主要用于制造加热炉附件，如炉底板、送链构件、换热器等。

3. 耐蚀铸铁

提高铸铁耐蚀性的主要途径是合金化。在铸铁中加入硅、铝、铬等合金元素，能在铸铁表面形成一层连续致密的保护膜；在铸铁中加入铬、硅、钼、铜、镍、磷等合金元素，可提高铁素体的电极电位；另外，通过合金化还可以获得单相金属基体组织，减少了铸铁中的腐蚀微电池。它被广泛用于制造化工管道、阀门、泵、反应器及存贮器等。

目前应用多的耐蚀铸铁有高硅铸铁（STSi15）、高硅钼铸铁（STSi15 Mo4）、铝铸铁（STA15）、铬铸铁（STCr28）、抗碱球铁（STQNiCrRE）等。例如，高硅铸铁有优良的耐酸性

（但不耐热的盐酸），常用作耐酸泵、蒸馏塔等；高铬铸铁具有耐酸耐热耐磨的特点，用于化工机械零件（如离心泵、冷凝器等）的制造。

【学习小结】

本项目阐述了铸铁的分类、石墨化过程、成分、组织、性能、用途和热处理工艺等，见表6-5。

表 6-5　铸铁的种类、生产方法、石墨形态、性能及应用

分类	石墨形态	生产方法	性能	应用
普通灰铸铁（HT）	片状	铁液在共析温度及以上缓慢冷却，使石墨化充分进行而获得	抗拉强度低，塑性、韧性低，石墨片越多、尺寸越大，分布越不均匀，抗拉强度越低。抗压强度、硬度主要取决于基体	制作箱体、机座等承压零件等
可锻铸铁（KTH 或 KTZ）	团絮状	先浇注成白口铸件，再经石墨化退火，使渗碳体分解为团絮状石墨	与灰铸铁比，强度高、塑性和韧性好，但不能锻造。与球铁比，具有质量稳定、铁液处理简单等优点	制造形状复杂，有一定塑性和韧性，承受冲击和振动，耐蚀的薄壁铸件，如汽车的后桥、转向机构等
球墨铸铁（QT）	球状	在铁液中加入球化剂使石墨呈球状；在出铁液时加入孕育剂促进石墨化而获得	球状石墨对基体的割裂作用和应力集中现象大大减小，故其力学性能不灰铸铁高很多	制造受力复杂、性能要求高的重要零件。如曲轴、齿轮、阀门、汽车后桥壳等
蠕墨铸铁（RuT）	蠕虫状	在铁液中加入蠕化剂，使石墨成蠕虫状，再加孕育剂进行孕育处理	性能介于球铁和灰铁。具有一定的塑韧性。耐热疲劳性、减振性和铸造性优于球铁，接近灰铁，切削性和球铁相似	制作形状复杂、组织致密、强度高、承受较大热循环载荷的铸件，如气缸盖、进气管、阀体等

【综合能力训练】

一、填空题

1. 碳在铸铁中的存在形式有_____和_____。
2. 影响铸铁石墨化最主要的因素是_____和_____。
3. 根据石墨形态，铸铁可分为_____、_____、_____和_____。
4. HT350 是_____的一个牌号，其中 350 是指_____。
5. 铸铁与钢相比，具有_____、_____、_____和_____等优点。

二、选择题

1. 灰口铸铁具有良好的铸造性、耐磨性、切削加工性及消振性，这主要是由于组

织中的（　　　）的作用。

A. 铁素体　　　　　　B. 珠光体　　　　　C. 石墨　　　　　　D. 渗碳体

2. 铸铁的（　　　）性能优于碳钢。

A. 铸造性　　　　　　B. 锻造性　　　　　C. 焊接性　　　　　D. 淬透性

3. 的性能提高，甚至接近钢的性能。

A. 孕育铸铁　　　　　B. 可锻铸铁　　　　C. 球墨铸铁　　　　D. 合金铸铁

4. 灰口铸铁热处理可达到如下目的（　　　）。

A. 改变基体组织和石墨形态　　　　B. 只改变基体组织，不改变石墨形态

C. 只改变石墨形态，不改变基体组织　　D. 上述说法都不对

5. 制造机床床身应选用（　　　）。

A. 可锻铸铁　　　　　B. 灰口铸铁　　　　C. 球墨铸铁　　　　D. 白口铸铁

三、简答题

1. 与钢相比，灰口铸铁在使用性能和工艺性能上有哪些优缺点？

2. 下列牌号各表示什么铸铁？牌号中的数字表示什么意义？

（1）HT250；（2）QT700-2；（3）KTH330-08；（4）KT450-06；（5）RuT420。

项目7　非铁金属

【学习目标与技能要求】

（1）掌握铝合金的种类、性能及强化方法。

（2）理解有色金属强化与钢强化的异同。

（3）掌握滑动轴承合金的组织和性能。

（4）了解铜合金和粉末冶金材料。

【教学提示】

（1）本项目教学采用多媒体教学，通过视频和图片，了解有色金属的用途；通过讲解、比较、讨论，理解铝合金强韧化和钢强韧化的异同。

（2）教学重点：铝及铝合金、滑动轴承合金。

（3）教学难点：铝合金强韧化。

【案例导入】

汽车轻量化源于减少燃油消耗、降低排放方面的需求。欧洲铝协研究表明：汽车质量每降低 100 kg，每百千米可节约 0.6 L 燃油。大量采用铝合金材料是汽车轻量化的一个发展方向，例如，大量使用铝合金的汽车，平均每辆可降低质量 300 kg，寿命期内排放可降低 20%。

1974—2008 年，北美铝合金材料在汽车上的应用平均翻了两倍多，达到 280 多磅；奥迪从 A2 起基本实现全铝车身，包括车体和外围构件；奔驰、宝马、美洲豹汽车等都大量采用了铝合金零件，宝马系列新的发动机还采用了镁铝合金复合的曲轴箱体。

据报道，中国首辆具有完全自主知识产权的铝合金铁路客车于 2002 年已在长春轨道客车股份有限公司下线。这辆铝合金客车采用国际上先进的铝合金鼓形车体，与以往的碳钢车相比，车体质量减少了 3～4 t，同时可以降低客车运行中的空气阻力，其本身还具有很强的耐腐蚀性。

7.1 铝及铝合金

7.1.1 工业纯铝

铝是一种轻金属，密度较小（约为 2.7 g/cm³），具有银白色的金属光泽。铝在大气中极易和氧结合生成致密的氧化膜，阻止铝的进一步氧化，故铝在大气中具有良好的耐蚀性。但铝不能耐酸、碱、盐的腐蚀。

铝是一种优良的导电材料。铝的导电能力为铜的 60% ~ 70%，但是按重量计算，铝能够更好地导电。以传导等量电流而论，铝的导电截面积大约是铜的 1.6 倍，然而铝的重量只有铜的 50%。此外，铝价格远低于铜，用铝代铜作导电材料可以降低成本。

铝具有良好的导热性能。铝的热导率大约是不锈钢的 10 倍。因此，铝是制造机器活塞、热交换器、冷却翅板、饭锅和电熨斗的理想材料。铝还具有良好的光和热的反射能力，所以铝用来制造反光镜，又可作绝热材料。由于铝没有磁性，它不会产生附加的磁场，在精密仪器中不会起干扰作用。

铝易于加工，可压成薄板或铝箔，或拉成铝线，挤压成各种异形的材料。可用一般的方法切割、钻孔和焊接铝。

工业纯铝分为铸造纯铝和变形纯铝两种。根据 GB/T 8063—2017 规定，铸造纯铝牌号由"铸"的汉语拼音字首"Z"和铝的元素符号"Al"及表示铝含量的数字组成，例如，ZAl99.5 表示 W_{Al} = 99.5%的铸造纯铝。根据 GB/T 16474—2011 规定，变形铝及铝合金的牌号用四位字符体系的方法表示，即用 1××× 表示，牌号的最后两位数字表示最低铝百分含量×100 后小数点后面两位数字，牌号第二位的字母表示原始纯铝的改型情况，如果字母为 A，表示原始纯铝或原始合金。例如，牌号 1A30 的变形铝表示 W_{Al} = 99.30%的原始纯铝；若为其他字母，则表示为原始纯铝的改型。我国变形铝的牌号有 1A50、1A30 等，高纯铝的牌号有 1A99、1A97、1A93、1A90、1A85 等。

7.1.2 铝合金

1. 铝合金概述

铝合金保持了纯铝的基本物理化学性能，如相对密度小、导电、导热、耐蚀性好等，且强度有了大幅度上升。铝合金中常加的主要合金元素有铜、镁、硅、锌、锰、锂，辅加的微量元素有钛、钒、硼、镍、铬、稀土金属等，添加一定元素形成的合金在保持纯铝质轻等优点的同时还能具有较高的强度，σ_b 值分别可达 24 ~ 60 kgf/mm²。这样使得其"比强度"胜过很多合金钢，成为理想的结构材料，广泛用于机械制造、运输机械、动力机械及航空工业等方面，飞机的机身、蒙皮等常以铝合金制造，以减轻自重。采用铝合金代替钢板材料的焊接，结构质量可减轻 50%以上。不同的合金元素在铝合金中形成不同的合金相，起着不同的作用。

铝合金主要应用固溶强化、沉淀强化、过剩相强化、细晶强化、冷变形强化等方式来提高其力学性能。

2. 铝合金的分类

工程上常用的铝合金大都具有与图 7-1 类似的相图。

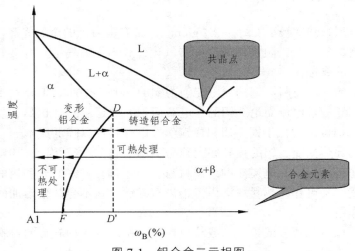

图 7-1　铝合金二元相图

1）变形铝合金

当加热到固溶线以上时，可得到单相固溶体，其塑性很好，易于进行压力加工，称为变形铝合金。变形铝合金又可分为两类：成分在 F 点以左的合金，其 α 固溶体成分不随温度而变，故不能用热处理使之强化，属于热处理不可强化铝合金；成分在 D 到 F 点之间的铝合金，α 固溶体在 DF 线以下时，成分随温度而变化，可用热处理强化，属于热处理可强化铝合金。

2）铸造铝合金

成分位于 D 点右边的合金，由于有共晶组织存在，适于铸造，因此称为铸造铝合金。应该指出，上述分类并不是绝对的。例如，有些铝合金，其成分虽位于 D 点右边，但可进行压力加工，因此仍属于变形铝合金。

3. 铝合金的强化

1）固溶强化

纯铝中加入合金元素 Cu、Mg、Zn、Mn、Si 等，形成铝基固溶体，造成晶格畸变，阻碍了位错的运动，起到固溶强化作用，可使其强度提高。

2）时效强化

铝具有面心立方晶体结构，无同素异构转变，因此，铝具有与钢完全不同的强化原理。

单独靠固溶作用对铝合金的强化效果很有限，合金元素对铝合金的另一种强化作用是通过固溶（淬火）处理+时效热处理实现的。固溶处理后的铝合金，由于过饱和的α固溶体是不稳定的，在一定温度下，随着时间的延长，合金的强度、硬度将显著升高，这就是时效强化（或叫沉淀硬化），这一过程称为时效处理。室温下的时效称为自然时效，加热条件下的时效称为人工时效。铝合金时效强化的效果与加热温度和保温时间有关，如图7-2所示。可见，提高时效温度，可以加快时效速度，但获得的强度值比较低，强化效果不好。在自然失效条件下，原子扩散不易进行，时效缓慢，约需4~5天才能达到最高强度值。若人工时效的温度过高（或时间过长），反而使合金软化，这种现象称为过时效。

位于极限溶解度 D 点附近成分的合金，时效强化效果最好。成分位于 D 点以右的合金，其组织为α固溶体与第二相的混合物，因时效过程只在α固溶体中发生，故其时效强化效果将随着合金成分向右远离 D 点而逐渐减小。

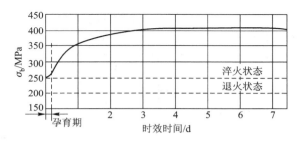

（a）4%Cu 的铝铜合金自然时效曲线

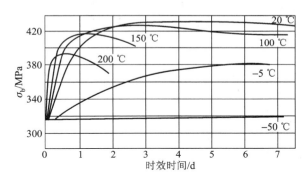

（b）4%Cu 的铝铜合金时效曲线

图 7-2　4%铝铜合金时效曲线

3）过剩相强化

当合金元素加入量超过其极限溶解度时，合金固溶处理时就有一部分第二相不能溶入固溶体，这部分第二相称为过剩相。过剩相一般为硬脆的金属化合物，当其数量一定且分布均匀时，对铝合金有较好的强化作用，但会使合金塑性、韧性下降，数量过多还会脆化合金，其强度也会下降。

4）形变强化

对铝合金进行冷塑性变形，利用金属的加工硬化效应提高合金强度，这对于不能热处理强化的铝合金是一种重要的强化途径。

4．常用铝合金

1）变形铝合金

根据主要性能特点和用途，变形铝合金又可分为防锈铝合金、硬铝合金、超硬铝合金和锻铝合金等，其中后三类是可以热处理强化的铝合金。

变形铝合金牌号用四位字符体系表示，第一、三、四位为数字，第二位为字母"A"。牌号中第一位数字是按主要合金元素 Cu、Mn、Si、Mg、Mg_2Si、Zn 的顺序来表示变形铝合金的组别，最后两位数字用以表示同一组别中的不同铝合金。部分常用变形铝合金的牌号、成分、力学性能及用途见表 7-1。

表 7-1　部分变形铝合金的代号、成分及力学性能

组别	牌号	化学成分/%					试样状态*	力学性能		原代号
		Cu	Mg	Mn	Zn	其他		σ_b /MPa	δ_{10} /%	
防锈铝	5A05	0.10	4.8 ~ 5.5	0.30 ~ 0.60	0.20	Si0.5 Fe0.5	BR	265	15	LF5
	3A21	0.20	—	1.0 ~ 1.6	—	Si0.6 Fe0.5 Ti0.15	BR	<167	20	LF21
硬铝	2A01	2.2 ~ 3.0	0.2 ~ 0.5	0.20	0.10	Si0.5 Fe0.5 Ti0.15	BM BCZ	—	—	LY1
	2A11	3.8 ~ 4.8	0.4 ~ 0.8	0.40 ~ 0.80	0.30	Si0.7 Fe0.7 Ti0.15	M CZ	<235 373	12 15	LY11
	2A12	3.8 ~ 4.9	1.2 ~ 1.8	0.30 ~ 0.90	0.30	Si0.5 Fe0.5 Ti0.15	M CZ	≤216 456	14 8	LY12
超硬铝	7A04	1.4 ~ 2.0	1.8 ~ 2.8	0.20 ~ 0.60	5.0 ~ 7.0	Si0.5 Fe0.5 Cr0.10 ~ 0.25 Ti0.10	M	245	10	LC4
							CS	490	7	
							BCS	549	6	
锻铝	6A02	0.20 ~ 0.6	0.45 ~ 0.90	或 Cr0.15 ~ 0.35	—	Si0.5 ~ 1.2 Ti0.15 Fe0.5	BCS	304	8	LD2
	2A50	1.8 ~ 2.6	0.40 ~ 0.80	0.40 ~ 0.80	0.30	Si0.7 ~ 1.2 Fe0.7 Ti0.15	BCS	382	10	LD5

注：试样状态：B——不包铝；R——热加工；M——退火；CZ——淬火+自然时效；C——淬火；Y——硬化（冷轧）。

（1）防锈铝合金：防锈铝合金主要是 Al-Mn 系和合金 Al-Mg 系合金。合金元素锰和镁的主要作用是产生固溶强化，并使合金保持较高的耐蚀性。但这类合金对时效强化效果较弱，一般只能用冷变形来提高强度。

防锈铝的工艺特点是塑性及焊接性能好，常用拉延法制造各种高耐蚀性的薄板容器（如

油箱等）、卫星天线（见图 7-3），以及受力小、质轻、耐蚀的制品与结构件（如管道、窗框、灯具等）。典型牌号有 3A21、5A05 等。

图 7-3　卫星天线（LF2）

（2）硬铝合金：硬铝合金是 Al-Cu-Mg 系合金，是一种应用较广的可热处理强化的铝合金。这类合金通过淬火时效可显著提高强度，强度可达 420 MPa，其比强度与高强度钢（一般指强度为 1 000～1 200 MPa 的钢）相近，故名硬铝。硬铝的耐蚀性远比纯铝差，更不耐海水腐蚀；尤其是硬铝中的铜会导致其抗蚀性剧烈下降。对硬铝板材可以采用表面包一层纯铝或覆铝，以增加其耐蚀性，但在热处理后强度会稍低。

2A01 属低强度硬铝，但有很好的塑性，适宜制作铆钉，故又叫铆钉硬铝。

2A11 为中强度硬铝，也称标准硬铝，既有较高的强度，又有足够的塑性，退火态和淬火态下可进行冷冲压加工，时效后有较好的切削加工性能，常用来制造形状较复杂、载荷较低的结构零件。

2A12 为高强度硬铝，经热处理强化后可获得很高的强度和硬度，并有良好的耐热性，但塑性有所下降，冷、热加工能力较差，热处理室应严格控制淬火温度（498±5 ℃）。2A12 广泛用于制造飞机翼肋、翼架等受力构件，如图 7-4 所示。

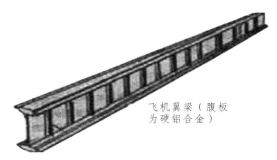

飞机翼梁（腹板为硬铝合金）

图 7-4　飞机翼梁

（3）超硬铝合金：超硬铝属于 Al-Zn-Mg-Cu 系合金，并有少量的铬和锰。在铝合金中，超硬铝时效强化效果最好，强度最高，可达到 600 MPa，其比强度已相当于超高强度钢（一般指强度大于 1 400 MPa 的钢），故名超硬铝。

目前应用最广的超硬铝合金是 7A04。常用于飞机上受力大的结构零件，如起落架、大梁等，如图 7-5 所示。在光学仪器中，用于要求重量轻而受力较大的结构零件。

（4）锻铝合金：锻铝合金包括 Al-Mg-Si-Cu 系和 Al-Cu-Mg-Ni-Te 系两类合金。前者以 Mg_2Si 为主要强化相；后者通过加入铁和镍形成合金中的耐热强化相，故又称耐热铝合金。因锻铝的自然时效速率较慢，强化效果较低，故一般均采用淬火和人工时效。

锻铝合金具有良好的热塑性和锻造性能，力学性能与硬铝相近，但热塑性及耐蚀性较高，更适于锻造，故名锻铝。由于其热塑性好，主要用作航空及仪表工业中各种形状复杂、要求比强度较高的锻件或模锻件，如各种汽轮机叶片（见图 7-6）、框架、支杆等。

图 7-5　飞机主起落架

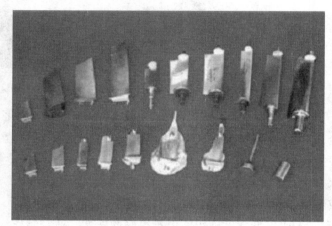

图 7-6　汽轮机叶片

2）铸造铝合金

与变形铝合金相比，铸造铝合金力学性能不如变形铝合金，但其铸造性能好，可进行各种成型铸造，生产形状复杂的零件。根据主加合金元素的不同，铸造铝合金的种类很多，主要有铝-硅系、铝-铜系、铝-镁系及铝-锌系四种，其中以铝硅系应用最广泛。铸造铝合金牌号由 "ZAl" 后跟合金元素符号及合金元素含量百分数组成。若牌号后面加 "A" 表示优质。铸造铝合金的代号用 "铸" "铝" 两字的汉语拼音的字首 "ZL" 及三位数字表示。第一位数字表示合金类别（1 为铝-硅系，2 为铝-铜系，3 为铝-镁系，4 为铝-锌系）；第二位、第三位数字为合金顺序号，序号不同者化学成分也不同。例如，ZL102 表示 2 号铝-硅系铸造铝合金。若为优质合金，在代号后面加 "A"。常用的铸造铝合金的代号、牌号、成分、力学性能及用途如表 7-2 所示。

（1）AL-Si 系铸造铝合金：铝硅铸造合金又称硅铝明，是四种铸造铝合金中铸造性能最好的，具有中等强度和良好的耐蚀性，因而应用最广泛。铸造铝硅合金一般用来制造轻质、耐蚀、形状复杂但强度要求不高的铸件，如发动机气缸、自动工具及仪表的外壳。同时加入镁、铜的铝-硅系合金（如 ZAlSi2Cu2 Mg1 等），还具有较好的耐热性与耐磨性，是制造内燃机活塞的合适材料。

表 7-2　常用铸造铝合金的牌号、成分、性能和用途

类别	合金牌号（代号）	铸造方法与合金状态①	力学性能（≥）			用　途
			σ_b/MPa	δ_5/%	HBS（5/250/30）	
铝硅合金	ZAlSi7 Mg（ZL101）	J，T5 S，T5	205 195	2 2	60 60	形状复杂的砂型、金属型和压力铸造零件，如飞机、仪器的零件，工作温度不超过 185 ℃的汽化器等
	ZAlSi12（ZL102）	J，F SB，JB，F SB，JB，T2	155 145 135	2 4 4	50 50 50	形状复杂的砂型、金属型和压力铸造零件，如仪表、抽水机壳体，工作温度不超过 200 ℃、要求气密性、承受低载荷的零件
	ZAlSi5Cu1 Mg（ZL105）	J，T5 S，T5 S，T6	235 195 225	0.5 1.0 0.5	70 70 70	在 225 ℃以下工作、形状复杂的铸件，如风冷发动机的气缸头、机匣、液压泵壳体等
	ZL108 ZAlSi12Cu2 Mg1	J，T1 J，T6	195 255	— 	85 90	砂型、金属型铸造的、要求高温强度及低膨胀系数的铸件，如高速内燃机活塞及其他耐热零件
铝铜合金	ZAlCu5 Mn（ZL201）	S，T4 S，T5	295 335	8 4	70 90	砂型铸造在 175～300 ℃下工作的零件，如支臂、挂架梁、内燃机气缸头、活塞等
	ZAlCu5 MnA（ZL201A）	S，J，T5	390	8	100	同上
铝镁合金	ZAlMg10（ZL301）	J，S，T4	280	10	60	砂型铸造的在大气或海水中工作的零件；承受大振动载荷、工作温度不超过 150 ℃的零件
铝锌合金	ZAlZn11Si7（ZL401）	J，T1 S，T1	245 195	1.5 2	90 80	压力铸造的工作温度不超过 200 ℃、结构形状复杂的汽车、飞机零件

注：① J——金属型铸造；S——砂型铸造；B——变质处理；T1——人工时效；T2——退火；T4——淬火+自然失效；T5——淬火+不完全人工时效；T6——淬火+完全人工时效；F——铸态。

（2）AL-Cu 系铸造铝合金：此类合金中铜含量一般为 4%～14%，时效强化效果好，在铸造铝合金中具有最高的强度和耐热性。但此类合金铸造性不好，耐蚀性也较差，一般只用作要求强度高且工作温度较高的零件，如活塞、内燃机气缸头，如图 7-7 所示。

（3）Al-Mg 系铸造铝合金：此类合金的特点是耐蚀性好，且密度较小，同时有较高的强度和韧性，并可以热处理强化。缺点是铸造性能和耐热性较差。它常用于制造耐腐蚀、抗冲击和表面装饰性要求较高的零件。

（4）Al-Zn 系铸造铝合金：此类合金铸造性能良好，且在铸造冷却时有"自淬火效应"，使铸件能获得较高的强度，既可直接进行时效处理，也可直接使用。缺点是密度大，耐蚀性差，热裂倾向大，铸造时需变质处理。它可用于制造形状复杂的各类零件。

图 7-7 气缸头

7.2 铜及铜合金

铜及铜合金具有以下特点：

（1）优异的物理化学性能。纯铜导电性、导热性极佳，铜合金的导电、导热性也很好，无磁性，在碰撞冲击时无火花。铜具有很好的化学稳定性，对大气和水的抗蚀能力很高。

（2）良好的加工性能。铜及铜合金塑性很好，容易冷、热成型；铸造铜合金有很好的铸造性能。

（3）具有某些特殊力学性能。如优良的减摩性和耐磨性（如青铜及部分黄铜），高的弹性极限和疲劳极限（如铍青铜）。

（4）色泽美观。

由于以上优良的性能，铜及铜合金在电器工业、仪表工业、造船工业及机械制造工业部门中获得了广泛的应用。但铜的储藏量较小，价格较贵，属于应节约使用的材料之一，只有在特殊需要的情况下，如要求有特殊的磁性、耐蚀性、加工性能、力学性能以及特殊的外观等条件下，才考虑使用。

7.2.1 纯 铜

纯铜的外观呈紫红色，故常称纯铜为紫铜。铜的相对密度为 8.96，熔点为 1 083 ℃。纯铜有良好的导电性和导热性，高的化学稳定性及高的抗大气和水腐蚀性，并且还具有抗磁性。

纯铜具有面心立方晶格，无同素异晶转变，不能热处理强化。纯铜的强度不高（σ_b = 230 ~ 240 MPa），硬度很低（40 ~ 50 HBS），塑性却很好（δ = 45% ~ 50%）。冷塑性变形后，可以使铜的强度提高到 400 ~ 500 MPa，但伸长率急剧下降到 2%左右。纯铜的主要用途是制作各种导线、电缆、导热体、铜管、防磁器械等。

工业纯铜分未加工产品（铜锭、电解铜）和加工产品（铜料）两种。未加工产品代号有 Cu-1 和 Cu-2 两种。加工产品代号有 T1、T2、T3 三种，"T"为"铜"的汉语拼音字首，代号中数字越大，表示杂质含量越多。纯铜中的杂质主要有铅、铋、氧、硫和磷等，这些杂质的存在，不仅可降低铜的导电性，而且还会使其在冷、热加工过程中发生冷脆和热脆现象。

7.2.2　铜合金

工业中常按化学成分特点对铜合金分类，包括黄铜、青铜和白铜三大类；按铜合金的成型方法可将其分为变形铜合金及铸造铜合金。铜的合金化与铝相似，合金元素只能通过固溶处理、淬火时效和形成过剩相来强化材料，提高合金的性能。

1. 黄　铜

黄铜（见图 7-8）具有良好的塑性和耐腐蚀性、良好的变形加工性能和铸造性能、在工业上有很强的应用价值，根据其成分特点又分为普通黄铜和特殊黄铜。常用黄铜的牌号、性能和用途见表 7-3。

图 7-8　黄铜件

表 7-3　常用黄铜的牌号、性能及主要用途

组别	代号或牌号	化学成分		力学性能*			主要用途
		ω_{Cu}/%	$\omega_{其他}$/%	σ_b/MPa	δ/%	HBS	
普通黄铜	H90	88.0～91.0	余量 Zn	$\dfrac{245}{392}$	$\dfrac{35}{3}$	—	双金属片、供水和排水管、证章、艺术品（又称金色黄铜）
	H68	67.0～70.0	余量 Zn	$\dfrac{294}{392}$	$\dfrac{40}{13}$	—	复杂的冷冲压件、散热器外壳、弹壳、导管、波纹管、轴套
普通黄铜	H62	60.5～63.5	余量 Zn	$\dfrac{294}{412}$	$\dfrac{40}{10}$	—	销钉、铆钉、螺钉、螺母、垫圈、弹簧、夹线板等
	ZCuZn38	60.0～63.0	余量 Zn	$\dfrac{295}{295}$	$\dfrac{30}{30}$	$\dfrac{59}{68.5}$	一般结构件，如散热器、螺钉、支架等
特殊黄铜	HSn62-1	61.0～63.0	0.7～1.1Sn 余量 Zn	$\dfrac{249}{392}$	$\dfrac{35}{5}$	—	与海水和汽油接触的船舶零件（又称海军黄铜）
	HSi80-3	79.0～81.0	2.5～4.5Si 余量 Zn	$\dfrac{300}{350}$	$\dfrac{15}{20}$	—	船舶零件，在海水、淡水和蒸汽（<265 ℃）条件下工作的零件
	HMn58-2	57.0～60.0	1.0～2.0 Mn 余量 Zn	$\dfrac{382}{588}$	$\dfrac{30}{3}$	—	易于热压力加工，用于腐蚀条件下工作的重要零件和弱电零用件
	ZCuZn40Mn3Fel	53.0～58.0	3.0～4.0 Mn 0.5～1.5Fe 余量 Zn	$\dfrac{440}{490}$	$\dfrac{18}{15}$	$\dfrac{98}{108}$	轮廓不复杂的重要零件，海轮上在 300 ℃ 以下工作的管配件、螺旋桨等大型铸件

注：力学性能中分母的数值，对压力加工黄铜来说是指硬化状态（变形程度50%）的数值，对铸造黄铜来说是指金属型铸造时的数值；分子的数值，对压力加工黄铜是退火状态（600 ℃）的数值，对铸造黄铜来说是砂型铸造的数值。在国际中对主要用途未作规定。

1）普通黄铜

黄铜的性能与含锌量有密切的关系。当含锌量增加时，由于固溶强化，使黄铜强度、硬度提高，同时塑性和铸造性能还有所改善。当 ω_{Zn} > 32% 时出现 β′ 相（CuZn 的有序化），使塑性开始下降。但一定数量的 β′ 相能起到强化作用，而使强度继续升高。但当 ω_{Zn} > 45% 时，因脆硬 β′ 相在组织中数量过多而使黄铜强度，塑性急剧下降，一般工业黄铜的含锌量不超过47%，如图 7-9 所示。

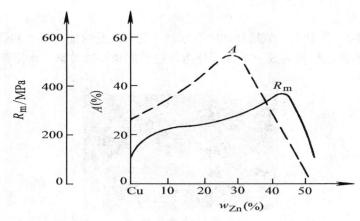

图 7-9　黄铜的含锌量与力学性能的关系

工业中应用的普通黄铜，按其平衡状态的组织可分为以下两种类型：当 ω_{Zn}<39% 时，室温组织为单相 α 固熔体（单相黄铜）；当 ω_{Zn} = 39% ~ 45% 时，室温下的组织为 α+β′（双相黄铜）。在实际生产条件下，当 ω_{Zn}>33% 时，即出现 α+β′ 组织。常用的单相黄铜有 H70、H80 等，其中的 H70（按成分称为七三黄铜）具有良好的冷塑性变形能力，特别适宜深冲加工，大量用于制作枪、炮的弹壳，故又被称作"弹壳黄铜"；H80 有优良的耐蚀性、导热性和冷变形能力，并呈金黄色，故有"金色黄铜"之称，常用于镀层、艺术装饰品、奖章、散热器等。

常用的双相黄铜有 H59、H62 等，H62 及 H59（又称为六四黄铜）因室温组织中有 β′ 相，故不适宜冷变形加工，但若加热到 456 ℃ 以上，可使 β′ 转化成塑性好的 β 相，则可进行热加工。H62（及 H59）强度较高，并有一定的耐蚀性，广泛用来制作电器上要求导电、耐蚀及适当强度的结构件，如螺栓、螺母、垫圈、弹簧及机器中的轴套等，是广泛应用的黄铜，有"商业黄铜"之称。

普通黄铜的耐蚀性良好，并与纯铜相近。但经冷加工的黄铜件存在残余应力，在潮湿的大气或海水中，特别是在含氨的气氛中，易产生应力腐蚀开裂现象（自裂）。防止应力腐蚀开裂的方法是在 250 ~ 300 ℃ 时进行去应力退火。

2）特殊黄铜

在普通黄铜的基础上，再加入其他合金元素所组成的多合金称为特殊黄铜。常加入的元素有锡、铅、铝、硅、锰、铁等。特殊黄铜也可依据加入的第二元素命名，如锡黄铜、锰黄铜、铅黄铜、硅黄铜等。合金元素加入黄铜后，除强化作用外，加入的锡、铝、硅、锰、镍还可提高耐蚀性与减少黄铜应力腐蚀破裂的倾向。某些元素的加入还可改善黄铜的工艺性能，如加入硅可改善铸造性能，加入铅可改善切削加工性能等。

2. 青　铜

除了黄铜和白铜（铜与镍的合金）外，所有的铜基合金都称为青铜。最高使用的是铜锡合金，称为锡青铜。后来由于需要，发展了不含锡而加入了其他元素的青铜，称为特殊青铜或无锡青铜。其中工业用量最大的为锡青铜和铝青铜，强度最高的为铍青铜。

青铜牌号为"Q+主加元素符号+主加元素含量（+其他元素含量）"，"Q"表示青的汉语拼音字头。如 QSn4-3 表示成分为 4%Sn、3%Zn，其余为铜的锡青铜。若为铸造青铜，则在牌号前再加"Z"。

1）锡青铜

在一般铸造条件下，只有 $\omega_{Sn}<6\%$ 的锡青铜室温下组织是单相 α 固溶体。α 固溶体是锡在铜中的固溶体，具有良好的冷、热变形性能。$\omega_{Sn}>6\%$ 时出现硬脆相 δ。含锡量对锡青铜的力学性能影响如图 7-10 所示。工业用锡青铜一般的含锡量为 $\omega_{Sn}=3\%\sim14\%$。

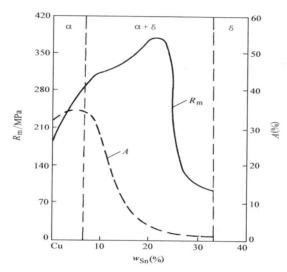

图 7-10　含锡量对锡青铜力学性能的影响

按生产方法，锡青铜可分为加工锡青铜和铸造锡青铜两类。

（1）加工锡青铜：它的含锡量一般为 $\omega_{Sn}<8\%$，适宜冷、热压力加工，通常加工成板、带、棒、管等型材使用。经加工硬化后，这类合金的强度、硬度显著提高，但塑性也下降很多。如硬化后再经去应力退火，则可在保持较高强度的情况下改善塑性，尤其是可获得高的弹性极限，这对弹性零件极为重要。

加工锡青铜适宜制造仪器上要求耐蚀及耐磨的零件、弹性零件、抗磁零件，以及机器中的轴承、轴套等。常用的有 QSn4-3 和 QSn6.5-0.1 等。

（2）铸造锡青铜：其含锡、磷量一般均较加工锡青铜高，使它具有良好的铸造性能，适于铸造形状复杂但致密度不高的铸件。

这类合金是良好的减摩材料，并有一定的耐磨性，适宜制造机床中滑动轴承、涡轮、齿轮等零件。又因其耐蚀性好，故也是制造蒸汽管、水管附件的良好材料。常用的铸造青铜有 ZCuSn10Pb1 和 ZCuSn5Pb5Zn5 等。

2）铝青铜

铝青铜是以铝为主加元素的铜合金。通常铝的含量为 5% ~ 11%。铝青铜和锡青铜、黄铜相比，具有更高的强度、抗蚀性及耐磨性，此外还有耐热性、耐寒性、冲击时不产生火花等特性。

铝青铜的结晶温度范围很窄，具有很好的流动性，易于获得致密的、偏析小的铸件。铝青铜还可进行热处理强化。在铝青铜中加入铁、锰、镍等元素，能进一步提高其性能（铸态可达 $\sigma_b = 400 \sim 500$ MPa，$\delta = 10\% \sim 20\%$），并有较好的韧性、硬度与耐磨性。

铝青铜的价格低廉，性能优良，可作为价格昂贵的锡青铜的代用品，常用来制造强度及耐磨性要求较高的摩擦零件，如齿轮、蜗轮、轴套等。常用的铸造铝青铜有 ZCuAl10Fe3、ZCuAl10Fe3 Mn2 等。加工铝青铜（低铝青铜）用于制造仪器中要求耐蚀的零件和弹性元件。常用的加工铝青铜有 QA15、QA17、QA19-4 等。

3）铍青铜

铍青铜以铍为主加元素（铍含量为 1.7% ~ 2.5%）的铜合金。由于铍在铜中的溶解度随温度变化很大，因而铍青铜具有很好的固溶时效强化效果，是时效强化效果极大的铜合金。经淬火（780 ± 10 ℃ 水冷后，$\sigma_b = 500 \sim 550$ MPa，硬度为 120 HBS，$\delta = 25\% \sim 35\%$）再经冷压成型、时效（300 ~ 350 ℃，2 h）之后，铍青铜可以获得很高的强度、硬度和弹性极限（$\sigma_b = 1\,250 \sim 1\,400$ MPa，硬度为 330 ~ 400 HBS，$\delta = 2\% \sim 4\%$）。另外，铍青铜还有好的导热性、导电性、耐寒性、无磁性、撞击时不产生火花等特殊性能，在大气、海水中有较高的耐蚀性。如果经钠盐钝化，则耐蚀性可成倍提高，在低温下无脆性。但铍有毒，且铍青铜制造工艺复杂，价格昂贵，因而限制了它的使用。

铍青铜主要用来制作精密仪器、仪表中各种具有重要用途的弹性元件、耐蚀/耐磨零件（如仪表中的齿轮）、航海罗盘仪中的零件及防爆工具。一般铍青铜是以压力加工后淬火为供应状态，工厂制成零件后，只需进行时效即可。

7.3 滑动轴承合金

轴承是汽车、机床等机械设备中广泛使用的零件。目前使用的轴承有滚动轴承和滑动轴承（见图 7-11）两类。滚动轴承的应用比较广泛，但由于滑动轴承具有承压面积大、工作平稳、噪声小等优点，在重载高速的场合被广泛应用。

滑动轴承在工作时，承受轴传来的一定压力，有时还会受冲击，并和轴颈之间存在摩擦，因而产生磨损，且由于轴的高速旋转，使工作温度升高。轴承合金是制造滑动轴承中的轴瓦及内衬的材料，根据轴承的工作条件，轴承合金应具有下述基本性能：

（1）有足够的强度，能支撑轴的转动；

（2）有足够的硬度和耐磨性，以免过早磨损而失效；

（3）有一定的塑性和疲劳强度，避免在冲击载荷和交变载荷作用下发生破坏；

（4）有良好的导热性和小的膨胀系数。

图 7-11　汽轮发电机滑动轴承

为满足上述要求，轴瓦材料不能选用高硬度的金属，以免轴颈受到磨损；也不能选用软的金属，防止承载能力过低。因此轴承合金应既软又硬，具备如下特征：软基体上分布有均匀硬质点或硬基体上分布有均匀的软质点，如图 7-12 所示。

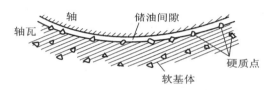

图 7-12　滑动轴承理想组织示意图

当滑动轴承工作时，软基体受磨损而凹陷，硬质点就凸出于基体上，减小轴与轴瓦间的摩擦系数，同时使外来硬物能嵌入基体中，使轴颈不被擦伤。软基体上海能承受冲击和振动，并使轴和轴瓦很好地磨合。采取硬基体上分布软质点，也可达到上述目的。

常用的轴承合金按主要化学成分可分为锡基、铅基、铝基和铜基等，前两种称为巴氏合金。表 7-4 为各种轴承合金的性能比较。

表 7-4　各种轴承合金的性能比较

种　类	抗咬合性	磨合性	耐蚀性	耐疲劳性	硬度/HBS	轴颈处硬度/HBS	最大允许压力/MPa	最高允许温度/℃
锡基巴氏合金	优	优	优	劣	20～30	150	600～1 000	150
铅基巴氏合金	优	优	中	劣	15～30	150	600～800	150
锡青铜	中	劣	优	优	50～100	300～400	700～2 000	200
铅青铜	中	差	差	良	40～80	300	2 000～3 200	220～250
铝基合金	劣	中	优	良	45～50	300	2 000～2 800	100～150
铸　铁	差	劣	优	优	160～180	200～250	300～600	150

轴承合金的编号方法为"ZCh+基本元素符号+主加元素符号+主加元素含量+辅加元素含量",其中"Z""Ch"分别是"铸造""轴承"的汉语拼音字首。例如,ZChSnSb11-6 表示含11.0%Sb、6%Cu 的锡基轴承合金。

1. 锡基轴承合金

锡基巴氏合金是以锡为基体元素,加入锑、铜等元素组成的 Sn-Sb-Cu 系软基体硬质点合金。软基体是锑溶于锡的α固溶体,硬质点是以 SnSb 化合物为基的β固溶体。锡基轴承合金的热膨胀系数及摩擦系数小,具有良好的韧性、减摩性和导热性。常用作重要的轴承,如发动机、压气机、汽轮机等巨型机器的高速轴承。其主要缺点是疲劳强度较低,工作温度不宜高于 150 ℃,且价格较高。

2. 铅基轴承合金

铅基轴承合金是以铅、锑为基的合金,是 Pb-Sb-Sn-Cu 系软基体硬质点合金。软基体是α+β共晶体(α是 Sb 溶入 Pb 中的固溶体,β是 Pb 溶入 Sb 中的固溶体),硬质点为β相、SnSb 和 Cu3Sn。该合金的强度、硬度、韧性、导热性和抗蚀性均低于锡基合金,而且摩擦系数较大,但该合金价格便宜,常用于制造承受中、低载荷的中速轴承,如汽车、拖拉机的曲轴、连杆轴承、冲床及电动机轴承等。

需要说明的是,无论是锡基或是铅基合金,都不能承受大的压力,在使用中需将其镶铸在钢制的(一般用 08 号钢冲压成型)轴瓦上,形成一层薄而均匀的内衬,才能发挥作用。这种工艺称为"挂衬",挂衬后就成为双金属轴承。

3. 铝基轴承合金

铝基轴承合金是一种新型减摩材料。常用的铝基轴承合金是以铝为基体元素,锡为主加元素所组成的合金。其组织是在硬基体(铝)上均匀分布着软质点(锡)。这类合金价格低廉、密度小、导热性好、疲劳强度高、耐蚀性好,但其膨胀系数大,易咬合。

我国已逐步用铝基轴承合金代替巴氏合金和铜基轴承合金,目前使用的铝基轴承合金有ZAlSn20Cu 和 ZAlSn6Cu1Ni1 两种。

7.4 粉末冶金材料

粉末冶金法就是将极细的金属粉末或金属与非金属粉末混合并于模具中加压成型,然后在低于材料熔点的某温度下加热烧结,得到所需材料,主要用于难熔材料、难冶炼材料的生产。粉末冶金的生产过程是:粉末制取→粉末混料→粉末压制→烧结。

硬质合金是以碳化钨(WC)与碳化钛(TiC)等高熔点、高硬度的碳化物为基体,并加入钴或镍作为黏结剂的一种粉末冶金材料。硬质合金主要用于制造切削金属用的道具、模具及部分工具的材料。目前常用的硬质合金有金属陶瓷硬质合金和钢结硬质合金。

1. 性能特点

（1）硬度高，红硬性好，耐磨性好。在常温下，硬质合金的硬度可达 86～93 HRA（相当于 69～81 HRC），红硬性可达 900～1 000 ℃。作为切削刀具使用时，其切削速度、耐磨性与寿命都比高速钢刀有显著提高。

（2）抗压强度高。硬质合金的抗压强度可达 6 000 MPa，但抗弯强度较低（只有高速钢的 1/3～1/2）。硬质合金的弹性模量很高（为高速钢的 2～3 倍）。

（3）良好的耐蚀性和抗氧化性。硬质合金具有良好的抗大气、酸、碱腐蚀能力和抗氧化性。

（4）韧性很差。硬质合金的韧性小，约为淬火钢的 30%～50%。这是硬质合金的一个缺点。

2. 常用硬质合金

常用硬质合金按成分与性能特点可分为三类，其代号、主要成分及性能如表 7-5 所示。

表 7-5　常用硬质合金的牌号、成分和性能

类别	牌 号①	化学成分/%				力学性能*		用途
		ω_{WC}	ω_{TiC}	ω_{TaC}	ω_{Co}	硬度/HRA≥	抗弯硬度/MPa≥	
钨钴类合金	YG3X	96.5	—	<0.5	3	91.5	1 100	加工脆性材料（如铸铁等）
	YG6	94	—	—	6	89.5	1 450	
	YG6X	93.5	—	<0.5	6	91	1 400	
	YG8	92	—		8	89	1 500	
	YG8C	92	—		8	88	1 750	
	YG11C	89	—		11	86.5	2 100	
	YG15	85	—		15	87	2 100	
	YG20C	80	—		20	82～84	2 200	
	YG6A	91	—	3	6	91.5	1 400	
	YG8A	91	—	<1.0	8	89.5	1 500	
钨钴钛合金	YT5	85	5	—	10	89	1 400	加工塑性材料（如钢等）
	YT15	79	15	—	6	91	1 150	
	YT30	66	30	—		92.5	900	
万能合金	YW1	84	6	4	4	91.5	1 200	切削各种钢材
	YW2	82	6	4	86	90.5	1 300	

注：① 牌号中"X"代表该合金为细颗粒合金；"C"代表粗颗粒合金；不加字的为一般颗粒合金；"A"代表含有少量 TaC 的合金。

（1）钨钴类硬质合金。此类硬质合金的化学成分为碳化钨和钴。其代号用"硬""钴"两字的汉语拼音的字首"YG"加钴含量的百分数表示。例如，YG6 表示钨钴类硬质合金，$\omega_{Co} = 6\%$，其余为碳化钨的硬质合金。

（2）钨钴钛类硬质合金。此类硬质合金的化学成分为碳化钨、碳化钛和钴。其代号为"硬"

"钛"两字的汉语拼音字首"YT"加碳化钛含量的百分数表示。例如，YT15表示$\omega_{TiC}=15\%$，余量为碳化钨和钴的钨钴钛类硬质合金。

（3）通用硬质合金。此类硬质合金以碳化钽（TaC）或碳化铌（NbC）取代YT类合金中的一部分碳化钛（TiC）。在硬度不变的情况下，取代的数量越多，合金的抗弯强度越高。它适宜于切削各种钢材，特别是对于不锈钢、耐热钢、高锰钢等难以加工的钢材，切削效果更好。它也可代替YG类合金切削脆性材料，但效果并不比YG类合金效果好。通用硬质合金又称"万能硬质合金"，其代号用"硬""万"两字的汉语拼音字首"YW"加顺序号表示。

此外，用粉末冶金法还生产出了另一种新型工模具材料——钢结硬质合金。其主要化学成分是碳化钛或碳化钨及合金钢粉末（需用质量分数为50%～60%铬钼钢或高速钢作黏结剂）。它与钢一样可以进行锻造、热处理、焊接和切削加工。经淬火加低温回火后，硬度可达70 HRC，具有高耐磨性、抗氧化性及耐蚀性等优点。用作刃具时，寿命大大超过合金工具钢，与YG类硬质合金近似；用作高负荷冷冲模时，由于具有比其他硬质合金较高的韧性，寿命比YG类提高很多倍。另外，由于可切削加工，故可制造成各种形状复杂的刃具、模具及要求刚度大、耐磨性好的机器零件，如镗杆、导轨等。

【知识广场】

钛和镁

纯钛的相对密度为4.54，熔点为1 668 ℃，固态下具有同素异晶转变。钛有很好的塑性，强度不高（$\sigma_b=230\sim260$ MPa）。钛在硫酸、硝酸、盐酸和碱溶液中有良好的耐蚀性，抗大气和海水腐蚀的能力超过不锈钢和铜合金。钛的合金化可使其强度大大提高（σ_b可达1 500 MPa），其比强度是常用金属材料中最高的。钛合金既是很好的耐热材料（可在500～600 ℃下工作），又是很好的耐低温材料，目前是唯一可以在超低温（-253 ℃）下使用的金属工程材料。钛及其合金常用于制造电镀挂具、航空发动机零件、化工用泵、低温高压容器等。

镁的相对密度为1.74，熔点为651 ℃，固态下无同素异晶转变。镁合金的强度可达到300 MPa左右。镁合金的特点是比强度和比刚度高，减振性和抗冲击性能好，切削和抛光工艺性能好，易于铸造等。镁合金是目前使用的密度最小的金属工程材料，多用于航空航天工业中，在电子、仪器仪表等行业中也获得应用。

【学习小结】

本项目阐述了铝及铝合金、铜及铜合金、滑动轴承合金的牌号、成分及应用，并简要介绍了粉末冶金的生产过程，见表7-6。

表 7-6　常用非铁金属的牌号及用途

分　类		典型牌号或代号	用途举例
铝合金	变形铝合金 防锈铝合金	3A21（LF21）、5A05（LF5）	焊接邮箱、油管、焊条等
	硬铝合金	2A01（LY1）、2A11（LY11）	铆钉、叶片等
	超硬铝合金	7A04（LC4）、7A06（LC6）	飞机大梁、起落架等
	锻铝合金	2A50（LD5）、2A70（LD7）	航空发动机活塞、叶轮等
	铸造铝合金 Al-Si 系	ZAlSiMg（ZL101）、ZAlSi12（ZL201）	飞机仪器零件、仪表、水泵壳体等
	Al-Cu 系	ZAlCu5Mn（ZL201）	内燃机气缸头、活塞等
	Al-Mg 系	ZAlMg10（ZL301）、ZAlMg5Si1（ZL303）	舰船配件、雷达底座、螺旋桨等
	Al-Zn 系	ZAlZn11Si7（ZL401）	形状复杂受载小的压铸件及型板、支架等
铜合金	黄铜 普通黄铜	H70、H62、ZCuZn38	弹壳、铆钉、散热器及端盖、阀座等
	特殊黄铜	HPb59-1、HMn58-2、ZCuZn16Si4	耐磨、耐蚀零件及接触海水的零件等
	青铜 锡青铜	QSn4-3、ZCuSn10P1	耐磨及抗磁零件、轴瓦等
	铝青铜	ZCuAl10Fe3Mn2、QAl7	蜗轮、弹簧机弹性零件等
	铍青铜	QBe2	重要弹簧与弹性元件、齿轮、轴承等
	铅青铜	ZCuPb30	轴瓦、轴承、减摩零件等
滑动轴承合金	锡基轴承合金	ZSnSb11Cu6	航空发动机、汽轮机、内燃机等大型机器的高速轴瓦
	铅基轴承合金	ZPbSb16Sn16Cu2	汽车、轮船、减速器等承受中、低载荷的中速轴承
	铜基轴承合金	ZCuPb30	航空发动机、高速柴油机的轴承等
硬质合金	钨钴类硬质合金	YG3X、YG6	切削脆性材料刀具、量具和耐磨零件等
	钨钛类硬质合金	YT15、YT30	切削碳钢和合金钢的道具等
	通用硬质合金	YW1、YW2	切削不锈钢、工具钢、淬火钢、高锰钢的刀具

【综合能力训练】

一、填空题

1. 根据铝合金一般相图可将铝合金分为_____铝合金和_____铝合金两类。

2. 常用的滑动轴承合金组织有_____和_____两大类。

3. 铜合金按其合金化系列可分为_____、_____和_____三大类。

4. 青铜是除_____和_____元素以外，铜和其他元素组成的合金。

二、简答题

1. 有色金属和合金的强化方法与钢的强化方法有何不同？

2. 固溶强化、弥散强化、时效强化的区别是什么？

3. 时效温度和时效时间对合金强度有何影响？

4. 滑动轴承合金在性能上有何要求？在组织上有何特点？

5. 制作刀具的硬质合金材料有哪些种类？有何差别？如何成型？

6. 金属材料的减摩性和耐磨性有何区别？它们对材料组织和性能要求有何不同？

7. 经固溶处理的 LY12 合金在室温下成型为形状复杂的零件，该零件具有高的抗拉强度，问下述两种热处理方案哪个较合理，为什么？

（1）成型后的零件随后进行 185～195 ℃ 的热处理。

（2）成型后的零件在室温放置进行自然时效。

项目 8 其他常用工程材料

【学习目标与技能要求】

（1）了解塑料的分类、性能特点及应用。
（2）了解陶瓷材料的性能及应用。
（3）了解橡胶的性能及应用。
（4）了解复合材料的基本概念及性能特点。

【教学提示】

（1）本项目采用多媒体教学，通过视频和图片，了解非金属材料的用途和发展；通过比较法和讨论法理解复合材料的复合机制。
（2）教学重点：非金属材料的特点、应用和发展。
（3）教学难点：复合材料。

【案例导入】

非金属材料是指工程材料中除金属材料以外的其他一切材料。非金属材料的原料来源广泛，自然资源丰富，成型工艺简单，具有一些特殊性能，应用日益广泛，已成为机械工程材料中不可缺少的重要组成部分。

随着汽车工业的迅猛发展及各种配套设施的不断完善，越来越强烈地要求提高汽车的舒适性和行驶速度，减轻车重，减缓车体腐蚀，对隔音和减振也提出了相应的要求，并且还要求节省能源，降低成本。为此，人们大量采用非金属材料替代有色金属和合金钢材。汽车用非金属材料主要有塑料、复合材料、橡胶、胶粘剂、涂料、织物纤维等。国际上将非金属材料，特别是工程塑料用量的多少作为衡量一个国家汽车工业发展水平高低的重要标志之一。有数据表明，目前国外工业发达国家每辆汽车非金属材料已约占整车质量的 12%。非金属材料的应用主要体现在轿车的内、外饰件上。内、外饰件给乘员以最直观的视觉感受，关系到整车的美观性和舒适性，因此，世界上各大汽车生产商每年都推出不同风格、以人为本为设计理念的轿车。其中内、外饰件，以质轻、耐候、隔音、隔热、阻燃、成型简便、环保意识为设计宗旨，大量应用非金属材料。

8.1　高分子材料

高聚物是由一种或几种简单低分子化合物经聚合而组成的分子量很大的化合物，又称高分子或大分子等。高分子化合物中分子所含的原子数可达数万，甚至数十万，而低分子化合物分子的原子数不过几个，最多数百个。习惯上将分子量小于 500 的，称为低分子化合物，分子量大于 5 000 的称为高分子化合物。高聚物的分子量虽大，但其化学组成却比较简单，它通常由 C、H、O、N、S 等元素构成。

高分子材料以其特有的性能：重量轻、比强度高、耐腐蚀性能好、绝缘性好，被大量地应用于工程结构中。

8.1.1　工程塑料

1. 塑料的含义与组成

塑料是一类以天然或合成树脂为基本原料，在一定温度、压力下可塑制成型，并在常温下能保持其形状不变的高聚物材料。塑料常被用作耐腐蚀材料、电绝缘材料、绝热保温材料、摩擦材料，难以应用到高温、高强度的场合中。

根据塑料的组成不同，可分简单组分和复杂组分两类。简单组分的塑料基本上由一种物质（树脂）组成，如聚四氟乙烯、聚苯乙烯等，仅加入少量色料、润滑剂等辅助物质。复杂组分的塑料除树脂外，还须加入添加剂，如酚醛塑料、环氧塑料等。

树脂是塑料的主要成分，在常温下呈固体或黏稠液体，但受热时软化或呈熔融状态。树脂主要决定塑料的类型（热塑性或热固性），也决定塑料的基本性能。因此，大多数塑料就是以所用树脂的名称命名。

塑料添加剂（即助剂）是指那些为改善塑料的使用性能和成型加工特性而分布于树脂中，但对树脂的分子结构无明显影响的物质，包括增塑剂、稳定剂（防老化剂）、填充剂（填料）、固化剂（硬化剂）、润滑剂、着色剂（染料）、发泡剂、催化剂和阻燃剂等。

2. 塑料的分类

根据树脂受热行为的不同，可分为热塑性塑料和热固性塑料。

1）热塑性塑料

它的特点是：受热软化、熔融，具有可塑性，冷却后坚硬，再受热又可软化，如此反复其基本性能不变；可溶解在一定的溶剂中（即具有可溶可熔性）；成型工艺简便，形式多种多样，生产效率高，可直接注射、挤压、吹塑成所需形状的制品，而且具有一定的物理、力学性能。缺点是：耐热性和刚性都较差，最高使用温度一般只有 120 ℃左右，否则就会变形。

但近期发展的氟塑料、聚酰亚胺等有突出的性能，如更优良的耐腐蚀、耐高温等性能，成为性能相当优越的工程塑料。

2）热固性塑料

它的特点是：在一定温度下，经过一定时间的加热或加入固化剂后，即可固化成型。固化后的塑料质地坚硬、性质稳定，不再溶于溶剂中，也不能用加热方法使它再软化（即具有不溶不熔性），强热则分解、破坏；抗蠕变性强，受压不易变形，耐热性较高，即使超过其使用温度极限，也只是在表面产生碳化层，不会立即失去功能。缺点是：树脂性质较脆，机械强度不高，必须加入填料或增强材料以改善性能，提高强度；成型工艺复杂，大多只能采用模压或层压法，生产效率低。

3. 塑料的性能特点

工程塑料的优点是：

（1）相对密度小、质轻：质轻是塑料最大特性之一，一般塑料的相对密度为 0.9 ~ 2.3，具有很好的比强度。

（2）良好的减摩、耐磨和自润滑性能：塑料的摩擦系数较小，同时许多塑料（如聚四氟乙烯、尼龙等）具有良好的自润滑性能。

（3）电绝缘性能好。

（4）耐腐蚀性能好：一般塑料对酸、碱、大气腐蚀等化学介质具有良好的抵抗能力。

（5）具有消音吸振性：用它制作传动零件可减少噪声，改善环境。

工程塑料也存在一些严重的缺点：

（1）强度、刚度低：这是塑料作为工程结构材料使用的最大障碍之一。

（2）冲击韧性低。

（3）蠕变温度低：塑料在室温下受到载荷作用后即有显著的蠕变现象，产生冷流性，甚至发生蠕变断裂。

（4）耐热性低、线膨胀系数大、载荷大：大多数塑料只在 100 ℃ 以下使用，只有少数在 200 ℃ 左右的环境下可以长期使用。塑料的线膨胀系数比金属要大 3 ~ 10 倍，因此难以与金属件紧密结合。

（5）有老化现象。

4. 常用工程塑料简介

（1）聚乙烯（PE）：由单体乙烯聚合而成，一般可分为低密度聚乙烯（LDPE）和高密度聚乙烯（HDPE）两种。前者分子量、密度及结晶较低、质地柔软，且耐冲击，常用于制造塑料薄膜、软管等；后者分子量、密度及结晶均较高，比较刚硬、耐磨、耐蚀，绝缘性也较好，所以可作结构材料，如耐蚀管道等。

（2）聚氯乙烯（PVC）：以氯乙烯为单体制得的高聚物。PVC 的密度、强度、刚度及硬度均高于 PE。PVC 加入少量添加剂时，可制得软、硬两种 PVC。硬质 PVC 塑料具有较高的机械强度，良好的耐蚀性、耐油性和耐水性，常被用于化工、纺织工业和建筑业中。软质 PVC

塑料坚韧柔软、耐挠曲，弹性和电绝缘性好，吸水率低，难燃及耐候性好，广泛用于制造农用塑料薄膜、包装材料、防雨材料及电线电缆的绝缘层等，用途十分广泛。

（3）聚丙烯（PP）：以丙烯为单体聚合制得的高聚物。PP 的相对密度小（塑料中最轻的），耐热性能良好（可以加热至 150 ℃ 不变形），机械强度、刚度、硬度高，具有优良的电绝缘性。应用于机械、化工、电气等工业。

（4）ABS 塑料：ABS 塑料是丙烯腈（A）、丁二烯（B）、苯乙烯（S）三种单体的三元共聚物，三种单体相对含量可任意变化，制成各种树脂。ABS 兼有三种组元的共同性能，A 使其耐化学腐蚀、耐热，并有一定的表面硬度，B 使其具有高弹性和韧性，S 使其具有热塑性塑料的加工成型特性并改善电性能。因此，ABS 塑料是一种原料易得、综合性能良好、价格便宜、用途广泛的"坚韧、质硬、刚性"材料。ABS 塑料在机械、电气、纺织、汽车、飞机、轮船等制造工业及化工中获得了广泛应用。

（5）聚酰胺（PA，又称尼龙或锦纶）：主链节含有极性酰胺基团（—CO—NH—）的高聚物。最初用作制造纤维的原料，后来由于 PA 具有强韧、耐磨、自润滑、使用温度范围宽等优点，成为目前工业中应用广泛的一种工程塑料。PA 广泛用来代替铜及其他有色金属制作机械、化工、电器零件，如柴油发动机燃油泵齿轮、水泵、高压密封圈及输油管等。

（6）聚甲醛（POM）：大分子链中以—CH_2O—链节为主的高聚物。POM 的疲劳强度、耐磨性和自润滑性比大多数工程塑料优越，并且还有高弹性模量和强度，吸水性小，同时尺寸稳定性、化学稳定性及电绝缘性也好，是一种综合性能良好的工程材料。POM 主要用于代替有色金属制作各种结构零部件。用量最大的是汽车工业、机械制造、精密机器、电器通信设备乃至家庭用具等领域。

（7）聚碳酸酯（FC）：大分子链中既有刚性的苯环，又有柔性的醚键，所以具有优良的力学、热和电性能。FC 常被人们誉为"透明金属"。FC 最突出的优点是冲击韧性极高，并耐热耐寒（可在 – 100 ~ 130 ℃ 使用），具有良好的电性能、抗化学腐蚀性和耐磨性。导热系数小，但线膨胀系数比金属大得多。FC 不但可代替某些金属和合金，还可代替玻璃、木材等，广泛应用于机械、电气、光学、医药等部门。

（8）聚四氟乙烯（PTFE 或 F-4，俗称塑料王）：由四氟乙烯（$[CF_2 - CF_2]_m$）的聚合物。性能特点是突出的耐温性能（长期使用温度为 – 180 ~ + 250 ℃），极低的摩擦系数，因而可作为良好的减摩、自润滑材料；优越的化学稳定性，不论是强酸、强碱还是强氧化物对它都不起作用；其化学稳定性超过了玻璃、陶瓷、不锈钢及金、铂，故有"塑料王"之称；优良的电性能，它是目前所有固体绝缘材料中介电损耗最小的。PTFE 主要用于特殊性能要求的零部件，如化工设备中的耐蚀泵。

（9）酚醛塑料（PF）：以酚醛树脂为主，加入添加剂而制成的。它是酚类化合物和醛类化合物缩聚而成，其中以苯酚与甲醛缩聚而得的酚醛树脂最为重要。PF 具有一定机械强度和硬度，绝缘性能良好，兼有耐热、耐磨、耐蚀的优良性能，但不耐碱，性脆。PF 广泛应用于机械、汽车、航空、电器等工业部门，用来制造各种电气绝缘件（电木），较高温度下工作的零件，耐磨及防腐蚀材料，并能代替部分有色金属（铝、铜、青铜等）制作零件。

（10）环氧塑料（EP）：由环氧树脂加入固化剂填料或其他添加剂后制成的热固性塑料。环氧树脂是很好的胶黏剂，俗称"万能胶"。在室温下容易调和固化，对金属和非金属都有很强的胶黏能力。EP 具有高的机械强度，较好的韧性，优良的耐酸、碱及有机溶剂的性能，还能耐大多数霉菌、耐热、耐寒，能在苛刻的热带条件下使用，具有突出的尺寸稳定性等。用环氧树脂浸渍纤维后，于150 ℃和130～140 MPa的压力下成型，成为环氧"玻璃钢"，常用作化工管道和容器、汽车、船舶和飞机等的零部件。

8.1.2　合成橡胶

橡胶是指常温下弹性特别好的高聚物材料，它们的弹性变形可达到100%～1 000%。由于它具良好的伸缩性、储能能力和耐磨、隔音、绝缘等性能，因而广泛用于弹性材料、密封材料、减振防振材料和传动材料，起着其他材料所不能替代的作用。橡胶材料是工业、国防上的重要战略物资，人们日常生活也离不开它。

1. 橡胶的组成

橡胶是以生胶为原料，加入适量的配合剂以后所组成的高分子弹性体。

生胶按其来源可分为天然生胶和合成生胶。天然生胶一般从热带的橡树上取得。生胶是橡胶制品的重要组成部分，但它受热发黏、遇冷变硬、强度差、不耐磨、也不耐溶剂，只能在5～35 ℃保持弹性，故不能直接用来制造橡胶制品。通常要在生胶中加入硫化剂、促进剂、活化剂、填充剂、增塑剂、防老剂、着色剂、发泡剂、硬化剂等，统称为配合剂。

2. 橡胶的主要性能特点

1）高弹性

橡胶由若干细长而柔顺的分子链组成。分子链通常蜷曲成无规线团状，相互缠曲。当受外力拉伸时分子链就伸直，外力去除后又恢复蜷曲。橡胶的弹性模量低，变形量大，形变快速可逆。

2）机械强度

橡胶的实际机械强度是决定橡胶使用寿命的重要因素。指标包括抗撕裂强度和定伸强度（即把橡胶拉伸至一定长度所需要的应力值）。

3）耐磨性

耐磨性即橡胶抵抗磨损的能力。通常橡胶强度越高，耐磨性越好。

3. 常用橡胶材料

1）天然橡胶（NR）

NR的来源是橡树的胶乳。NR有较好的弹性和机械强度，有较好的耐碱性能，但不耐强酸，在非极性溶剂中膨胀，故不耐油。它能吸收空气中的氧，造成橡胶发黏和龟裂等。NR广泛用于制造轮胎、胶带、胶管、胶鞋等各种橡胶制品。

2）通用合成橡胶

天然橡胶资源有限，而合成橡胶由于原料价格便宜，来源丰富，且具有高弹性、不透水、耐油、耐磨、耐寒等优异性能，所以获得长足发展。

丁苯橡胶（SBR）：与 NR 相比，SBR 具有较好的耐磨性、耐热性、耐老化性，质地均匀、价格低，它能与 NR 以任意比例混用。SBR 在大多数情况下可代替 NR 使用。SBR 的缺点是生胶强度低，黏性差，成型困难，制成的轮胎在使用中发热量大，弹性差。

氯丁橡胶（CR）：人们常称之为"万能橡胶"。CR 的耐油性、耐磨性、耐热性、耐燃烧性（近火分解出 HCl 气体，能阻止燃烧）、耐溶剂性、耐老化性等均优于 NR，它既可作通用橡胶使用，又可作为特种橡胶。

3）特种合成橡胶

丁腈橡胶（NBR）：NBR 的耐油、耐燃烧性能十分突出，对一些有机溶剂也具有很好的抗腐蚀能力，主要用作耐油制品，如输油管。

聚氨酯橡胶（UR）：它是一种性能介于橡胶与塑料之间的弹性体。由于其具有较高的机械强度、优异的耐磨性、耐油性、突出的抗弯性及高硬度下的高弹性等，因而被广泛地应用在军工、航空、石油、化工、机械、矿山、纺织等各个领域。

8.2　陶瓷材料

陶瓷是陶器和瓷器的总称。许多科学工作者将陶瓷、玻璃、耐火材料、砖瓦、水泥、石膏等凡是经原料配制、坯料成型和高温烧结而制成的固体无机非金属材料都叫作陶瓷。

陶瓷可粗略地分为传统陶瓷和先进陶瓷。其中，传统陶瓷是利用天然硅酸盐矿物（如黏土、石英、长石等）为原料制成的陶瓷，又称普通陶瓷。先进陶瓷是采用高纯度的人工合成原料（如氧化物、氮化物、碳化物、硅化物、硼化物等）制成的具有各种独特而优异的力学、物理或化学性能的陶瓷，又称特种陶瓷、新型陶瓷、现代陶瓷或精细陶瓷。

1. 陶瓷的性能

陶瓷的性能与多种因素有关，波动范围很大，但还是存在一些共同的特性。

1）力学性能

陶瓷有很高的弹性模量，一般高于金属 2 ~ 4 个数量级。

陶瓷的硬度很高，一般远高于金属和高聚物。例如，各种陶瓷的硬度多为 1 000 ~ 5 000 HV，淬火钢为 500 ~ 800 HV，高聚物一般不超过 20 HV。

陶瓷材料的理论强度很高，然而陶瓷存在大量气孔、缺陷，致密度小，致使它的实际强度远低于理论强度。金属材料的实际抗拉强度和理论强度的比值为 1/3 ~ 1/50，而陶瓷常常低于 1/100。陶瓷的强度对应力状态特别敏感，它的抗拉强度虽低，但抗压强度高，因此要充分考虑与设计陶瓷应用的场合。陶瓷一般具有优于金属的高温强度，高温抗蠕变能力强，且有很高的抗氧化性，适宜作高温材料。

陶瓷在室温几乎没有塑性，但在高温慢速加载的条件下，特别是组织中存在玻璃相时，陶瓷也能表现出一定的塑性。陶瓷的韧性低、脆性大，是陶瓷结构材料应用的主要障碍。

2）物理性能

陶瓷的热膨胀系数比高聚物和金属低得多。陶瓷的导热性比金属差，多为较好的绝热材料。抗热震性是指材料在温度急剧变化时抵抗破坏的能力，一般用急冷到水中不破裂所能承受的最高温差来表达。多数陶瓷的抗热震性差，例如，日用陶瓷的抗热震性为 220 ℃。

陶瓷的导电性能变化范围很大，多数陶瓷具有良好的绝缘性，是传统的绝缘材料。但有些陶瓷具有一定的导电性，甚至出现陶瓷超导。

3）化学性能

陶瓷的结构非常稳定，常温下很难同环境中的氧发生作用。陶瓷对酸、碱、盐等的腐蚀有较强的抵抗能力，也能抵抗熔融的有色金属（如铝、铜等）的侵蚀。但在有些情况下，例如，高温熔盐和氧化渣等会使某些陶瓷材料受到腐蚀破坏。

2. 传统陶瓷

传统陶瓷成本低，加工成型性好，质地坚硬，不氧化，耐腐蚀，不导电，能耐一定高温。但强度较低，高温性能也不及先进陶瓷。

普通陶瓷广泛用于日用、电气、化工、建筑、纺织中对强度和耐温性要求不高的领域，如铺设地面、输水管道和隔电绝缘器件等。

3. 先进陶瓷

（1）氧化铝陶瓷：一般所说的氧化铝陶瓷是指含 Al_2O_3，在 95%以上的氧化铝陶瓷又称为刚玉瓷。刚玉瓷的玻璃相和气孔都很少。氧化铝陶瓷的强度大大高于普通陶瓷；硬度很高，仅次于金刚石、立方氮化硼、碳化硼和碳化硅，居第五位。耐高温性能好，含 Al_2O_3 高的刚玉瓷能在 1 600 ℃ 的高温下长期使用，蠕变很小，也不存在氧化的问题；具有优良的电绝缘性能。由于铝氧之间键合力很大，氧化铝又具有酸碱两重性，所以氧化铝陶瓷特别能耐酸碱的侵蚀，高纯度的氧化铝陶瓷也非常能抵抗金属或玻璃熔体的侵蚀，广泛用来制备耐磨、抗蚀、绝缘和耐高温材料。

（2）氧化镁陶瓷：MgO 陶瓷在高温下抗压强度较高，能承受较大负重，但抗热振性差。能抵抗熔融金属及碱性渣的腐蚀，可制作坩埚、炉衬和高温装置等。

（3）氧化锆陶瓷：ZrO_2 陶瓷呈弱酸性或惰性，耐侵蚀，耐高温，但抗热震性差，主要用作坩埚、炉子和反应堆的隔热材料、金属表面的防护涂层等，也常常是陶瓷增韧的材料。

（4）碳化硅陶瓷：SiC 陶瓷具有高硬度和高的高温强度，在 1 600 ℃ 高温仍可保持相当高的抗弯强度，而其他的陶瓷材料在 1 200～1 400 ℃ 时强度就要明显下降。碳化硅有很高的热传导能力，抗热震性高，抗蠕变性能好，化学稳定性好。碳化硅主要用作高温结构材料，应用十分广泛。例如，火箭尾喷管的喷嘴、热电偶套管等高温零件。还可用作高温下热交换器的材料、核燃料的包装材料等。此外，SiC 还常作为耐磨材料，用于制作砂轮、磨料等。

（5）氮化硅陶瓷：Si_3N_4 陶瓷具有优异的化学稳定性和良好的电绝缘性能。强度、硬度高，摩擦系数小，是一种优良的耐磨材料；热膨胀系数小，抗热震性高。氮化硅常用于耐高温、耐磨、耐蚀和绝缘的零件，如高温轴承、燃气轮机叶片等。近年来，在 Si_3N_4 中添加一定数量的 Al_2O_3 构成 Si-Al-O-N 系统的新型陶瓷材料，称为赛隆（Sialon）陶瓷。这类陶瓷的最大突破在于制备工艺的简单。

（6）氮化硼陶瓷：氮化硼通常为六方 BN，六方 BN 在高温高压下可以转变为立方 BN。六方 BN 导热性好，热膨胀系数小，抗热震性高，是优良的耐热材料；具有高温绝缘性，是一种优质电绝缘体；硬度低，有自润滑性，可进行机械加工；化学稳定性好，能抵抗许多熔融金属和玻璃熔体的侵蚀。因此，它可做耐高温、耐腐蚀的润滑剂、耐热涂料和坩埚等。立方 BN 的硬度极高，接近金刚石，是优良的耐磨材料。

8.3 复合材料

复合材料是 20 世纪 40 年代形成的一门独立学科，由于航空、航天、电子、机械、化工等工业的发展，对材料提出了更高的要求，而复合材料能够克服单一材料的局限性，满足不同的要求。

8.3.1 概 述

凡是两种或更多种的物理或化学性质不同的材料，以宏观或微观的形式，由人工制成的一种多相固体材料，即复合材料。在工程上，复合材料主要为克服金属、高聚物及陶瓷等传统的单一材料的某些不足，实现全面满足对材料强度、韧性、重量及稳定性等方面的综合性能要求。自然界实际上就存在着天然复合材料，如木材就是纤维素和木质素的复合物。而钢筋混凝土则是钢筋和水泥、砂、石的人工复合材料。

复合材料的优越性在于它的性能比其组成材料要好得多。此外，可以按照构件的结构和受力要求，对复合材料进行最佳设计，以获得合理的性能，最大地发挥材料的潜力，这是它的又一突出的优越性。随着近代科学技术的发展，特别是航天、核工业等尖端技术的突飞猛进，复合材料越来越引起人们的重视，新型复合材料的研制和应用也越来越多。有人预言，21 世纪将是复合材料的时代。

复合材料为多相体系。全部相可分为两类：

（1）基体相，起黏结作用；

（2）增强相，起提高强度或韧性的作用。

复合材料的种类很多，但总的可分为功能复合材料和结构复合材料两大类。前者研究较少；而后者，特别是以高聚物为基的结构复合材料，开发的品种较多。

8.3.2 复合材料的性能特点

复合材料是各向异性的高强度非均质材料。由于增强相和基体是形状和性能完全不同的两种材料。它们之间的界面又具有分割的作用，因此它不是连续的和均质的，其力学性能是各向异性的。特别是纤维增强复合材料更为突出。它们的主要性能特点简述如下。

1. 比强度和比模量

宇航、交通运输及机械工程中高速运转的零件都要求减轻自重而保持高的强度及高的刚度，即具有高比强度（强度与密度之比）和高比模量（模量与密度之比）。例如，分离铀用离心机转筒的线速度超过 400 m/s，所用碳纤维增强环氧树脂复合材料，其比强度比钢高 7 倍，比模量比钢高 3 倍。而复合材料中所用增强剂多为比重较小、强度极高的纤维（如玻璃纤维、碳纤维、硼纤维等），而基体也多为比重较小的材料（如高聚物）。基体和增强剂比重都大的情况不多。所以复合材料的比强度和比模量都很高，在各类材料中是最高的。

2. 抗疲劳性能

在纤维增强复合材料中，增强纤维由于缺陷较少，本身的抗疲劳能力就很高，而塑性较好的基体，又能减少或消除应力集中，使疲劳源（纤维和基体的缺陷处、界面上的薄弱点）难以萌生微裂纹。即使微裂纹形成，裂纹的扩展过程也与金属材料完全不同。这类材料基体中存在着大量的纤维，因而裂纹的扩展常要经历非常曲折、复杂的路径，或者说这种结构类型的材料在一定程度上阻止了裂纹的扩展，促使复合材料疲劳强度的提高。碳纤维增强树脂的疲劳强度为其拉伸强度的 70% ~ 80%，而一般金属材料仅为其拉伸强度的 40% ~ 50%。

结构的自振频率与结构本身的形状有关，并且与材料的比模量的平方根成正比，复合材料的比模量高，所以它的自振频率很高，在一般的加载速度或频率的情况下，不易发生共振而快速脆断。此外，复合材料是一种非均质的多相材料体系，大量存在的纤维与基体间的界面吸振能力强，阻尼特性好，即使复合材料中有振动存在也会很快衰减。

3. 高温性能

各种增强纤维大多具有较高的弹性模量，因而，多有较高的熔点和较高的高温强度。金属材料与各种增强纤维组成复合材料后，其弹性模量和高温强度均有改善。如铝合金在 400 °C 时，弹性模量接近于零，此时的强度从 500 MPa 降至 30 ~ 50 MPa。而采用连续硼纤维或氧化硅纤维增强制成复合材料后，在这样的温度下，其弹性模量及强度仍保持室温下的水平，从而明显地改善了单一材料的耐高温性能。同样，用钨纤维增强镍、钴及其合金时，可将它们的使用温度提高到 1 000 °C 以上。

197

4. 断裂安全性

纤维增强复合材料每平方厘米截面上，有几千甚至几万根纤维，在其受力时将处于力学上的静不定状态。当受力、过载使部分纤维断裂时，其应力将迅速重新分配在未断纤维上，不致造成构件在瞬间完全丧失承载能力而破坏，所以断裂的安全性高。

复合材料除上述几种特性外，其减摩性、耐蚀性及工艺性能也均良好。但是复合材料也存在一些问题，如断裂伸长小；冲击韧性较差；因是各向异性材料，其横向拉伸强度和层间剪切强度不高，特别是制造成本较高等，使复合材料的应用受到一定的限制，尚需进一步研究解决，以便逐步推广使用。

8.3.3　常用复合材料

按复合形式的不同，复合材料可以分为以下三类，如图 8-1 所示。

（1）纤维增强复合材料，如玻璃钢、纤维增强陶瓷、橡胶轮胎等；

（2）层叠增强复合材料，如钢-铜-塑料三层复合无油润滑轴承材料等；

（3）颗粒增强复合材料，如金属陶瓷等。

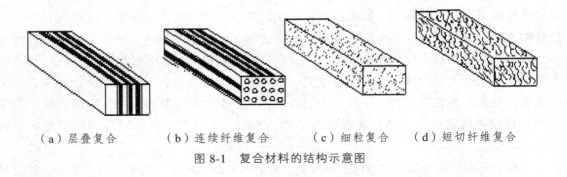

（a）层叠复合　　（b）连续纤维复合　　（c）细粒复合　　（d）短切纤维复合

图 8-1　复合材料的结构示意图

1. 纤维增强复合材料

（1）玻璃纤维增强复合材料（俗称玻璃钢）。按黏结剂不同，分为热塑性玻璃钢和热固性玻璃钢。

① 热塑性玻璃钢：以玻璃纤维为增强剂，热塑性树脂为黏结剂。与热塑性塑料相比，当基体材料相同时，其强度和疲劳强度提高 2～3 倍，冲击韧度提高 2～4 倍，抗蠕变能力提高 2～5 倍，强度超过某些金属。这种玻璃钢用于制作轴承、齿轮、仪表盘、收音机壳体等。

② 热固性玻璃钢：以玻璃纤维为增强剂，热同性树脂为黏结剂。其密度小，耐蚀性、绝缘性、成型性好，比强度高于铜合金和铝合金，甚至高于某些合金铜。但刚度差，为钢的 1/10～1/5。耐热性不高（低于 200 ℃），易老化和蠕变。主要制作要求自重轻的受力件，如汽车车身、直升机旋翼、氧气瓶、轻型船体、耐海水腐蚀件、石油化工管道和阀门等。

（2）碳纤维增强复合材料：这种复合材料与玻璃钢相比，其抗拉强度高，弹性模量是玻璃钢的 4~6 倍。玻璃钢在 300 ℃ 以上，强度会逐渐下降，而碳纤维的高温强度好。玻璃钢在潮湿环境中强度会损失 15%，碳纤维的强度不受潮湿影响。

此外，碳纤维复合材料还具有优良的减摩性、耐蚀性、导热性和较高的疲劳强度。碳纤维复合材料适于制作齿轮、高级轴承、活塞、密封环、化工零件和容器，飞机涡轮叶片，宇宙飞行器外形材料，天线构架，卫星、火箭机架，发动机壳体等。

2. 层叠复合材料

层叠复合材料由两层或两层以上不同材料复合而成。用层叠法增强的复合材料可使强度、刚度、耐磨、耐蚀、绝热、隔声、减轻自重等性能分别得到改善。常见的有双层金属复合材料、塑料-金属多层复合材料和夹层结构复合材料等。

例如，SF 型三层复合材料就是以钢为基体，烧结铜网或铜球为中间层，塑料为表面层的自润滑复合材料。这种材料力学性能取决于钢基体，摩擦、磨损性能取决于塑料，中间层主要起黏结作用。这种复合材料比单一塑料的承载能力提高 20 倍，导热系数提高 50 倍，热膨胀系数下降 75%，改善了尺寸稳定性，可制作高应力（140 MPa）、高温（270 ℃）、低温（-195 ℃）和无油润滑条件下的轴承。

夹层结构复合材料是由两层薄而强的面板（或称蒙皮）中间夹着一层轻而弱的芯子组成的。面板与芯子用胶接或焊接连在一起。夹层结构密度小，可减轻构件自重，有较高刚度和抗压稳定性，可绝热、隔声、绝缘，已用于飞机机翼、火车车厢等构件中。

3. 颗粒复合材料

颗粒复合材料是由一种或多种材料的颗粒均匀分散在基体材料内所组成的。金属陶瓷就是颗粒复合材料，它是将金属的热稳定性好、塑性好、高温易氧化和蠕变等性能，与陶瓷的脆性大、热稳定性差，但耐高温、耐腐蚀等性能进行互补，将陶瓷微粒分散于金属基体中，使两者复合为一体。例如，钨钴类硬质合金刀具就是一种金属陶瓷。

【知识广场】

纳米材料

纳米是一个长度计量单位，一纳米相当于十亿分之一米，大约是 10 个原子并列的宽度。当物质颗粒小到纳米量级后，这种物质就可被称为纳米材料。由于纳米颗粒在磁、光、电、敏感等方面呈现常规材料不具备的特性，因此在陶瓷增韧、磁性材料、电子材料和光学材料等领域有广阔的应用前景。我国著名科学家钱学森曾指出，纳米左右和纳米以下的结构是下一阶段科技发展的一个重点，会是一次技术革命，从而将引起２１世纪又一次产业革命。

1. 纳米材料的特性

纳米材料可划分为三大类：一是一维的纳米粒子；二是二维的纳米固体（包括薄膜和涂层、管、线）；三是三维的纳米体材（包括介孔材料）。

纳米材料具有极佳的力学性能，如高强度、高硬度和良好的塑性。金属材料的屈服强度和硬度随着晶粒尺寸的减小而提高。同时，不牺牲塑性和韧性。

纳米材料的表面效应和量子尺寸效应对纳米材料的光学特性有很大的影响。例如，它的红外吸收谱频带展宽，吸收谱中的精细结构消失，中红外有很强的光吸收能力。纳米材料的颗粒尺寸越小，电子平均自由程缩短，偏离理想周期场愈加严重，使得其导电性特殊。当晶粒尺寸达到纳米量级，金属会显示非金属特征。

纳米材料与常规材料在磁结构方面的很大差异，必然在磁学性能表现出来。当晶粒尺寸减小到临界尺寸时，常规的铁磁性材料会转变为顺磁性，甚至处于超顺磁状态。

纳米材料的（表面积／体积）比值很大，因此它具有相当高的化学活性，在催化、敏感和响应等性能方面显得尤为突出。

2. 纳米材料应用举例

（1）"脾气暴躁"、易燃易爆的纳米金属颗粒。

用物理、化学及生物学的方法制备出只包含几百个或几千个原子、分子的"颗粒"。这些"颗粒"的尺寸只有几个纳米。如果按照一般的经验，原子与原子之间的距离为 0.2 nm 左右。可以估计出在尺寸为 1 nm 的立方体"颗粒"中，"立方颗粒"的每一边上只能排列 5 个原子，总体可容纳 125 个原子，但是其中 98 个原子在表面上。众所周知，表面上的原子只受到来自内部一侧的原子的作用。因此，它们很容易与外界的气体、流体甚至固体的原子发生反应，也就是说十分活泼。实验上发现如果将金属铜或铝做成几个纳米的颗粒，一遇到空气就会产生激烈的燃烧，发生爆炸。有人认为用纳米颗粒的粉体做成火箭的固体燃料将会有更大的推力，可以用作新型火箭的固体燃料，也可用作烈性炸药。另外，用纳米金属颗粒粉体作催化剂，可加快化学反应过程，大大地提高化工合成的产率。

（2）材料世界中的"大力士"——纳米金属块体。

如果把金属纳米颗粒粉体制成块状金属材料，它会变得十分结实，强度比一般金属高十几倍，同时又可以像橡胶一样富于弹性。人们幻想在 22 世纪，总有一天会制造出具有如此神奇性质的纳米钢材和纳米铝材。用这种材料制造汽车、飞机或轮船，会使它们的质量减少到 1/10。可以想象，一辆摩托车的质量会变成只有 20～30 kg，一个女中学生会轻易地将它扛上楼去。

（3）"刚柔并济"的纳米陶瓷。

人们日常生活中最常用的陶瓷材料具有硬而脆的特点。硬是说它可以作刀具切削金属，脆是说它耐不住冲击，甚至一摔就碎。陶瓷的另一长处是耐高温，在 1 000 ℃ 的高温下也不变形。现在，用纳米陶瓷粉制成的陶瓷已经表现出一定的塑性，这个问题已被彻底解决，会在汽车发动机上大显身手，彻底甩掉发动机的冷却水套，使发动机工作在更高的温度下，汽车会跑得更快，飞机会飞得更高。纳米陶瓷粉体作为涂料的添加剂已得到广泛应用，这些特种涂料涂在塑料或木材上，具有防火、防尘和耐磨的性能。

（4）善变颜色的纳米氧化物材料。

氧化物纳米颗粒最大的本领是在电场作用下或在光的照射下迅速改变颜色。平常人们戴的变色眼镜含有一种光敏卤化物材料，但是变色的速度慢。用纳米氧化物材料做成的变色镜就不一样了，用它做成士兵防护激光枪的眼镜是再好不过了。还有将纳米氧化物材料作成广告板，在电、光的作用下，会变得更加绚丽多彩。

（5）"法力无边"的半导体纳米材料。

半导体纳米材料的最大用处是可以发出各种颜色的光，可以做成超小型的激光光源。它还可以吸收太阳光中的光能，把它们直接变成电能。这种技术一旦实现，太阳能汽车、太阳能住宅就会使人们居住的环境更加美丽，空气更加清新。利用特种半导体纳米材料使海水淡化在中东已得到应用；半导体纳米材料做成的各种传感器，可灵敏的检测出温度、湿度和大气成分的变化，在汽车尾气和大气环境保护上已得到应用。

（6）纳米药物和纳米保健食品。

把不容易被人体吸收的药物或食品，如维生素等作成纳米粉或纳米粉的悬浮液极易被吸收。如果把纳米药物做成膏药贴在患处，药物可以通过皮肤直接被吸收，而无须注射，省去了注射的感染。

目前，纳米材料在食品、化妆品、医药、印刷、造纸、电子、通讯、建筑及军事等方面都得到越来越多的应用。

（7）"被囚禁"的电子和未来的电子学器件。

把自由运动的电子囚禁在一个小的纳米颗粒内，或者在一根非常细的短金属线内，线的宽度只有几个纳米，会发生十分奇妙的事情。由于颗粒内的电子运动受到限制，原来可以在费米动量以下连续地具有任意动量的电子状态，变成只能具有某些动量值，也就是电子动量或能量被量子化了。自由电子能量量子化的最直接的结果表现在，当在金属颗粒的两端加上电压，电压合适时，金属颗粒导电；而电压不合适时，金属颗粒不导电。这样一来，原本在宏观世界内奉为经典的欧姆定律在纳米世界内就不再成立了。还有一种奇怪的现象，当金属纳米颗粒从外电路得到一个额外的电子时，金属颗粒具有了负电性，它的库仑力，足以排斥下一个电子从外电路进入金属颗粒内，切断了电流的连续性，这使得人们想到是否可以发展用一个电子来控制的电子器件，即单电子器件。单电子器件的尺寸很小，一旦实现，把它们集成起来做成计算机芯片，计算机的容量和计算速度不知要提高多少倍。然而，有两个方面的问题向当前的科学技术提出了挑战。实际上，被囚禁的电子可不是那么"老实"，按照量子力学的规律，有时它可以穿过"监狱"的"墙壁"逃逸出来，一方面在新一代芯片中似乎不用连线而相关联在一起，当然，需要新的设计才能使单电子器件变成集成电路。另一方面也会使芯片的动作不可控制。归根结底，在这一世界中电子应被看成是"波"而不是一个粒子。所以尽管单电子器件已经在实验室用得以实现，但是要用在工业上，还需要时日。

【学习小结】

本项目阐述了工程塑料、橡胶、陶瓷、复合材料等常用非金属材料的分类、性能和用途。

【综合能力训练】

一、名词解释

高分子材料，工程塑料，复合材料。

二、简答题

1. 何谓热固性塑料和热塑性塑料？举例说明其用途。

2. 塑料由哪些组成物组成？具有哪些性能特点？举例说明工程塑料的应用实例。

3. 橡胶具有哪些特性？其性能如何？列出三种常用橡胶在工业中的应用实例。

4. 何谓陶瓷？其性能如何？列出三种常用陶瓷在工业中的应用实例。

5. 复合材料有哪些复合机制？有哪些共同特性？列出其在工业中的应用实例。

项目 9　铸　造

【学习目标与技能要求】

（1）重点掌握铸造合金液体的流动性、凝固性、收缩性及其影响因素。

（2）掌握缩孔与缩松、铸造内应力、变形与裂纹的产生与防止，了解其他常见的铸造缺陷。

（3）掌握砂型铸造工艺及铸造工艺图的表示方法，并能正确选择铸造工艺参数；根据砂型铸造工艺特点，能正确地设计铸件结构；了解常用的机械造型方法。

（4）了解各种特种铸造的工艺特点和应用范围。

【教学提示】

（1）本项目应合理采用多媒体进行教学，通过视频和图片，帮助学生掌握砂型铸造的操作步骤，了解各种铸造方法的基本过程，分清各种铸造缺陷；通过实践操作加深对铸造过程的理解。

（2）教学重点和难点：合金的流动性及其影响因素，铸件的凝固方式，铸造合金的收缩，铸造应力、变形、裂纹的形成及防治方法；砂型铸造的基本过程，铸造工艺的设计，铸造工艺图的绘制。

【案例导入】

沧州铁狮是中国五代后周大型铸件，位于今河北省沧州市东南 20 km 的沧州故城开元寺前。铁狮身长 5.3 m、高 5.4 m、宽 3 m，质量约 40 t，狮身铸有"狮子王"字样，背驮莲座，前胸及臀部饰束带，鬣曲呈波浪形，形态威武，呈奔走状。铁狮的铸造采用泥范法，外面有明显的范块拼接痕迹，有的范块上还可以找到浇注时留下的气孔。

1953 年河北兴隆出土了一批铁范，这批铁范包括锄、镰、斧、凿、车具等共 87 件，大部分完整配套。其中，镰和凿是一范两件，锄和斧还采用了金属芯。它们的结构十分紧凑，颇具特色。范的形状和铸件相吻合，使壁厚均匀，利于散热。范壁带有把手，便于握持，又能增加范的刚度。这次考古发现证明我国铸造技术早在战国时期已经掌握了铁范法。

举世闻名的晚商四羊铜尊，是商代奴隶主用的盛酒器。它的造型奇特，花纹十分复杂，尊身四隅有四只羊头，各长一对卷曲的羊角，尊的扇边镂空。这一作品经专家分析鉴定，该盛酒器的铸造用的是熔模法。

考古中发现的大量各种各样的器具证明了铸件早就成为早期人类生产生活不可或缺的一部分，而当今人们对铸件的依赖性更强。在生产领域，铸件占到机床、内燃机、重型机器重量的 70%～90%，风机、压缩机质量的 60%～80%，农业机械质量的 40%～70%，汽车质量的 20%～30%；在生活领域，门把、锁头、水管等，所采用的也基本是铸件。

【知识与技能模块】

9.1　铸件工艺的基本内容

铸造是将金属熔化后注入预先造好的铸型当中，等其凝固后获得一定形状和性能铸件的成型方法。与其他加工方法相比，铸造具有以下几方面特点。

（1）适应范围广。首先，可供铸造用的金属（合金）十分广泛，除了常用的铸铁、铸钢外，还有铝、镁、铜、锌、钛、镍、钴等金属合金，甚至连不能接受塑性加工和切削加工的非金属（如陶瓷之类）零件，也能用铸造的方法成型。其次，铸造可用于制造形状复杂的整体零件。再次，铸件的质量和尺寸可以在很大范围内变化，长度为数毫米至十几米，质量为数克至数百吨。

（2）铸件是在液态下成型的，用铸造的方法生产复合铸件是一种最经济的方法，此方法可使用不同的材质构成铸件（如衬套）。

（3）生产类型适应性强，既可用于单件生产，也可用于批量生产。

（4）铸件与零件的形状、尺寸很接近，因而加工余量小，可以节约金属材料和机械加工工时。

（5）成本低廉。在一般机器中，铸件质量为 40%～80%，但其成本只占 25%～30%。

但是铸造也存在一些缺点，如铸造工艺过程复杂，一些工艺过程难以控制，易出现铸造缺陷，废品率较高；铸件内部组织粗大、不均匀，其力学性能不如同类材料锻件的高；劳动强度大，劳动条件差等。不过随着铸造技术的迅速发展，新材料、新工艺、新技术和新设备的推广和使用，铸造生产的情况将大大改观，铸件质量和铸造生产率将得到很大提高。

9.1.1　金属的铸造性能

金属的铸造性能是指金属在铸造生产过程中所表现出来的综合性能，其优劣程度直接影响铸件的质量。

1. 流动性

液态合金的流动能力称为流动性。

1）流动性对铸件质量的影响

流动性好的合金，不仅易于充满铸型型腔，还有利于渣、气体的上浮和排除，有利于液态合金补充冷凝时产生的收缩，从而避免产生冷隔、浇不足、夹渣、气孔和缩孔等缺陷，获得尺寸准确、形状完整、轮廓清晰且内在质量好的铸件。

2）影响流动性的因素

浇注条件、充型压力和浇注系统结构、铸型特性及铸件结构等条件因素对流动性均有影响。

（1）浇注条件对流动性的影响。

① 浇注温度。在同样的冷却条件下，浇注温度越高，金属液所含的热量越多，金属液在停止流动前传给铸型的热量也越多，铸型温度就越高，金属的冷却速度就越低，金属保持液态的时间也就越长，从而使金属液的流动性增强，提高金属液的流动性。此外，浇注温度高，会降低金属液的黏度，也有利于提高流动性。灰口铸铁的合理浇注温度一般为 1 200～1 380 ℃，铸钢的浇注温度为 1 520～1 620 ℃，铝合金为 680～780 ℃，灰铸铁为 1 230～1 450 ℃，黄铜为 1 060 ℃左右，青铜为 1 200 ℃左右。

② 浇注压力。液态金属在流动方向所受的压力越大，流动性就越好。例如增加直浇道高度，利用人工加压方法如压铸、低压铸造等。

（2）合金成分对流动性的影响。

成分不同的合金具有不同的结晶特点，其流动性也不同。纯金属和共晶成分的合金是在恒温下结晶的，结晶时从表面开始向中心逐层凝固，结晶前沿较为平滑，尚未凝固的金属液流动阻力小，因此它们流动性最好。其他合金的凝固过程是在一定温度范围内完成的，在结晶温度范围内同时存在固、液两相，固态的树枝状晶体会阻碍金属液的流动，因此其流动性较差。

（3）铸型对流动性的影响。

铸型材料、浇注系统结构和尺寸、型腔表面粗糙度等，均影响金属液的流动性。铸型中凡是增加金属液流动阻力和提高金属液冷却速度的因素均使流动性降低。

2．凝固性

液态金属的凝固是决定铸件或铸坯内部质量的关键，而金属在凝固过程中凝固区的宽窄是判断铸件或铸坯内部质量的依据。液态金属凝固时存在如图 9-1 所示的 3 种凝固方式。

1）逐层凝固

纯金属、共晶合金及结晶温度范围很窄的合金（如低碳钢）在凝固过程中凝固体的断面上具有较大温度梯度时的凝固，属于逐层凝固方式。

对凝固质量的影响：流动性能好，容易获得健全的凝固体；液体补缩好，凝固体的组织致密，形成集中缩孔的倾向大；热裂倾向小；气孔倾向小，应力大，宏观偏析严重。

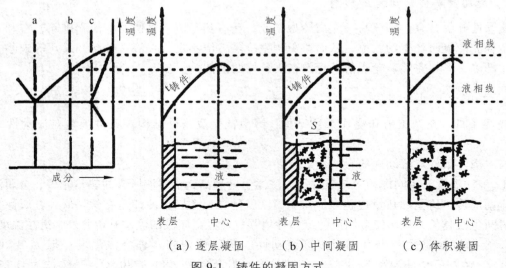

（a）逐层凝固　　　（b）中间凝固　　　（c）体积凝固

图 9-1　铸件的凝固方式

2）体积凝固

结晶温度范围很宽的合金（如高碳钢）在凝固过程，当凝固体的断面上具有较小温度梯度时的凝固，属于体积凝固方式。

对凝固质量的影响：流动性能不好，不容易获得健全的凝固体；液体补缩不好，凝固体的组织不致密，形成集中缩孔的倾向小；热裂倾向大；气孔倾向大，应力小，宏观偏析不严重。

3）中间凝固

介于逐层凝固和体积凝固之间的凝固方式称为中间凝固方式。特别是在连铸工艺过程中，从结晶器到二冷区，恰当地调整冷却强度，适当地降低连铸坯断面的温度梯度分布，降低钢水的浇注温度，对于某些钢种来说虽不能把逐层凝固改变成体积凝固，但可以实现中间凝固方式，可大幅度地改善连铸坯的凝固组织和降低铸坯的中心缺陷。

3. 收缩性

1）收缩的 3 个阶段

合金从浇注温度冷却到室温的过程中要经过液态收缩、凝固收缩和固态收缩 3 个阶段。液态收缩是指金属液从浇注温度冷却到凝固开始温度而发生的收缩；凝固收缩是指金属液在凝固阶段的收缩；固态收缩是指金属从凝固终止温度冷却到室温而发生的收缩。

合金的液态收缩和凝固收缩主要表现为合金液的体积减小，通常用体积收缩率来表示。合金的固态收缩，虽然也有体积变化，但它主要表现为铸件外部尺寸的变化，通常用线收缩率来表示。液态收缩和凝固收缩是形成铸件缩孔和缩松缺陷的基本原因。固态收缩是铸件产生内应力、变形和裂纹等缺陷的主要原因。

2）影响收缩的因素

（1）化学成分的影响。

不同成分的合金，其收缩率也不同。常见合金的收缩率见表9-1。

表 9-1　常用铸造合金的收缩率

合金种类	灰铸铁	球墨铸铁	碳素铸钢	铸铝合金	铸铜合金
体收缩率	5%～8%	9.5%～11.6%	10%～14.5%	—	—
线收缩率	0.7%～1.0%	0.8%～1.0%	1.6%～2.0%	1.0%～1.5%	1.2%～2.0%

（2）浇注温度的影响。

浇注温度越高，液态收缩量就越大。综合考虑浇注温度对流动性和收缩性的影响，在铸造生产中对浇注温度的要求是"高温出炉、低温浇注"。

（3）铸件结构与铸型条件的影响。

由于存在铸型和型芯对收缩的机械阻力，合金在铸型中并不是自由收缩，而是受阻收缩，铸件的实际收缩量要小于自由收缩量。

9.1.2　铸件常见缺陷分析

根据铸件缺陷严重程度，将铸件缺陷分为：

（1）严重缺陷。这类缺陷的铸件不能修补，只能报废。

（2）中等缺陷。这类缺陷的铸件，可允许修补后再使用。

（3）小缺陷。这类缺陷可以修补甚至不修补即可使用。

按铸件性质，将铸件缺陷分为：

（1）孔眼类缺陷。如气孔、缩孔、缩松、渣眼、砂眼等。

（2）裂纹类缺陷。如热裂、冷裂等。

（3）表面缺陷。如黏砂、夹砂、冷隔等。

（4）铸件形状、尺寸和质量不合格。如多肉、抬箱、错箱、变形、偏心、重量不合格、尺寸不合格等。

（5）铸件成分、组织、性能不合格。如化学成分不合格、金相组织不合格、物理机械性能不合格。

1. 缩孔与缩松

液态合金充满铸型后，因铸型的快速冷却，铸件外表面很快凝固而形成外壳，而内部仍为液态，随着其冷却和凝固，内部液体因液态收缩和凝固收缩，体积减小，液面下降，在上部形成了表面不光滑、形状不规则、近似于倒圆锥形的孔洞，称为缩孔，如图9-2所示。

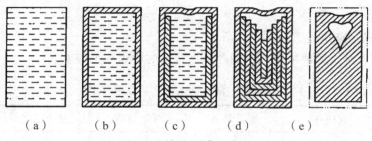

图 9-2　缩孔形成示意图

具有较大结晶温度范围的合金，其结晶是在铸件截面上一定宽度的区域内同时进行的，先形成的树枝状晶体彼此相互交错，将金属液分割成许多小的封闭区域，封闭区域内的金属液凝固时得不到补充，则形成许多分散的小缩孔。铸件中的这种分散孔洞称为"缩松"。缩松的形成过程如图 9-3 所示。

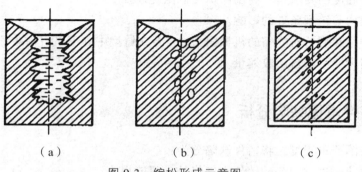

图 9-3　缩松形成示意图

从缩孔和缩松的形成过程可以看出，结晶温度间隔大的合金易于形成缩松；纯金属或共晶成分的合金，缩松的倾向性很小，多易形成集中缩孔。缩松分布面广，既难以补缩，又难以发现。缩孔较易检查和修补，也便于采取工艺措施来防止。

预防缩孔主要采用两种方式：一是将内浇口设置在铸件的厚壁处，适当扩大内浇道的截面积，利用浇道直接进行补缩；二是合理设置冒口和冷铁，控制铸件的凝固过程，实现顺序凝固。

顺序凝固是指铸件按"薄壁→厚壁→冒口"的顺序进行凝固的过程。通过增设冒口或设置冷铁等一系列措施（见图 9-4），可使铸件远离冒口的部位先凝固，其次为靠近冒口部位凝固，最后冒口本身凝固。按照这个凝固顺序，使铸件各个部位均能得到金属液的充分补缩，最后将缩孔转移到冒口之中，即可得到无缩孔的铸件。冒口为铸件的多余部分，在铸件清理时切除。

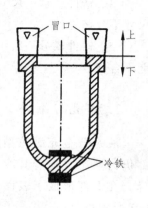

图 9-4　顺序冷凝设置图

2. 变形和裂纹

1）铸造应力

铸件在凝固和冷却过程中，由于收缩不均匀等因素而引起的内应力称为铸造应力。铸造应力分为热应力、相变应力和收缩应力。

热应力是由于铸件各部分壁厚不同、冷却速度不同和固态收缩不一致而产生的。图 9-5 所示为框架形铸件的热应力形成过程。铸件中间为粗杆Ⅱ，两侧为细杆Ⅰ。当细杆凝固后进行固态收缩时，粗杆尚未完全凝固，整个框架随细杆的收缩而轴向缩短。粗杆对这种收缩不产生阻力，三杆内无内应力。当粗杆凝固并进行固态收缩时，由于细杆已基本完成收缩，这使粗杆的收缩受到阻碍，结果是细杆受压，粗杆受拉，形成了热应力。

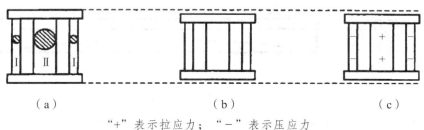

（a）　　　　　　　　　　（b）　　　　　　　　　　（c）

"+" 表示拉应力；"－" 表示压应力

图 9-5　热应力的形成

相变应力是指金属材料在发生相变时，由于不同金相组织的比容不相同导致它们之间出现相对形变而产生的应力。相变应力包括不均匀相变引起的应力（称为组织应力）和不等时相变引起的应力（称为附加应力）。

收缩应力是由于铸件在固态收缩时受到铸型和型芯的阻碍而产生的，如图 9-6 所示。落砂后，收缩阻力消失，收缩应力随之消失。

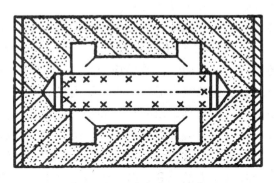

图 9-6　收缩应力的形成

减小或消除应力的途径：①设计铸件时尽量使其壁厚均匀，形状对称、减小热节；②尽量避免牵制收缩结构，使铸件各部分能自由收缩；③设计铸件的浇注系统时，应采取"同时凝固"（使铸件各部分凝固趋于同时）的原则；④造型工艺上，采取相应措施减小铸造内应力，如改善铸型、型芯的退让性，合理设置浇口、冒口等；⑤减少铸型与铸件的温度差，如在金属型铸造和熔模铸造时对铸型预热；⑥去应力退火，如对灰铸铁的中、小件加热到 550 ~ 650 ℃，保温 3 ~ 6 h 后缓慢冷却，可消除残留铸造内应力。

2）变　形

具有残余应力的铸件，其处于不稳定状态，将自发地进行变形以减少内应力，趋于稳定状态。图 9-7 所示为壁厚不均匀的 T 字形梁铸件挠曲变形的情况，变形的方向是厚的部分向内凹，薄的部分向外凸，如图 9-7 中双点画线所示。

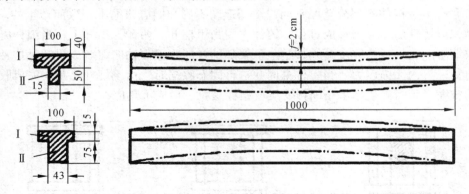

图 9-7　T 字形钢材的变形

为了防止铸件变形，除在铸件设计时尽可能使铸件的壁厚均匀、形状对称外，在铸造工艺上应采用同时凝固办法，以便冷却均匀。对于长而易变形的铸件，还可以采用"反变形"工艺。反变形法是在统计铸件变形规律的基础上，在模样上预先做出相当于铸件变形量的反变形量，以抵消铸件的变形。

　　3）裂　纹

当铸造内应力超过金属的强度极限时，铸件便产生裂纹。裂纹包括热裂和冷裂，不管是哪种裂纹均属于严重的铸件缺陷，必须设法防止。

热裂是铸钢和铝合金铸件的常见缺陷，是在凝固末期高温下形成的。此时，结晶出来的固体已形成完整的骨架，开始固态收缩，但晶粒之间还存在少量液体，因此金属的强度很低。如果金属的线收缩受到铸型或型芯的阻碍，收缩应力超过了该温度下金属的强度，即发生热裂。热裂的形状特征是裂纹短、缝隙宽、形状曲折、缝内呈氧化色。

防止热裂的方法是使铸件结构合理，改善铸型和型芯的退让性，减小浇冒口对铸件收缩的机械阻碍，内浇道设置应符合同时凝固原则。此外，减少合金中有害杂质硫（硫可使合金的热脆性增加，导致热裂倾向增大）、磷含量，可提高合金高温强度。

铸件所产生的热应力和收缩应力的总和，若大于该温度下合金的强度，则产生冷裂。冷裂是在较低温度下形成的，常出现在受拉伸的部位，其裂缝细小，呈连续直裂状，缝内干净，有时呈轻微氧化色。

为防止铸件冷裂，除应设法减小铸造内应力外，特别应控制钢、铁的含磷量。如铸钢中含磷量大于 0.1%、铸铁中含磷量大于 0.5%时，冲击韧性急剧下降，冷裂倾向将明显增加。

　　4）其他常见缺陷

（1）砂眼：铸件内部或表面带有砂粒的孔洞。

产生原因：① 型砂强度不够或局部没春紧，掉砂；② 型腔、浇注系统内散砂未吹净；③ 合型时砂型局部挤坏，掉砂；④ 浇注系统不合理，冲坏砂型（芯）。

（2）渣气孔：铸件的上表面充满熔渣的孔洞，常与气孔并存，大小不一，成群集结。

产生原因：① 浇注温度太低，熔渣不易上浮；② 浇注时没挡住熔渣；③ 浇注系统不正确，挡渣作用差。

（3）黏砂：铸件表面黏附着一层砂粒和金属的机械混合物，使铸件表面粗糙。

产生原因：① 砂型舂得太松，型腔表面不致密；② 浇注温度过高，金属液渗透力大；③ 砂粒过粗，砂粒间空隙过大。

（4）夹砂：铸件表面产生的疤片状金属突起物，使表面粗糙，边缘锐利，且在金属片和铸件之间夹有一层型砂。

产生原因：① 型砂热湿强度低。型腔表层受热膨胀后易鼓起或开裂；② 砂型局部紧实度过大，水分过多，水分烘干后易出现脱皮；③ 内浇道过于集中，使局部砂型烘烤厉害；④ 浇注温度过高，浇注速度过慢。

（5）偏芯：铸件内腔和局部形状位置偏错。

产生原因：① 型芯变形；② 下芯时放偏；③ 型芯没固定好，浇注时被冲偏。

（6）浇不足：铸件残缺，或形状完整但边角圆精光亮；冷隔：铸件上有未完全融合的缝隙，边缘呈圆角。

产生原因：① 浇注温度过低；② 浇注速度过慢或断流；③ 内浇道截面尺寸过小，位置不当；④ 未开出气口，金属液的流动受型内气体阻碍；⑤ 远离浇注系统的铸件壁过薄。

（7）错型：铸件的一部分与另一部分在分型面处相互错开。

产生原因：① 合型时上、下型错位；② 定位销或泥记号不准；③ 造型时上、下模有错动。

9.2　砂型铸造

将液态金属浇入用型砂紧实的铸型中，待凝固冷却后，将铸型破坏，取出铸件的铸造方法称为砂型铸造，砂型铸造是最传统的铸造方法，它适用于各种形状、大小及各种常用合金铸件的生产，在铸造生产中占主导地位。用砂型铸造生产的铸件，约占铸件总质量的 90%。

9.2.1　砂型铸造工艺过程

砂型铸造工艺如图 9-8 所示，包括造型（芯）、熔炼、浇注、落砂及清理等几个基本过程。

1. 造　型

用型砂及模样等工艺装备制造铸型的过程称为造型。造型时，用模样形成铸型的型腔；铸造时，型腔形成铸件的外部轮廓。

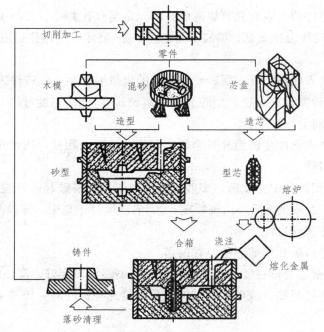

图 9-8　砂型铸造工艺基本过程图

制造铸型用的材料称为造型材料。造型材料包括型砂和芯砂,由原砂、黏结剂(黏土和膨润土、水玻璃、植物油、树脂等)、附加物(煤粉或木屑等)、旧砂和水组成。造型材料的好坏,直接影响铸件的质量。为了获得合格的铸件,型砂应具备一定强度、可塑性、耐火性、透气性、退让性等性能。

按操作特点不同,造型分为手工造型和机器造型两大类。

1)手工造型

全部用手工或手动工具完成造型过程的造型方法称为手工造型。手工造型操作灵活,适应性强,模样成本低,生产准备简单,但造型效率低,劳动强度大,劳动环境差,主要用于单件、小批量生产。手工造型方法主要有以下几种:

(1)整模造型。整模造型是将模样做成与零件形状相对应的整体结构而进行造型的方法。造型时,把模样整体放在一个砂箱内,并以模样一端的最大表面作为铸型的分型面,整模造型过程如图 9-9 所示。这种造型方法操作简便,模样容易制造,适用于形状简单且最大截面在零件某一端部的铸件。

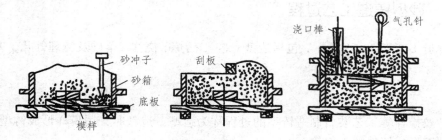

(a)造下型:天剎、舂砂　　(b)刮平、翻箱　　(c)造上型、打气孔、做泥号

212

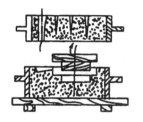 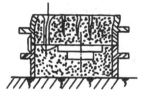

（d）起模、开浇道　　　　（e）合型　　　　（f）落砂后带浇道的铸件

图 9-9　整模造型

（2）分模造型。模样分为两半，造型时模样分别在上、下型内，这种造型方法称为分模造型。分模造型过程如图 9-10 所示，这种造型方法操作简便，应用广泛，适用于生产最大截面在模样中部，难以进行整模造型的铸件。

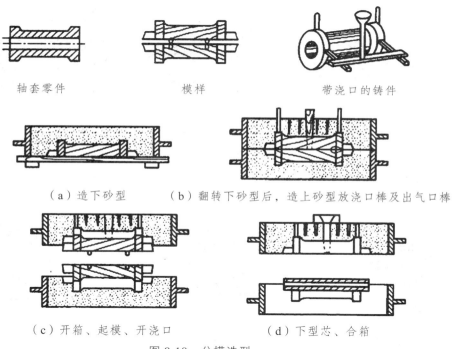

轴套零件　　　　　　　　模样　　　　　　　　带浇口的铸件

（a）造下砂型　　　　（b）翻转下砂型后，造上砂型放浇口棒及出气口棒

（c）开箱、起模、开浇口　　　　（d）下型芯、合箱

图 9-10　分模造型

（3）挖砂造型。模样是整体的，但铸件的分型面为曲面，为了能起出模样，造型时用手工将阻碍起模的型砂挖去的造型方法称为挖砂造型。图 9-11 所示为挖砂造型基本过程，此法适用于小批量生产最大截面为曲面的铸件。

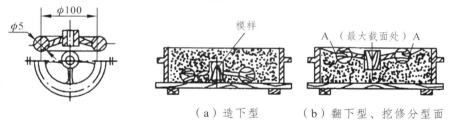

（a）造下型　　　　（b）翻下型、挖修分型面

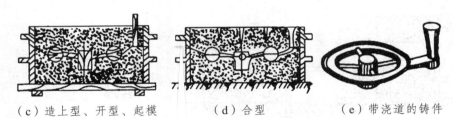

（c）造上型、开型、起模　　　（d）合型　　　（e）带浇道的铸件

图9-11　手轮铸件的挖砂造型过程

（4）假箱造型。假箱造型是特□的挖砂造型方法。当挖砂造型生产的铸件有一定批量时，为了避免每次挖砂操作，提高造型效率，可以采用假箱造型方法：预先制造好"假箱"，用它造上型和下型，如图9-12所示。因为"假箱"能够多次使用，所以避免了每次挖砂操作，提高了造型效率。

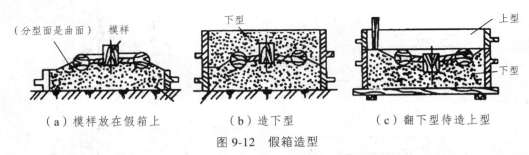

（a）模样放在假箱上　　　（b）造下型　　　（c）翻下型待造上型

图9-12　假箱造型

（5）活块造型。铸件上的一些小凸台、肋条等结构，造型时妨碍起模。造型时可将模样的凸出部分做成活块，起模时先将主体模起出，然后再从侧面取出活块，这种造型方法称为活块造型，如图9-13所示。

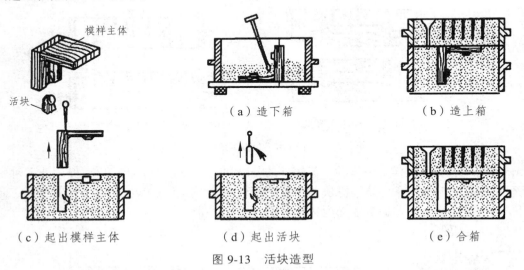

（a）造下箱　　　（b）造上箱

（c）起出模样主体　　　（d）起出活块　　　（e）合箱

图9-13　活块造型

（6）三箱造型。当铸件的外形特征是两端截面大而中间截面小时，只用两个砂箱、一个分型面不能完成起模操作，需要从小截面处分开模样，并用三个砂箱进行造型，这种造型方法称为三箱造型，如图9-14所示。

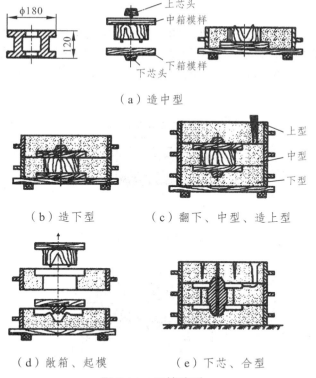

（a）造中型

（b）造下型　　　　　（c）翻下、中型、造上型

（d）撒箱、起模　　　　（e）下芯、合型

图 9-14　三箱造型

（7）刮板造型。不使用模样而使用刮板的造型方法称为刮板造型，如图 9-15 所示。这种造型方法可以降低模样制作成本，缩短生产准备时间，但生产效率低，操作工人技术水平较高，只适用于单件或小批量生产具有等截面的大中型回转体铸件，如带轮、飞轮、齿轮、弯管等。

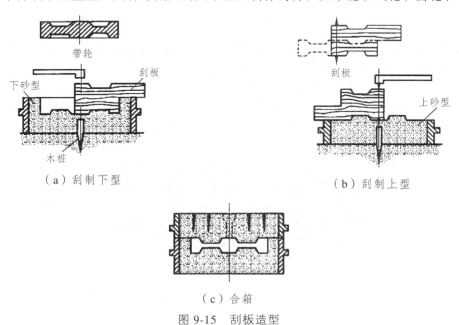

（a）刮制下型　　　　　　　　　　（b）刮制上型

（c）合箱

图 9-15　刮板造型

2）机器造型

将造型中最重要的两项操作"紧砂"和"起模"实现机械化的造型方法称为机器造型，如图 9-16 和图 9-17 所示。与手工造型相比，机器造型的生产率高，质量稳定，工人劳动强度低，但设备和工艺装备费用高，生产准备周期长。它适用于大量和成批生产的铸件。

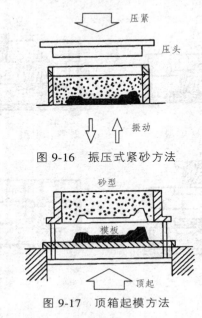

图 9-16　振压式紧砂方法

图 9-17　顶箱起模方法

常用的紧砂方法有振实、压实、振压、抛砂、射压等几种型式，其中振压式紧砂方法应用最广。

2. 造　芯

型芯用来获得铸件的内腔，也可作为铸件难以起模部分的局部铸型，制造型芯的过程称为造芯。浇注时，型芯受金属液的冲击、包围和烘烤，因此，与型砂相比，芯砂必须具有更高的强度、耐火性、透气性、退让性和溃散性。

造芯方法分为手工造芯和机器造芯。手工造芯时，主要采用芯盒造芯，如图 9-18 所示，它可以造出形状比较复杂的型芯。单件、小批生产大中型回转体型芯时，可采用刮板造芯。

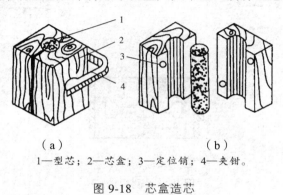

（a）　　　　　　　　　（b）

1—型芯；2—芯盒；3—定位销；4—夹钳。

图 9-18　芯盒造芯

在造芯过程中，需要注意下列事项：

（1）在型芯内开设通气孔和通气道。形状简单的型芯可以用通气针扎出通气孔；形状复杂的型芯可在型芯内放入蜡线，待烘干时蜡线被烧掉，从而形成通气道。

（2）在型芯里放置芯骨。芯骨是放入砂芯中用以加强或支持砂芯的金属构架，其作用是提高型芯的强度。一般用铁丝作小型芯的芯骨，用铸铁棒作大、中型型芯的芯骨。

（3）烘干。为进一步提高型芯的强度和透气性，型芯须在专用的烘干炉内烘干。黏土型芯烘干时加热温度为 250 ~ 350 ℃，保温 3 ~ 6 h，然后缓慢冷却；油砂芯烘干温度为 200 ~ 220 ℃。

3．浇冒系统

为保证合金液顺利充填铸型型腔并补充铸件冷凝时产生的体收缩，造型时应开设浇冒系统。浇冒系统由浇注系统（见图 9-19）和冒口组成。

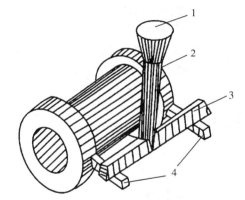

1—浇口杯；2—直浇道；3—横浇道；4—内浇道。

图 9-19　浇注系统组成

浇注系统是合金液流入铸型型腔的通道，其主要作用是引导合金液平稳充填型腔，防止熔渣、砂粒等杂质进入型腔，并调节铸件的凝固顺序。冒口是在铸型中开设的用以存储合金液的工艺空腔，其主要作用是在铸件凝固收缩时，向铸件提供合金液，起补缩作用，以防止铸件产生缩孔或缩松。

4．熔　炼

熔炼是获得高质量铸件的重要环节。金属液的化学成分不合格，温度过高或过低，是造成铸件力学性能、物理性能降低和铸件产生冷隔、浇不足、变形、开裂、气孔和夹渣、黏砂等缺陷的重要原因。熔炼需满足的要求是：金属液的化学成分合格，金属液的温度合格，熔炼效率高，能耗低，无污染。

常用的熔炼设备有：冲天炉（适于熔炼铸铁）、电弧炉（适于熔炼铸钢）、坩埚炉（适于熔炼有色金属）、感应加热炉（适于熔炼铸钢和铸铁等）。

5. 浇 注

将金属液由浇包注入铸型的操作称为浇注。金属液应在一定的浇注温度下，按合理的浇注速度注入铸型。若浇注温度过高，则金属液吸气多，液体收缩大，铸件就容易产生气孔、缩孔、裂纹及黏砂等缺陷；若浇注温度过低，则金属液流动性变差，就会产生浇不足、冷隔等缺陷。浇注速度过快，金属液对铸型的冲击力过大，容易冲坏铸型，造成夹砂缺陷；而浇注过慢不仅使金属液流动性变差外而且降低生产效率。

6. 落砂、清理和检验

用手工或机械使铸件和铸型、型芯（芯砂）、砂箱分离的操作过程称为落砂。浇注后，必须经过一定的时间才能落砂。若过早落砂，容易产生较大铸造应力，从而导致铸件变形或开裂，此外还会使铸铁件形成白口组织，增加切削加工难度。清除铸件表面黏砂、型砂（芯砂）和切除铸件上的多余金属（包括浇口、冒口、飞翅和氧化皮）等操作称为清理。

铸件的质量检验方法分为外部检验和内部检验。通过眼睛观察，找出铸件的表面缺陷，如铸件外形尺寸不合格、砂眼、黏砂、缩孔、浇不足、冷隔等，称为外部检验。利用一定设备找出铸件的内部缺陷，如气孔、缩松、渣眼、裂纹等，称为内部检验。常用的内部检验方法有化学成分检验、金相检验、力学性能检验、耐压试验、超声波探伤等。

9.2.2 砂型铸造工艺设计

1. 浇注位置的确定

浇注位置是指铸件在铸型中所处的位置。浇注位置的确定应遵循以下原则：

（1）铸件的重要加工面或主要工作面应朝下或处于侧面。因为气体、熔渣、杂质、砂粒等容易上浮，铸件上部质量较差，下部质量较好，所以铸件的重要加工面或主要工作面不应朝上。例如，生产车床床身铸件时应将重要的导轨面朝下，如图 9-20 所示。

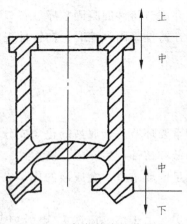

图 9-20　床身的浇注位置

（2）铸件的大平面应朝下。这样有利于铸型的充填和气体的排出，可以防止大平面上产生气孔、冷隔、夹砂等缺陷。图 9-21 所示为电机端盖的浇注位置。

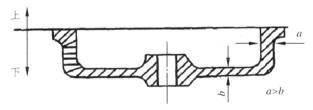

图 9-21　电机端盖的浇注位置

（3）易形成缩孔的铸件，应把厚的部分放在分型面附近的上部或侧面，这样便于在铸件厚处直接安置冒口，以利于补缩。

（4）应尽可能避免使用吊砂、吊芯和悬臂型芯，防止夹砂缺陷。

2. 分型面的选择

铸型组元间的接合面称为分型面。其选择原则如下：

（1）应减少分型面的数量，最好使得铸件位于下型中。这样可以简化操作过程，提高铸件的质量和尺寸精度。

（2）尽量采用平直面作为分型面，少用曲面作为分型面。这样做可以简化制模和造型工艺。

（3）尽量使铸件的主要加工面和加工基准面位于同一个砂箱内。

（4）分型面一般都取在铸件的最大截面处，充分利用砂箱高度，不要使模样在一箱内过高。

为了保证铸件的质量，一般都是先确定铸件的浇注位置，然后根据降低造型难度的原则确定分型面。在确定铸件的分型面时应尽可能使之与浇注位置相一致，或者使二者相互协调起来。

3. 工艺参数的选择

主要工艺参数是指加工余量、起模斜度、铸造圆角、收缩率和芯头尺寸等。

（1）加工余量。铸件的加工余量是指为了保证铸件加工面尺寸和零件精度，在进行铸件工艺设计时预先增加的、并且在机械加工时切去的金属层厚度。

（2）起模斜度。起模斜度是为了使模样容易从铸型中取出或型芯自芯盒脱出，平行于起模方向在模样或芯盒壁上设置的斜度，如图 9-22 所示。

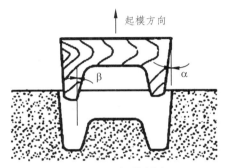

图 9-22　起模斜度

（3）芯头。芯头是型芯的外伸部分，如图 9-23 所示。芯头不形成铸件的轮廓，只是落入芯座内，对型芯进行定位和支承。芯头设计的原则是使型芯定位准确，安放牢固，排气通畅，合箱与清砂方便。

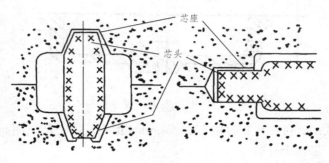

图 9-23　芯　头

（4）收缩率。在冷却凝固过程中铸件尺寸要缩小，因此制造模样和型芯盒时，要根据合金的线收缩率调整模样与型芯盒尺寸，以保证冷却后铸件的尺寸符合要求。

（5）铸造圆角。在设计铸件结构和制造模样时，对相交壁的交角处要做成圆弧过渡，这种圆弧称为铸造圆角。其目的是防止铸件交角处产生缩孔和裂纹，也可防止交角处形成粘砂、浇不足等缺陷。铸造圆角半径一般为 3 ~ 10 mm。

4. 绘制铸造工艺图

铸造工艺图是表示铸型分型面、浇注系统、浇注位置、型芯结构尺寸、控制凝固措施（冷铁、保温衬板）等内容的图样，也是制造模样、模底板、芯盒等工装，以及进行生产准备和验收的依据。铸造工艺符号及表示方法见表 9-2。

表 9-2　铸造工艺符号及其表示方法

名　称	符　号	说　明
分型面		用蓝线或红线和箭头表示
机械加工余量		用红线画出轮廓，剖面处全涂以红色（或细网纹格），加工余量值用数字表示，有拔模斜度时，一并画出
不铸出的孔和槽		用红色"×"表示，剖面处涂以红色（或细网纹格）
型芯		用蓝线画出芯头，注明尺寸，不同型芯用不同剖面线，型芯按下芯顺序编号

5. 绘制铸件图

铸件图不仅是反映铸件实际尺寸、形状和技术要求的图样，也是铸件验收和加工夹具设计的依据。铸件图的绘制步骤为：先根据零件图[见图9-24（a）]进行铸造工艺设计（即确定铸件的浇注位置、分型面、机械加工余量、拔模斜度、芯及浇冒系统等），并绘制出铸造工艺图[见图9-24（b）]；再根据铸造工艺图，去除浇冒系统后，绘出铸件图[见图9-24（c）]。可见，铸件图所反映的是铸件的实际形状和尺寸。因此，它不仅是铸件清理与检验的依据，也是编制零件机械加工工艺的重要依据。

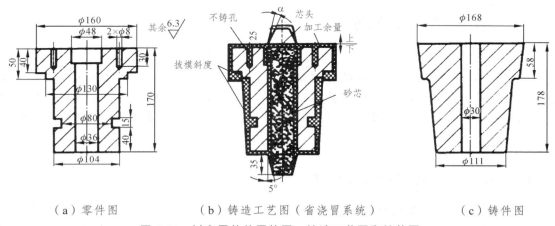

（a）零件图　　　　（b）铸造工艺图（省浇冒系统）　　　　（c）铸件图

图 9-24　衬套零件的零件图、铸造工艺图和铸件图

9.3　铸造合金

常用的铸造合金有铸铁、铸钢、铸造有色金属等，其中以铸铁应用最广。据统计，铸铁件占铸件总质量的 70%～75%，其次是铸钢件和铸造有色金属。

（1）灰铸铁。灰铸铁具有良好的铸造性能。灰铸铁熔点较低，铁水凝固温度范围窄，故流动性好；因结晶时析出石墨，收缩小。

（2）可锻铸铁。可锻铸铁含碳、硅量较低，熔点比灰铸铁高，凝固温度范围较宽，形成缩孔和裂纹的倾向较大。在设计时应考虑合理的铸件结构形状，采取顺序凝固原则，增设冒口和冷铁，适当提高砂型的退让性和耐火性等措施以防止铸件产生缩孔、缩松、黏砂等缺陷。

（3）球墨铸铁。球墨铸铁其流动性与灰铸铁基本上相同，但球化时铁水温度有所降低，易产生浇不足、冷隔等缺陷，故必须适当提高铁水的出炉温度以保证浇注温度。球墨铸铁结晶特点是在凝固收缩前有较大的膨胀，当铸型刚度小时铸件的外形尺寸会胀大，增大产生缩孔和缩松倾向。采用提高铸型刚度、增设冒口等工艺措施，可防止缩孔、缩松缺陷的产生。

（4）铸钢。铸钢的熔点较高，易产生黏砂缺陷，铸钢用的型（芯）砂应具有较高的耐火性、透气性和强度。铸钢的流动性差，易产生浇不足、冷隔等缺陷，可采用干砂型、增大浇注系统横截面积、保证足够的浇注温度等措施提高钢水的充型能力。铸钢的收缩率大，易产生缩孔、缩松、裂纹等缺陷，铸钢件往往要设置数量较多、尺寸较大的冒口，采用顺序凝固，并通过改善铸件的结构以防止缩孔和缩松的产生。

（5）有色金属。常用铸造有色金属有铝合金、铜合金等。它们大多具有流动性好、收缩性大、容易吸气和氧化等特点。有色金属的熔炼，要求金属与燃料不能直接接触，以免有害杂质进入，合金元素急剧烧损，所以大都在坩埚炉内熔炼。所用的炉料和工具都要充分预热，去除水分、油污、锈迹等杂质，尽量缩短熔炼时间，不宜在高温下长时间停留，以免氧化。

9.4 铸件结构工艺性

铸件的结构工艺性是指铸件结构对铸造工艺的适应性，它对铸件的质量及其成型难易程度都有着直接的影响。结构工艺性好（即结构合理）的铸件不仅易于造型，且在浇注时不易产生铸造缺陷。铸件结构设计时必须考虑铸造工艺和浇注合金对铸件结构的工艺要求。

1. 铸件工艺对铸件结构的要求

（1）外形力求简单并减少不必要的内腔结构。在制模、造型、制芯、合箱和清理等工序中，曲面比平面难度大，有芯比无芯难度大。例如，如图9-25所示托架的两种结构中，9-21（b）更好。

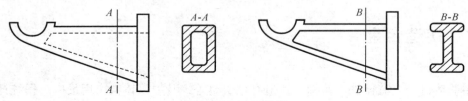

图 9-25 悬臂托架

（2）有利于减少并简化分型面。造型的难度总是随分型面的数量和复杂程度的增加而增加，铸件上的分型面最好是一个简单的平面。图9-26（a）所示的摇臂铸件，要用曲面分型生产，将结构改成图9-26（b）所示的形式，则铸型的分型面为一个水平面，造型、合型均方便。

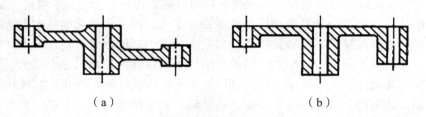

（a）　　　　　　　　　　　（b）

图 9-26 摇臂铸件的结构

（3）应有利于减少活块。造型时活块数量越多，起模难度越大，铸件精度越不易控制。

例如，图 9-27（a）所示的具有凸台结构的铸件需采用活块造型，因凸台距分型面较近，若将凸台延长至分型面处，改为结构 9-27（b），即可省去活块。

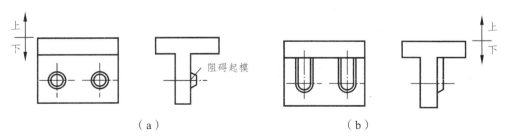

图 9-27　铸件凸台设计

（4）铸件应有起模斜度。为起模方便，铸件上垂直于分型面的表面，应具有起模斜度。

（5）铸件应尽量不用或少用型芯。图 9-28（a）所示的轴承支架铸件，为获得图中的空腔结构需要采用两个型芯，其中大型芯呈悬臂状，必须增设芯撑，型芯排气不畅，清理也不方便，结构设计不合理。按图 9-28（b）进行改进，使两个空腔连通，则只需一个型芯，而且型芯稳固可靠，装配简便，易于排气和便于清理。

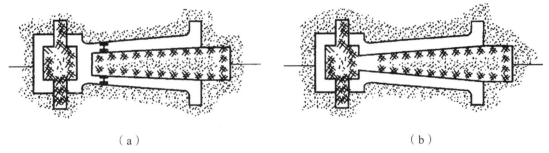

图 9-28　轴承支架铸件

2. 铸造合金对铸件结构的要求

（1）铸件壁厚尽量均匀。铸件壁厚不均匀，会产生冷却不均匀，引起较大的内应力，从而使铸件产生变形和裂纹，同时还会因为金属局部积聚产生缩孔，如图 9-29 所示。

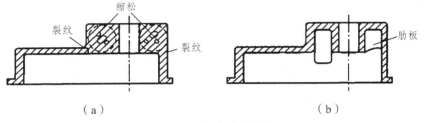

图 9-29　铸件壁厚设计

（2）铸件壁厚应当合理。为保证金属液充满铸型，防止铸件产生浇不足、冷隔等缺陷，铸件壁厚不能小于金属所允许的最小壁厚。表 9-3 所示为砂型铸造各类铸件最小允许壁厚的参考数值。

223

表 9-3　　砂型铸造条件下各类铸件的最小允许壁厚　　　　　（单位：mm）

铸件最大轮廓尺寸	灰铸铁	球墨铸铁	可锻铸铁	铸造碳钢	铸铝合金	铸铜
≤200	3~4	3~4	2.5~4.5	8	3~5	3~6
>200~400	>4~5	>4~8	4.5~5	9	>5~6	>6~8
>400~800	>5~6	>8~10	>5~7	11	>6~8	—

（3）铸件壁间连接应合理。壁的转角与连接处易形成局部"热节"，在铸件冷凝过程中易形成裂纹、缩孔或缩松，因此壁的转角处应采用铸造圆角过渡[见图9-30（b）]，壁间连接应避免交叉，可采用图 9-31 所示的方式，不同厚度的壁间连接应采用逐渐过渡形式。

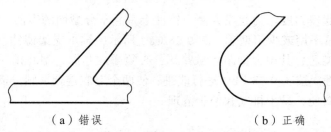

（a）错误　　　　　　　　　　　　（b）正确

图 9-30　壁间连接结构图示

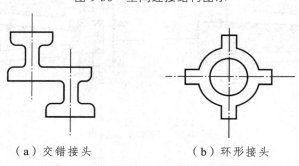

（a）交错接头　　　　　　　　　　（b）环形接头

图 9-31　铸件壁间连接形式

（4）应避免或减少收缩受阻。铸件收缩受阻是产生内应力、变形和裂纹的根本原因。设计铸件结构时，应尽量使其能自由收缩，以减少变形和裂纹。采用图 9-32（a）中的直轮辐，轮辐或轮缘易产生裂纹，改为图 9-32（b）中的弯曲轮辐时，可借助轮辐的微量变形来减少内应力。

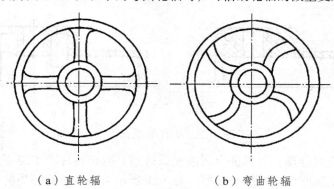

（a）直轮辐　　　　　　　　　　　（b）弯曲轮辐

图 9-32　轮辐设计

224

（5）应尽量避免有过大的水平面。大平面处金属液不易充填，铸件易产生浇不足等缺陷；平面型腔的上表面，由于长时间受金属液烘烤，此处型砂易脱落而使铸件产生夹砂缺陷；大平面处不利于气体和非金属夹杂物的排除，铸件容易产生气孔、夹渣等缺陷。所以，一般将铸件的大平面设计成倾斜结构形式，如图 9-33 所示。

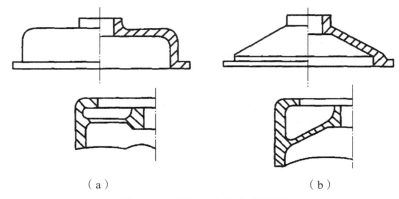

（a）　　　　　　　　　　　　（b）

图 9-33　避免有过大的水平面

9.5　特种铸造简介

9.5.1　金属型铸造

依靠重力将合金液浇入金属型腔中，以获得铸件的铸造方法称为金属型铸造。

1. 金属型铸造的工艺过程

按分型方位不同，金属型分为整体式、水平分型式和垂直分型式等。其中，垂直分型式金属型因便于开设浇冒系统和取出铸件，易于实现机械化，故应用最广。垂直分型式金属型（见图 9-34）主要由定型和动型组成，当动型与定型闭合时，将金属液浇入金属型腔中，待其冷凝后平移使动型与定型脱开，即可取出铸件。对于铸件的内腔，可使用金属芯或砂芯来形成。

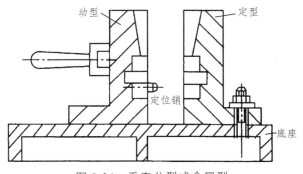

图 9-34　垂直分型式金属型

2. 金属型铸造的特点与应用

金属型铸造与砂型铸造相比，具有以下特点：

（1）铸件尺寸精度高（可达 IT14～12）、表面粗糙度小（可达 Ra12.5～6.3）、晶粒细小而强度高（如铝、铜合金金属型铸件的抗拉强度比砂型铸件提高 20%以上）。

（2）能"一型多铸"，节省大量造型材料和工时，提高生产率，改善劳动条件。

（3）但金属型制作成本高，铸件尺寸大小受到限制，其在浇注时常需配合采用铸型预热、型腔表面刷涂料、严格控制开型取件时间等工艺措施，以防止铸件产生浇不足、冷隔、裂纹及铸铁件表面白口等铸造缺陷。

金属型铸造主要用于大批量生产的中、小型有色合金铸件及形状简单的钢、铁铸件，如铝合金活塞、气缸体、铜合金轴瓦、轴套及钢锭等。

9.5.2　压力铸造

液态或半液态合金在高压（压力为 5～70 MPa）下高速（充型速度为 5～100 m/s）充满型腔，并在高压下凝固成型的铸造方法称为压力铸造，简称压铸。

1. 压铸的工艺过程

压铸是在压铸机上完成的金属型铸造。其工艺过程主要包括合型、压射、开型、取件等工序，如图 9-35 所示。首先，由压铸机驱动动型与定型闭合并向压室中浇入定量的合金液[见图 9-35（a）]；随后，由活塞将合金液经浇口压入型腔中，并在压力下凝固成型[见图 9-35（b）]；最后，压铸机打开压铸型并由顶杆顶出铸件[见图 9-35（c）]。

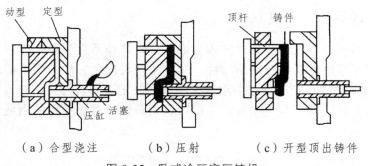

（a）合型浇注　　　　　（b）压射　　　　　（c）开型顶出铸件

图 9-35　卧式冷压室压铸机

2. 压铸的特点及应用

压铸的主要特点如下：

（1）铸件尺寸精度高（可达 IT13～11）、表面粗糙度小（可达 Ra3.2～0.8），组织细密而强度高（抗拉强度比砂型铸件提高 25%～40%）。

（2）能浇铸结构复杂、轮廓清晰的薄壁、深腔、精密的铸件，可直接铸出各种孔眼、螺纹、齿形和图纹等。

（3）"一模多铸"，生产率高（可达 50～500 件/h），易于实现自动化或半自动化。

（4）便于采用镶嵌法。镶嵌法是将预先制好的嵌件放入压型中，通过压铸使嵌件与压铸合金结合成整体而获得镶嵌件的方法。镶嵌法可以制出通常难以制出的复杂件、双金属件、金属与非金属的结合件等。

压铸存在下列缺点：

（1）压铸设备投资大，制造压型费用高、周期长，故不适合单件、小批量生产。

（2）压铸高熔点合金（如钢、铸铁）时，压型寿命低。

（3）由于压铸速度高，压型内的气体很难排除，所以铸件内部常有小气孔，影响铸件的内部质量。

压铸主要用于大批量生产无须进行热处理的形状复杂、薄壁、中小型有色合金铸件，如各种精密仪器仪表的壳体、发动机缸盖等。

9.5.3 离心铸造

将合金液浇入高速旋转的铸型（金属型或砂型）中，使其在离心力作用下充填铸型并凝固成型的铸造方法称为离心铸造。

离心铸造有立式和卧式两种（见图 9-36）。其中，立式离心铸造主要用于生产高度不大的回转体铸件，如套环、轴瓦、齿轮坯等；卧式离心铸造主要用于生产壁厚均匀一致而长度较长的筒、管类铸件，如气缸套、铸铁管等。

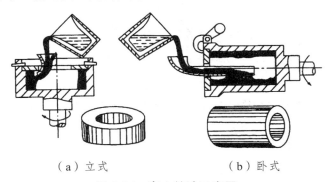

（a）立式　　　　　　　（b）卧式

图 9-36　离心铸造示意图

离心铸造的特点和应用范围：

（1）铸件组织致密，无缩孔、缩松、气孔、夹渣等缺陷，力学性能好。因为在离心力的作用下，金属中的气体、熔渣等夹杂物因密度小而集中在内表面，铸件呈由外向内的定向凝固，补缩条件好。

（2）简化工艺，提高金属利用率。如铸造中空铸件时，可以不用型芯和浇注系统，简化了生产工艺，提高了金属利用率。

（3）便于浇注流动性差的合金铸件和薄壁铸件。这是因为在离心力的作用下，金属液的充型能力得到了提高。

（4）便于铸造双金属件。如钢套镶铜轴承等，其结合面牢固，可节约贵重金属，降低成本。

227

（5）对圆形中空的铸件，可不用砂芯和浇注系统，比砂型铸造省工省料。

（6）但铸件内表面质量较差，需经切削加工去除。

目前离心铸造主要用于生产回转体的中空铸件，如铸铁管、气缸套、双金属轴承、钢套、特殊钢的无缝管坯和造纸机滚筒等。

9.5.4 低压铸造

低压铸造的工艺过程（见图 9-37）：向密封的坩埚内通入低压压缩空气（或惰性气体），使合金液在低压气体作用下沿升液管平稳上升、充满铸型并在压力作用下自上而下顺序凝固成型，然后撤除压力，待升液管和浇口中未凝固的合金液流回坩埚后，即可开型取件。

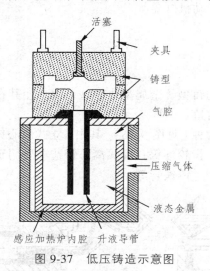

图 9-37　低压铸造示意图

低压铸造生产的铸件组织细密，并能有效地防止合金液的吸气和二次氧化，故广泛用于生产易吸气、氧化的铝、镁、铜等合金及某些钢制薄壁壳体铸件，如发动机缸体和缸盖，高速内燃机的活塞、带轮及变速箱等。

9.5.5 熔模铸造

熔模铸造是用易熔材料（如蜡料）制成模样，然后在模样上包覆若干层耐火涂料，制成型壳，再将模样熔化，排出型外，获得无分型面的铸型，浇注后即可获得铸件的方法。熔模铸造的工艺过程如图 9-38 所示。

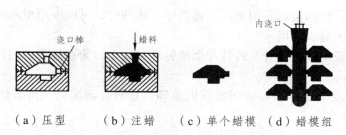

（a）压型　　（b）注蜡　　（c）单个蜡模　（d）蜡模组

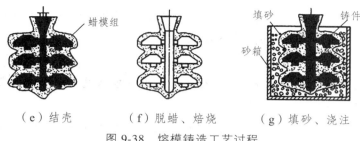

（e）结壳　　　　　（f）脱蜡、焙烧　　　（g）填砂、浇注

图 9-38　熔模铸造工艺过程

【知识广场】

铸造新技术

1. 实型铸造

实型铸造又称为气化模铸造或消失模铸造。该方法与砂型铸造的主要区别在于它不用木模，而用一种热塑性高分子材料制成模样和浇注系统。造型后不取出模样，浇注时模样和浇注系统受热后汽化并蒸发，于是金属液占据其空间，冷却后形成铸件。

实型铸造具有造型过程简单，不需要模板和分型，不用型芯等优点，主要用于单件生产重型铸钢件和铸铁件，铸件质量可达 50 t。

2. 磁型铸造

用聚苯乙烯泡沫塑料制成带有浇注系统的气化模样，并在模样上涂抹涂料，置于不导磁的铝制砂箱中，往铝制砂箱中充填铁丸或钢丸，经振动紧实后，移入强大的磁场中。在强磁场的作用下，铁丸或钢丸相互吸引，形成一个牢固的、透气性能良好的整体铸型，然后浇注。待金属液冷却凝固后，将铝制箱移出磁场，铁丸或钢丸散落，此时即可取出铸件。

磁型铸造与实型铸造相比，主要差别在于造型材料为磁性材料（铁丸或钢丸）而非砂子。

3. 负压铸造

负压铸造又称 V 法铸造、减压铸造。该方法是利用真空使密封在砂箱和上、下塑料薄膜之间的无水、无黏结剂的干石英砂紧实并成型。在真空的状态下下芯、合型、浇注和凝固，然后在失去真空的状态下型砂自行溃散，取出铸件。

负压铸造的最大优点是铸件质量高。与机器造型相比，设备简单，初期投资及运行和维修费用低，模板和砂箱使用寿命长，金属利用率高，可铸出 3 mm 厚的薄壁件。主要缺点是造型操作比较复杂，对于小铸件的生产，其生产率不易提高。

4. 悬浮铸造

悬浮铸造是指在浇注金属液时，将一定量的金属粉末加到金属液流中，使其与金属液掺和在一起而浇入铸型的一种铸造方法。所添加的粉末材料称为悬浮剂，常用的悬浮剂有铁粉、铸铁丸、铁合金粉、钢丸等。

悬浮铸造可明显地提高铸钢、铸铁的力学性能，减少金属的体积收缩，防止缩孔和缩松，提高铸件的抗热裂性能，减少铸锭和厚壁铸件中的成分偏析，提高铸件和铸锭的凝固速度。不足之处是对悬浮剂及浇注温度的控制要求较高。

5. 半固态铸造

半固态铸造是指将既非全呈液态又非全呈固态的固态-液态的金属混合浆料，经压铸机压铸，形成铸件的铸造方法。

半固态铸造能大大减少对压铸机的热冲击，提高压铸机的使用寿命，明显地提高铸件的质量，降低能量消耗，便于进行自动化生产。

【技能训练】

1. 铸造工艺图及铸件图的绘制

图 9-39 所示为连接盘零件图，材料为 HT200，采用砂型铸造，年生产量 200 件，试绘出铸造工艺图及铸件图。

（1）分析生产性质。该零件属小批生产，零件上 $\phi 60$ 的孔要铸出，因此需采用一个型芯。而 4 个 $\phi 12$ 的小孔可不铸出，铸后采用机械加工出该孔，铸造工艺图上的不铸出孔可用红线打叉，如图 9-39（b）所示。

（2）浇注位置和分型面。因铸件各面全要机械加工，为使造型工艺简单、方便，选 $\phi 200$ 端面为分型面，采用两箱整体模造型。分型面用蓝线按图 9-39（b）所示的方法表示，并写出"上、下"。

（3）加工余量。铸件基本尺寸取最大尺寸 $\phi 200$。查附表 A 和附表 B 可得，砂型铸造灰铸铁件的公差及配套的加工余量等级为 14/H。按规定顶面和孔的加工余量等级应降一级，由 H 降为 J 级。

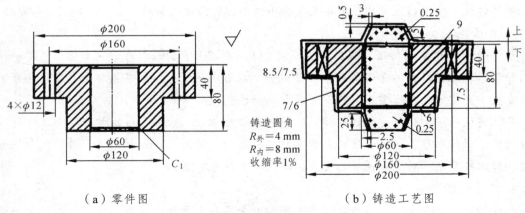

（a）零件图　　　　　　　　（b）铸造工艺图

图 9-39　连接盘铸造工艺图

由附表 C 查得，铸件各加工面上的加工余量数值：

① $\phi 200$ 顶面按双侧加工查表得单侧加工余量为 9 mm；

② $\phi 200$ 与 $\phi 120$ 相邻的台阶面可视为底面，得单侧加工余量为 7.5 mm；

③ $\phi 200$ 外圆按双侧加工查表得单侧的加工余量为 7.5 mm；

④ $\phi 120$ 外圆按双侧加工查表得单侧加工余量为 6.0 mm；

⑤ $\phi 120$ 端面是底面，按双侧加工查表得单侧加工余量为 6.0 mm；

⑥ $\phi 60$ 孔按双侧加工查表得单侧加工余量为 6.0 mm。

加工余量可用红色线在加工符号附近注明加工余量的数值，凡带起模斜度的加工余量应注明斜度，如图 9-39（b）所示。

（4）起模斜度。铸件各面全要机械加工，起模斜度按零件图尺寸采用增厚法。两处平行于起模方向的侧壁高度均为 40 mm，查附表 D 得起模斜度口为 1.0 mm。图 9-39（b）中"8.5/7.5"和"7/6"表示考虑了加工余量和起模斜度后，上端分别加 8.5 mm 和 7 mm，下端分别加 7.5 mm 和 6.0 mm。

（5）确定线收缩率。由于是小批量生产，铸件各尺寸方向的铸造收缩率可取相同的数值 1%。

（6）芯头尺寸。该芯头为垂直芯头。查附表 E 得，下芯头高度 $h = 25$ mm，上芯头高度 $h_1 = 15$ mm，湿型上芯头间隙 $s = 0.5$ mm，上型芯斜度 $a_1 = 3$ mm，下型芯斜度 $a = 2.5$ mm，如图 9-39（b）所示。

（7）铸造圆角。铸造圆角按（1/3 ～ 1/5）壁厚的方法，取 $R_{内}$ 为 8 mm；$R_{外}$ 为 4 mm。

（8）绘出铸造工艺图，如图 9-39（b）所示。

（9）在铸造工艺图的基础上绘制铸件图，如图 9-40 所示。用粗实线表示铸件的外形轮廓，用细双点划线表示零件的外形。在粗实线与细双点划线之间标注加工余量数值。在剖面图上用网格线表示加工余量或不铸孔、槽等。

（10）尺寸的标注方法多以零件尺寸为基准，即铸件图上标出零件的实际尺寸，加工余量（包括起模斜度）等则在零件的尺寸线上向外标注。同时铸件图也应用符号标出分型面。

（11）铸件图上还应标出公差、硬度、不允许出现的铸造缺陷及检验方法等技术要求。

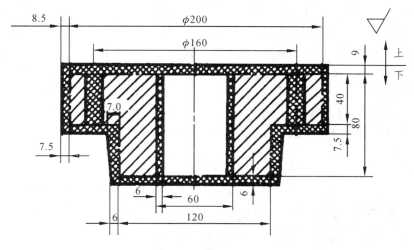

图 9-40　连接盘铸件图

2．整模造型及浇注操作

以轴承座的砂型铸造为例，将整模造型的操作过程分述如下：

（1）将模样擦净后放在底板上，如图9-41（a）所示。

（2）将下砂箱翻转后放在底板上，加型砂，用舂砂锤的尖头舂紧，如图9-41（b）所示。舂砂应按一定路线进行，如图9-41（c）所示，不宜过紧或过松。

（3）加砂高于砂箱20~30 mm，用舂砂锤平头舂紧，如图9-41（d）所示。

（4）用刮板刮去多余的砂，如图9-41（e）所示。

（5）翻转砂箱用墁刀修光分型面，如图9-41（f）所示。

（6）撒分型砂，并吹去撒在模样上的分型砂，如图9-41（g）所示。

（7）放上上砂箱和浇口棒，加型砂。按造下砂型的程序造上砂型，如图9-41（h）所示。

（8）扎通气孔，要分布均匀，深度适当，如图9-41（i）所示。

（9）刮平上砂型，取出浇口棒，修外浇口成为漏斗形，如图9-41（j）所示。

（10）揭开上砂箱并翻转，使分型面向上，放好，如图9-41（k）所示。

（11）取模，如图9-41（l）所示，取模前要在模型四周刷少许水，取模时应向水平方向轻敲起模针，使模型松动后再取出。

（12）修型，用墁刀和砂钩修型，如图9-41（m）所示。

（13）开内浇道，如图9-41（n）所示。

（14）撒石墨粉，合型，紧固，准备浇注，如图9-41（o）所示。

（15）烘干烘透浇包，预热干燥浇注工具（如撇渣棒、火钳、铁棒等），避免降低铁水的温度，并引起铁水的飞溅。浇注人员必须穿戴好防护用品，浇注时应戴防护眼镜。

（16）浇注以前，需把金属液表面的熔渣除尽，以免浇入铸型造成夹渣。该操作要迅速，以免因时间过久，使金属液温度降低太多。除渣后，在金属液面上撒上一层稻草灰保温。为了使铸型中残留气体和铸型及型芯因受热而产生的气体能很快地排出，在浇注时宜先在铸型的出气孔和冒口处用纸或刨花引火燃烧。

（17）浇注时浇包中的金属液不能太满（一般不超过80%），以免抬运时飞溅伤人。浇注时应把包嘴对准外浇口，把撇渣棒放在包嘴附近的金属液表面上，以阻止熔渣随金属液流下。浇注时应使外浇口保持充满，使外浇口的熔渣不会带进铸型中去。铁水不可断流，以免铸件产生冷隔。

（18）浇注开始时，应以细流注入，防止飞溅。快浇满时，也应以细流注入，防止溢出，同时也减少抬箱力。铸型浇满后，稍微等一下，再往冒口补浇一些金属液，并在上面盖以干砂、稻草灰或其他保温材料，有利于防止铸件产生缩孔和缩松。

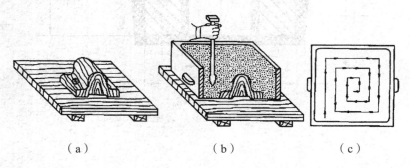

（a）　　　　　　　　（b）　　　　　　　　（c）

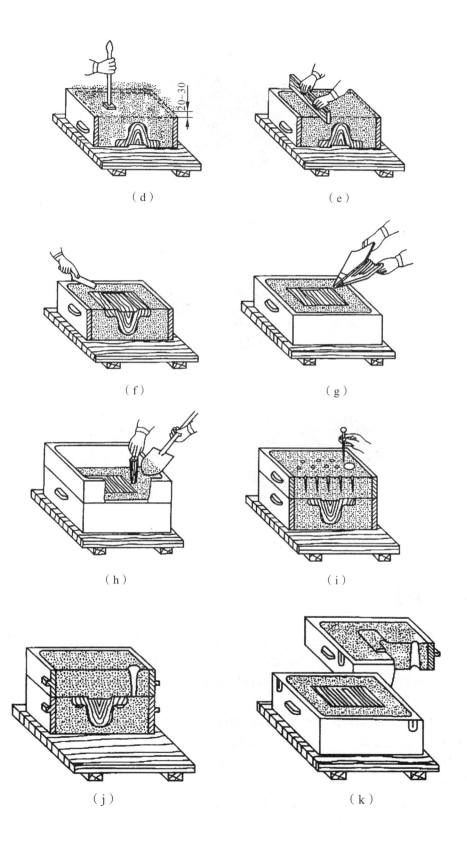

（d）   （e）

（f）   （g）

（h）   （i）

（j）   （k）

233

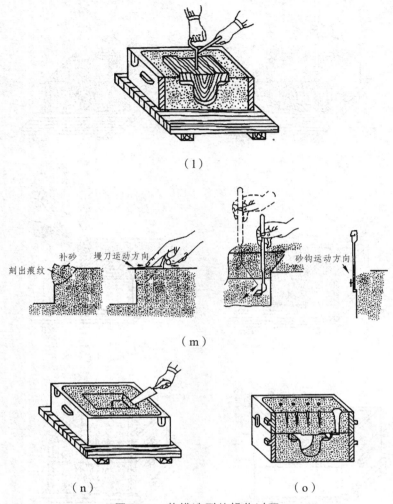

（1）

刻出痕纹　补砂　墁刀运动方向　砂钩运动方向

（m）

（n）　（o）

图 9-41　整模造型的操作过程

【学习小结】

本项目主要介绍合金的铸造性能、砂型铸造工艺过程、铸造工艺设计和铸件质量控制、特种铸造方法等内容。要求学生理解铸造的特点，掌握常用合金的铸造性能，熟悉砂型铸造工艺过程，了解铸造工艺设计和铸件结构设计要求，掌握各种特种铸造方法的特点及用途，为铸造技术的掌握打下良好基础。

（1）铸造的性能指标：流动性、凝固性和收缩性。

（2）铸件的常见缺陷：气孔、缩孔、缩松、砂眼、渣眼、冷隔、浇不足、变形、开裂等。

（3）砂型铸造工序：包括制模、配砂、造型、烘干、造芯、熔炼金属、合箱浇注、落砂清理和检验等工序。

（4）常用的手工造型方法：整模造型、分模造型、挖砂造型、假箱造型、活块造型、刮板造型。

（5）铸件结构设计要求。

（6）铸造工艺设计内容。

（7）常用的特种铸造方法：金属型铸造、压力铸造、离心铸造、熔模铸造。

【综合能力训练】

一、单元实训

（1）绘制如图 9-42 所示的轴套零件的铸造工艺图和铸件图。（材料：HT150，数量：50 件）

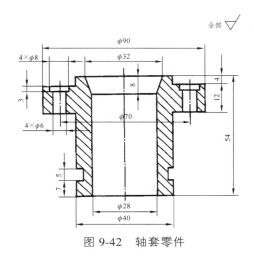

图 9-42　轴套零件

2. 对如图 9-43 所示的手轮进行造型及铸造。

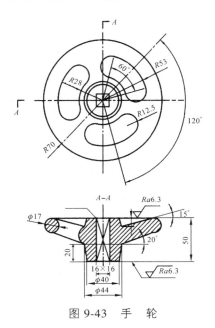

图 9-43　手　轮

二、问答题

1. 铸造生产有哪些优缺点？

2. 铸件上产生缩孔的根本原因是什么？ 顺序凝固为什么能避免缩孔缺陷？

3. 冒口有什么作用？ 如何设置冒口？

4. 为什么尽量选择共晶成分或结晶间隔窄的合金作为铸造合金？

5. 什么是铸件的热裂和冷裂？ 它们各在什么条件下产生？ 各有何特征？

6. 铸件的凝固方式依照什么划分？ 哪些合金倾向于逐层凝固？

7. 选择铸件分型面时，应考虑哪些原则？

8. 绘制铸造工艺图时应确定哪些主要的工艺参数？

9. 试简述砂型铸造的工艺过程。

10. 设计铸件结构时应遵循哪些原则？

11. 压力铸造有何优缺点？ 它与熔模铸造适用范围有何不同？

12. 什么叫合金的流动性？ 影响合金流动性的因素有哪些？ 流动性不足时铸件易产生哪些缺陷？

13. 铸件缩孔和缩松产生的原因是什么？ 防止产生缩孔的主要工艺措施有哪些？

14. 如图 9-44 所示的轨道铸件，试解决：

（1）分析在热应力作用下，铸钢件上部和下部所受应力情况；

（2）用虚线表示出铸件的变形方向；

（3）如何防止和减小变形。

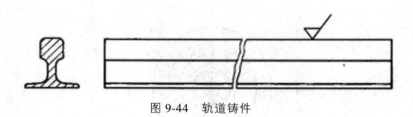

图 9-44　轨道铸件

15. 从铸件结构和铸造工艺两方面考虑，如何防止铸件产生铸造应力、变形和裂纹？

16. 某公司开发的新产品中有如图 9-45 所示的铸铝小连杆。试问：

（1）试制样机时，该连杆宜采用哪种铸造方法？

（2）当年产量为 1 万件时，宜采用什么铸造方法？

（3）当年产量超过 10 万件时，则应改用什么铸造方法？

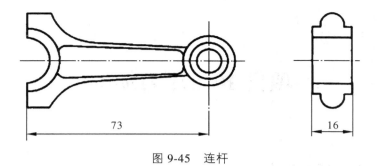

图 9-45 连杆

项目 10　压力加工

（1）掌握塑性变形的实质，以及对金属组织和性能的影响。

（2）掌握影响金属锻造性能的因素。

（3）熟悉锻压成型的分类、特点及应用。

（4）熟悉自由锻设备、基本工序及工艺规程。

（5）了解模锻及其胎模锻。

（6）掌握板料冲压的特点及其应用、板料冲压的基本工序。

（7）了解冲压件的结构工艺性及其他压力成型技术。

【教学提示】

（1）本项目与生产实践非常密切，建议结合生产实例，利用模型、实物、视频和图片动画等媒体进行教学，对简单零件的结构工艺性可采用探究式教学进行讨论和分析，培养学生的创新思维能力。条件允许的情况下，可以配合锻造生产实习，可到现场参观，以提高其学习效果。

（2）教学重点和难点：金属的锻造性能，锻压成形和板料冲压的分类、特点及应用；锻压件、冲压件的结构工艺性。

【案例导入】

压力加工的应用范围很广，在我们生活中，用到压力加工制造的产品无处不在，可以说是在衣、食、住、行中都会用到，遍布在生活中，如生活中使用的"锅碗瓢盆"等大多数是压力加工产品，还有金属的门窗、车辆的蒙皮钣金等。在机械制造业中，几乎所有运动的重大受力构件都是由锻压成型的。锻压在机器制造业中有着不可替代的作用，一个国家的锻造水平可反映出其机器制造业的水平。

10.1 金属的塑性变形

压力加工是一种借助工具或模具在冲击或压力作用下，对金属坯料施加外力，使其产生塑性变形，从而改变尺寸、形状及性能，用以制造机械零件或零件毛坯的成形加工方法，也称为锻压，又称作锻造或冲压。

锻压加工与其他加工方法比较，具有能细化晶粒、致密组织，可消除零件或毛坯的内部缺陷，从而改善金属的力学性能。锻压还具有生产率高，节省材料的优点。锻件的形状、尺寸稳定性好，并具有较高的综合力学性能。锻件的最大优势是韧性好、纤维组织合理、锻件间性能变化小，并具有连贯的锻压流线。如图 10-1 所示，是采用铸造、锻压、机械加工三种不同的金属加工方法所得到的零件低倍宏观流线。锻压在金属热加工中占有重要地位。

图 10-1 采用三种金属加工方法所得到的零件低倍宏观流线

锻压生产也存在缺点，如不能直接锻制成形状较复杂的零件；锻件尺寸精度不够高；锻压生产所需的重型机器设备和复杂工模具，对厂房基础要求较高，初次投资费用大等。

根据使用工具和锻压工艺的不同分为自由锻、模锻和特种锻造。锻造工艺在锻件生产中起着重大作用，不同的工艺流程，得到的锻件质量差别很大，使用的设备类型、吨位也相差甚远。

10.1.1 金属塑性变形的实质

金属塑性变形理论是金属压力加工的理论基础，工业生产中利用金属的塑性可加工各种制品。例如，轧制、锻造、挤压、冲压、拉拔等成型加工工艺都是金属发生大量塑性变形的过程。塑性变形在使金属获得一定的形状和尺寸的同时，还会引起金属内部组织结构变化，使金属的力学性能得到一定的改善。

各种金属压力加工方法都是通过金属的塑性变形实现的，金属受外力后，首先产生弹性变形，当外力超过一定限度后，才产生塑性变形。

弹性变形的实质是在外力的作用下，金属内部的原子偏离了原来的平衡位置，使金属产生变形，这会造成原子位能的提高，而处于高位能的原子具有返回原来位能最低的平衡位置的倾向。因而，当外力取消后，原子返回原来的位置，变形也就消失了。

塑性变形的实质是在外力的作用下，金属内部的原子沿一定的晶面和晶向产生了滑移的结果。

在一般情况下，实际金属都是多晶体。多晶体的变形是与其中各个晶粒的变形行为有关。为了便于研究，先通过分析单晶体的塑性变形来掌握金属塑性变形的基本规律。

1. 单晶体的塑性变形

实验表明，晶体只有在切应力作用下才会发生塑性变形。单晶体的塑性变形过程如图 10-2 所示。图 10-2（a）所示为晶体未受外力的原始状态；当晶体受到外力作用时，晶格将产生弹性畸变，如图 10-2（b）所示，此为弹性变形阶段；若外力继续增加，使内应力超过材料的屈服极限时，则晶体的一部分将会相对另一部分发生滑移，此时为弹塑性变形阶段，如图 10-2（c）所示；晶体发生滑移后，去除外力，晶体的变形将不能全部恢复，因而产生了塑性变形，如图 10-2（d）所示。

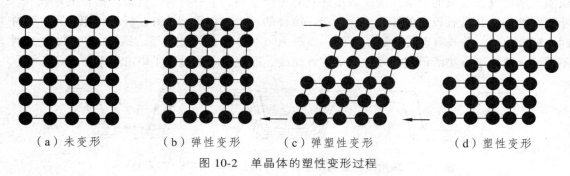

（a）未变形　　　　（b）弹性变形　　　　（c）弹塑性变形　　　　（d）塑性变形

图 10-2　单晶体的塑性变形过程

2. 多晶体的塑性变形

多晶体的塑性变形分为晶内变形和晶间变形。晶内变形是指晶粒内部的塑性变形，晶间变形是指晶粒之间相互移动或转动。多晶体塑性变形中晶内变形是主要的，晶间变形很小。多晶体的塑性变形可以看成是每个晶粒产生塑性变形的总和。由于多晶体中每个晶粒位向不同，因此各晶粒的塑性变形将受到周围位向不同的晶粒及晶界的影响与约束，有些晶粒的位向容易产生变形，有些晶粒不容易产生变形。

多晶体在变形过程中并不是所有晶粒同时变形，而是逐步进行的。每个晶粒在塑性变形时，将受到周围位向不同的晶粒及晶界的影响与约束，即每个晶粒不是处于独立的自由变形状态。晶粒变形时即要克服晶界的阻碍，又需要其周围晶粒同时发生相适应的变形来协调配合，以保持晶粒间的结合和晶体的连续性，否则将导致晶体破裂。

大量实验结果表明，多晶体的塑性变形正是由于存在着晶界和各晶粒的位向差别，其变形抗力要比同种金属的单晶体高得多。

10.1.2　塑性变形对金属组织和性能的影响

金属材料经塑性变形后，其组织和性能发生了一系列变化。组织上的变化表现为晶粒沿金属流动方向伸长，晶格畸变，位错密度增加，产生内应力，产生碎晶。性能上的变化表现为随着变形程度的增加，强度及硬度显著提高，而塑性和韧性则很快下降。变形度越大，性能的变化也越大。这种由于塑性变形的变形度的增加，使金属的塑性下降，强度、硬度提高的现象称为加工硬化或冷作硬化。

可利用加工硬化来强化金属，提高金属强度、硬度和耐磨性。特别是对那些不能用热处理强化的材料，如纯金属、某些铜合金、镍铬不锈钢和高锰钢等，加工硬化更是唯一有效的强化方法。冶金制造某些金属材料，就是经过冷轧或冷拉等方法，产生加工的硬化产品。加工硬化还可以在一定程度上提高构件在使用过程中的安全性。因为构件在使用过程中，往往不可避免地会在某些部位出现应力集中和过载荷现象（如孔、键槽、螺纹及截面变化的过渡处），由于金属能加工硬化，局部过载部位在产生少量塑性变形后，提高了屈服强度并与所承受的应力达到了平衡，变形就不会继续发展，从而在一定程度上提高了构件的安全性。

加工硬化也有其不利的一面。由于它使金属塑性降低，给进一步冷塑性变形带来困难，并使压力加工时能量消耗增大。为了使金属材料能继续变形，必须进行中间热处理（退火处理）来消除加工硬化现象。这就增加了生产成本，降低了生产率。

经塑性变形后的工件，在退火加热温度不太高时，冷变形金属的显微组织无明显的变化，只能使内应力明显降低和消除，金属的力学性能没有显著变化，即强度、硬度下降很少，塑性提高不多，这一过程称为回复。

当加热温度较高，塑性变形后金属被拉长的晶粒重新形核、结晶，变为等轴晶粒，称为再结晶。再结晶后的金属强度、硬度显著下降，塑性和韧性显著提高，内应力完全消除。开始产生再结晶现象的最低温度称为再结晶温度。纯金属的再结晶温度与熔点的大致关系是

$$T_{再} \approx 0.4 T_{熔} \quad (\text{K})$$

再结晶完成后，若加热温度继续升高或加热时间延长，金属的晶粒便开始不断长大。再结晶后的金属的力学性能与再结晶晶粒度关系很大，晶粒越细小，金属的综合力学性能越好。金属的加工硬化及回复、再结晶过程中的组织和力学性能变化，如图 10-3 所示。

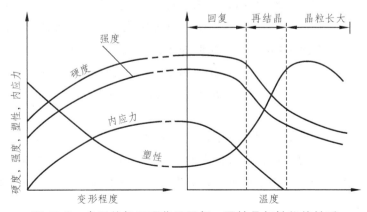

图 10-3　金属的加工硬化及回复、再结晶与性能的关系

10.1.3　金属的冷变形和热变形

根据金属塑性变形时的温度不同可分为冷变形和热变形两种。

金属在其再结晶温度以下进行塑性变形称为冷变形，冷变形加工后金属内部形成纤维组织，金属具有明显的加工硬化现象，所以冷变形的变形量不宜过大，避免工件开裂或降低模具寿命。冷变形加工具有精度高、表面质量好、力学性能好的特点，广泛应用于板料冲压、冷挤压、冷镦及冷轧等常温变形的加工。

金属在其再结晶温度以上进行塑性变形称为热变形。金属热变形时组织和性能的变化主要表现在以下几个方面：

（1）热变形加工时，金属中的脆性杂质被破碎，并附金属"流动"方向呈粒状或链状分布；塑性杂质则沿变形方向呈带状分布，这种杂质的定向分布称为锻造流线。通过热变形可以改变和控制流线的方向和分布，加工时应尽可能使流线与零件的轮廓相符合而不被切断。如果流线得到正确的分布，就能满足工作时受力的要求，图 10-4 是锻造曲轴和轧材切削加工曲轴的流线分布，明显看出经切削加工的曲轴流线易沿轴肩部位发生断裂。

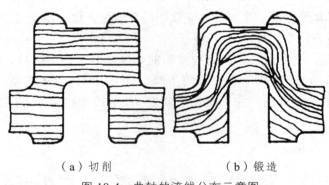

（a）切削　　　　　　　（b）锻造

图 10-4　曲轴的流线分布示意图

（2）由于热变形是在再结晶温度以上进行的变形加工，变形后具有较高力学性能的再结晶组织。热变形加工的实际温度远高于再结晶的温度（如钢的再结晶温度为 450 ℃，而钢的热锻温度为 800 ~ 1 250 ℃），因此，变形过程中出现的冷变形强化被随即发生的再结晶所抵消，使变形加工能连续进行。热变形加工能以较小的功得到较大的变形（热变形抗力大约为冷变形的 1/5 ~ 1/10），所以一般金属压力加工多采用热变形，尤其适用于尺寸较大、形状复杂工件的变形加工。但热变形时工件表面易氧化，表面粗糙度值较大，尺寸精度较低。

铸锭经锻、轧等热变形加工后，可压合气孔和微裂纹等缺陷，提高了组织的致密度，消除了部分偏析。铸态粗大的晶粒，经过较大的塑性变形和再结晶后，变成了较细小而均匀的晶粒，如图 10-5 所示，因此改善了钢的组织，提高了力学性能，强度比原来提高 1.5 倍以上，塑性和韧性提高得更多。

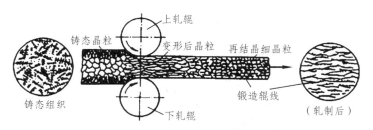

图 10-5　钢锭在热轧过程中的组织变化

10.1.4　金属的锻造性能

金属的锻造性能是指金属经受塑性变形而不开裂的能力，是衡量金属材料利用锻压加工方法成型的难易程度的工艺性能指标之一。金属的锻造性能的优劣，常用金属的塑性和变形抗力两个指标来衡量。金属塑性好，变形抗力低，则锻造性能好，反之则差。影响金属材料塑性和变形抗力的主要因素有两个方面。

1．金属的内部因素

（1）金属的化学成分。不同化学成分的金属，其塑性不同，锻造性能也不同。一般纯金属的锻造性能较好。金属组成合金后，强度提高，塑性下降，锻造性能变差。例如，碳钢随着碳含量的增加，塑性下降，锻造性能变差。合金钢中合金元素的含量越多，其锻造性能也越差。

（2）金属的组织状态。金属的组织结构不同，其锻造性能有很大差别。由单一固溶体组成的合金，具有良好的塑性，其锻造性能也较好。若含有多种不同性能的组织结构，则塑性降低，锻造性能较差。一般来说，面心立方结构和体心立方结构的金属比密排六方结构的金属塑性好。金属组织内部有缺陷，如铸锭内部有疏松、气孔等缺陷，将引起金属的塑性下降，锻造时易出现锻裂等现象。铸态组织和晶粒粗大的结构不如轧制状态和晶粒细小的组织结构锻造性能好，但晶粒越细小，金属变形抗力越大。

2．金属的变形条件

（1）变形温度。随着温度的升高，金属原子动能增加，原子间的结合力减弱，易于产生滑移变形，使塑性增加，变形抗力减小。高温下的再结晶过程非常迅速，能及时消除加工硬化现象。因此，适当提高变形温度对改善金属锻压性能有利，加热是锻压生产中很重要的变形条件。但温度过高金属出现过热、过烧时，塑性反而显著下降，加热温度应根据金属的材质，控制在合适的变形温度范围。

（2）变形速度。变形速度是指金属在锻压加工过程中单位时间内的相对变形量。如图 10-6 所示，随着变形速度的提高，金属的回复和再结晶不能及时克服冷变形强化现象，使金属塑性下降，变形抗力增加，锻压性能变差。但是，当变形速度超过临界值 C 后，由于塑性变形产生的热效应增大，使金属温度明显升高，加快了再结晶过程，使塑性增加、变形抗力减小，改善了锻压性能。

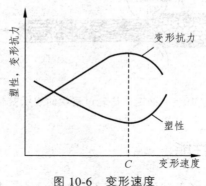

图 10-6　变形速度

除高速锤锻造和高能成型外，常用的各种锻压设备都不能超过临界变形速度，坯料在变形过程中产生的热效应不明显，不能提高塑性。所以，塑性差的合金钢和高碳钢或大型锻件，宜采用较小的变形速度、在压力机上锻造而不在锻锤上锻造，以防锻裂坯料。

（3）变形时的应力状态。压应力使塑性提高，拉应力使塑性降低。工具和金属间的摩擦力将使金属的变形不均匀，导致金属塑性降低，变形抗力增大。

3. 锻造比

在压力加工过程中，常用锻造比 Y 来表示变形程度。

拔长时的锻造比为

$$Y = \frac{S_0}{S} = \frac{L}{L_0}$$

镦粗时的锻造比为

$$Y = \frac{H_0}{H} = \frac{S}{S_0}$$

式中，H_0、L_0、S_0 分别为坯料变形前的高度、长度和横截面积；H、L、S 分别为坯料变形后的高度、长度和横截面积。

在一般情况下，增加锻造比，对改善金属的组织和性能是有利的。但是锻造比太大却是无益的。因此，选择合适的锻造比是十分重要的。通常，对于非合金结构钢，可以取 $Y = 3 \sim 4$；对于高速钢，取 $Y = 5 \sim 12$；对于不锈钢，取 $Y = 4 \sim 6$；对于轧制过的钢材锻造锻件，一般取 $Y = 1.1 \sim 1.3$。

综合上述，金属的塑性和变形抗力是受金属的本质与变形条件等因素制约的。在选用锻压加工方法进行金属塑性成型时，要依据金属的本质和成型要求，充分发挥金属的塑性，尽可能降低其变形抗力，用最少的能耗，获得合格的锻件。

10.2 自由锻造

自由锻是将加热的金属坯料，放在锻造设备的上、下砧铁之间，施加冲击力或压力，使之产生塑性变形，而获得所需锻件的一种加工方法。坯料在锻造过程中，除与上、下砧铁或其他辅助工具接触的部分外，其余都是自由表面，变形不受限制，故称自由锻。

自由锻通常分为手工自由锻和机器自由锻。手工自由锻主要是依靠人力利用简单工具对坯料进行锻打，从而改变坯料的形状和尺寸获得所需锻件。手工锻造生产率低，劳动强度大，锤击力小，在现代工业生产中已被机器锻造所代替。机器自由锻主要依靠专用的自由锻设备和专用工具对坯料进行锻打，改变坯料的形状和尺寸，从而获得所需锻件。自由锻的优点是所用工具简单、通用性强、灵活性大，适合单件和小批锻件，特别是特大型锻件的生产，缺点是锻件精度低、加工余量大、生产效率低、劳动强度大等。

10.2.1 自由锻造的基本工序

自由锻的工序分为基本工序、辅助工序和修整工序三大类。

（1）基本工序：指改变坯料的形状和尺寸以达到锻件基本成型的工序，称为基本工序。包括镦粗、拔长、冲孔、弯曲、切割、扭转、错移等工序。

（2）辅助工序：为了方便基本工序的操作，而使坯料预先产生成某些局部变形的工序。如倒棱、压肩等工序。

（3）修整工序：修整锻件的最后尺寸和形状，提高锻件表面质量，使锻件达到图纸要求的工序叫修整工序。如修整鼓形、平整端面、校直弯曲等工序。

自由锻各工序的简图见表 10-1。

表 10-1　自由锻工序简图

基本工序	镦粗	拔长	冲孔
	芯轴扩孔	芯轴拔长	弯曲
	切割	扭转	错移

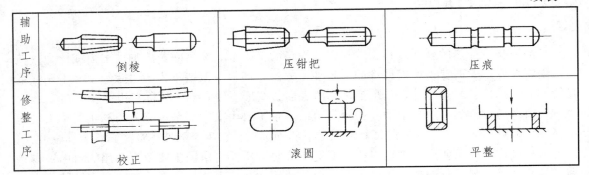

辅助工序	倒棱	压钳把	压痕
修整工序	校正	滚圆	平整

10.2.2 自由锻造工艺规程的制定

生产锻件要根据生产批量、重量、尺寸、结构复杂程度、材料与材质、技术条件等情况，结合生产车间的设备、技术水平及切削加工所提出的特殊要求等因素，来制定锻造工艺规程，并要保证其可行性和经济性。其主要内容和制定步骤如下：

1. 绘制锻件图

锻件图是计算坯料、制定工艺、设计工具和检验锻件的依据。它是根据零件图样并考虑余块、加工余量和锻件公差等因素绘制，如图 10-7 所示。

（1）余块：为简化锻件形状，便于锻造，锻件的某些难以锻出的部位，在切削加工余量以外，加添一些金属，这些加添的金属称为余块。例如，当零件上带有较小的凹槽、台阶、凸肩等难以直接锻出时，均需附加余块，如图 10-7 所示。但添加余块，增加切削工时和材料损耗，流线会被切断，零件强度降低。是否添加余块应综合考虑后确定。

（2）机械切削加工余量：锻件上凡需切削加工的表面应留加工余量。加工余量的大小与零件形状、尺寸、精度、表面粗糙度和生产批量有关，同时还应考虑生产条件和工人技术水平等因素。具体数值可查阅有关手册。

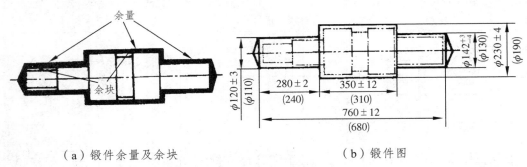

（a）锻件余量及余块　　　　　　　（b）锻件图

图 10-7　自由锻锻件图

（3）锻件公差：零件的基本尺寸加上加工余量为锻件的基本尺寸。锻件实际尺寸与其基本尺寸之间允许有一定的偏差，超过基本尺寸的称上偏差，小于基本尺寸的称下偏差，上偏差与下偏差之代数差之绝对值为锻件公差。一般锻件公差约为加工余量的 $1/4 \sim 1/3$，具体数值可根据锻件形状、尺寸、生产批量、精度要求等从有关手册中查出。

绘制锻件图时，锻件形状用粗实线表示。锻件尺寸和公差标注在尺寸线上面，零件尺寸加括号标注在尺寸线下面，以供操作者参考，如图 10-7 所示。

2. 计算坯料质量和尺寸

生产大型锻件所用的坯料一般是质量在 300 t 以下的钢锭，中小型锻件常采用初轧坯和各种型材，如方钢、圆钢、扁钢等。坯料的质量可按下式计算：

$$m_{坯} = m_{锻} + m_{烧} + m_{芯} + m_{切}$$

式中　$m_{坯}$——坯料质量；

　　　$m_{锻}$——锻件质量；

　　　$m_{烧}$——加热时坯料表面氧化烧损的质量，与坯料性质、加热次数有关；

　　　$m_{芯}$——冲孔时的芯料质量，与冲孔方式、冲孔直径和坯料高度有关；

　　　$m_{切}$——锻造中被切掉的金属质量，如修切端部产生的料头，采用钢锭作坯料时，切掉的钢锭头部与尾部等。

3. 确定锻造工序

锻造工序应根据锻件形状、尺寸、技术要求和生产批量等进行选择。其主要内容是：确定锻件成型所必需的工序；选择所用的工具；确定工序顺序和工序尺寸等。一般自由锻件的分类及所用的基本工序可参阅见表 10-2。

此外，工艺规程的内容还包括确定所用的锻造设备、工夹具、加热设备、加热火次和锻后热处理等。

表 10-2　自由锻件的分类及锻造用工序

类　别	图　例	锻造工序	实　例
实心圆截面光轴及台阶轴		拔长（镦粗及拔长）、压肩、锻台阶、滚圆	主轴，传动轴
实心方截面光杆及台阶杆		拔长（镦粗及拔长），压肩、锻台阶和冲孔	连杆等
单拐及多拐曲轴		拔长（镦粗及拔长）、错移、锻台阶、切割滚圆和扭转	曲轴、偏心轴等

类 别	图 例	锻造工序	实 例
空心光环及台阶环		镦粗（拔长及镦粗）、冲孔、在芯轴上扩孔、定径	圆环、齿圈，端盖、套筒
空心筒		镦粗（拔长及镦粗）、冲孔、在芯轴上拔长、滚圆	圆筒、套筒等
弯曲件		拔长、弯曲	吊钩、弯杆、轴瓦盖等

4. 选择锻造设备

根据锻造设备的不同，分为锤锻自由锻和水压机自由锻两种。前者用于锻造中、小锻件，后者主要用于大型锻件的锻造。

（1）锤锻自由锻：锤锻自由锻是一种冲击作用式动力锻造设备。金属在锤上一次变形的时间为千分之几秒。其规格（即打击能量）大小用其下落的质量表示，一般为 0.5～5 t。

设备的类型主要有空气锤和蒸汽-空气两种。空气锤由自身携带的电动机直接驱动，落下部分质量在 40～1 000 kg，锤击能量较小，只能锻造 100 kg 以下的小型锻件。蒸汽-空气锤利用压力为 0.6～0.9 MPa 的蒸汽或压缩空气作为动力，适合锻造中型或较大的锻件。蒸汽或压缩空气由单独的锅炉或空气压缩机供应，投资比较大。蒸汽-空气锤根据机架结构，一般分为双柱拱式、桥式和单柱式 3 种。

（2）水压机自由锻：自由锻水压机是锻造大型锻件的主要设备。水压机主要由本体和附属设备组成。

水压机的优点在于它以压力（上抵铁速度为 0.1～0.3 m/s）代替锻锤的冲击力（锤头速度可达 7～8 m/s），在锻造时振动和噪声小，工作条件好。金属在水压机上比在锤上锻造容易达到较大的锻透深度，可获得整个截面是细晶粒组织的锻件。缺点是设备庞大并需一套供水系统和操纵系统，造价较高。水压机的压力用吨位来等效，可达 500～15 000 t，所锻钢锭的质量为 1～300 t。

锻造设备应根据锻件材料的种类、锻件尺寸（或质量），以及锻造的基本工序、设备的锻造能力等因素进行选择，并应考虑工厂现有设备条件。

5. 确定坯料加热、锻件冷却和热处理方法

（1）坯料加热：加热的目的是为了提高坯料的塑性和降低变形抗力，以改善金属的锻压性能。此外，加热对生产率、锻件质量和金属的利用率也有很大影响。

加热时，在保证坯料均匀热透条件下，应尽量缩短加热时间，以减少氧化和脱碳。氧化后形成的氧化皮除造成金属损失外，还会被压入坯料表面，降低锻件表面质量、尺寸精度和模具寿命。脱碳使锻件表层变软，强度和耐性降低。在脱碳层厚度小于加工余量时，不影响锻件质量。

加热温度过高，超过了某一界限或在高温下时间过长，都会引起奥氏体晶粒粗化，这种现象称为过热。过热的坯料锻造时塑性差，易产生裂纹等缺陷，锻件的力学性能较低。已过热的钢可通过反复锻击把粗大的晶粒击碎，或在锻造后用退火来消除，以使晶粒细化。坯料加热温度超过始锻温度过多，使晶粒边界出现氧化和熔化的现象称为过烧。过烧的坯料因晶粒间的连接被破坏，完全失去了塑性，一经锻打即成碎块，这种坯料无法补救，只能重新熔炼。

始锻温度是指允许坯料加热的最高温度即开始锻造时坯料的温度。始锻温度应以不出现过热现象为前提尽量提高其温度，以使坯料有最佳的锻压性能，并能减少加热次数（火次）和提高生产率。

终锻温度是指坯料经过锻造成形，在停锻时锻件的瞬时温度。终锻温度应高于再结晶温度，低于这个温度再结晶则无法进行，冷变形强化现象不能消除，变形抗力太大，塑性降低，甚至在锻件上产生裂纹及损坏设备、工具。终锻温度也不宜过高，以防坯料变形后晶粒长大，形成粗大组织，使力学性能下降。

（2）锻件的冷却：锻件冷却是确定锻造工艺必不可少的内容。冷却不当会造成锻件表面硬度增高，难以切削加工，甚至出现变形和裂纹。一般，锻件中碳及合金元素含量越高，锻件尺寸越大，形状越复杂，冷却速度应越慢。锻件的冷却方式主要有以下 3 种：

① 空冷：是指热态锻件在空气中冷却的方法。空冷速度较快，常用于 $\omega_c \leqslant 0.5\%$ 的碳钢和 $\omega_c \leqslant 0.3\%$ 的低合金钢小型锻件的冷却。

② 坑冷：是指热态锻件埋在地坑或铁箱中缓慢冷却的方法，常用于碳素工具钢和合金钢锻件的冷却。

③ 炉冷：是指锻件放入炉中缓慢冷却的方法，常用于合金钢大型锻件，含合金元素多的合金钢的重要锻件的冷却。

（3）锻件的热处理：一般来说，结构钢锻件采用退火或正火处理。若正火后硬度仍高，可再进行高温回火处理，回火温度为 560 ~ 660 ℃。工具钢锻件采用正火加球化退火，以消除网状碳化物，获得粒状珠光体组织。对于切削加工中不再进行最终热处理的中碳钢和低合金钢重要锻件，如轴类和齿轮类等锻件，可进行调质处理。

10.3　模　锻

10.3.1　模锻特点

模锻是将加热后的坯料放在锻模模腔内，在锻压力的作用下使坯料变形而获得锻件的一种加工方法。坯料变形时，金属的流动受到模腔的限制和引导，从而获得与模腔形状一致的锻件。与自由锻相比模锻的优点是：

（1）锻件表面粗糙度值小、尺寸精度高、节约材料和切削加工工时；

（2）锻件内部的锻造流线按锻件轮廓分布，提高了零件的机械性能和使用寿命；

（3）由于有模膛引导金属的流动，锻件的形状可以比较复杂；

（4）生产率较高；

（5）操作简单，易于实现机械化。

由于模锻是整体成形，金属流动时，与模膛之间产生很大的摩擦阻力，因此所需设备吨位大，设备投入费用高；锻模加工工艺复杂、制造周期长、费用高，所以模锻只适用于中、小型锻件的成批或大量生产。随着计算机辅助设计与制造（CAD/CAM）技术的发展，锻模的制造周期将大大缩短。

按使用的设备类型不同，模锻又分为锤上模锻、曲柄压力机上模锻、摩擦压力机上模锻、平锻机上模锻、液压机上模锻等。

10.3.2 锤上模锻

锤上模锻的工作原理与蒸汽-空气自由锻锤基本相同。但模锻锤的机架直接与砧座连接，形成封闭结构；锤头与导轨间的间隙比自由锻锤小，这可提高锤头上下运动的精确性，保证上下模对得准，减少锻件的错差，以提高锻件形状和尺寸的准确性。模锻锤的规格为 10 ~ 160 kN，可锻造 0.5 ~ 150 kg 的锻件。

锻模由上、下模组成，如图 10-8 所示。上模和下模分别安装在锤头下端和模座的燕尾槽内，用楔铁紧固。上、下模接触时，其接触面上、下所形成的空间为模膛。根据模膛功用不同，分为制坯模膛和模锻模膛两类。模锻的变形工步都在相应的模膛内完成。

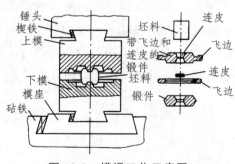

图 10-8 模锻工作示意图

（1）制坯模膛。指按锻件变形要求，对坯料体积进行合理分配的模膛。制坯模膛的种类、特点和应用见表 10-3。

表 10-3 　锤上模锻制坯模膛的种类、特点和应用

工步名称	简　图	操作说明	特点和应用
拔长		操作时坯料边受锤击、边送进	减小坯料某部分的横截面积增加该部分的长度。当模锻件沿轴线各横截面积相差较大时，则采用拔长模膛拔长。多用于长轴类锻件制坯，兼有去氧化皮作用
滚压（滚挤）		操作时坯料边受锤击边转动，不做轴向送进,同时吹净氧化皮	减少坯料某部分的横截面积，增大另外部分的横截面积，总长略有增加。多用于模锻件沿轴线的各横截面积不同时的聚料和排料，或修整拔长后的毛坯，使坯料形状更接近锻件，并使拔长后的坯料表面光滑
成形		坯料在模膛中打击一次成形后坯料翻转90°放入下一个模膛	模腔的纵向剖面形状与终锻时，锻件的水平投影相一致，使坯料获得近似锻件水平投影的形状，兼有一定的聚料作用，用于带枝芽的锻件
弯曲（弯压）		同成型工步。使坯料轴线产生较大弯曲，无聚料作用	使坯料获得近似锻件水平投影的形状。用于具有弯曲轴线的锻件
切断		在上模与下模的边角上组成一对刃具	用于切断金属。单件锻造时，用来切下锻件或从锻件上切下钳口；多件锻造时，用来分割成单件

（2）模锻模膛。模锻模膛分为预锻模膛和终锻模膛两种。

① 预锻模：为改善终锻时金属流动条件，避免产生充填不满和折叠，可使锻坯在最终成型前获得接近终锻形状的模膛。预锻模膛可减少终锻模膛磨损，提高其使用寿命。

预锻模膛比终锻模膛高度略大，宽度略小，容积略大，模锻斜度大，圆角半径大，不带飞边槽。对于形状复杂的锻件（如连杆、拨叉等），大批量生产时常采用预锻模膛预锻。

② 终锻模膛：模锻时最后成型用的模膛，模膛形状与热锻件上相应部分的形状一致，但尺寸需按锻件放大一个收缩量。沿模膛四周设有飞边槽，在上、下模合拢时能容纳多余的金属，飞边槽靠近模膛处较浅，进入飞边槽的金属先冷却，可增大模内金属外流阻力，促使金属充满模膛。

根据锻件复杂程度，锻模又分为单腔锻模和多腔锻模两种。单腔锻模是在一副锻模上只有终锻模膛；多腔锻模则有两个以上模膛。为操作方便，制坯模膛常分布在终锻模膛的两侧。终锻模膛位于锻模中心，这是因为这里的变形力最大。产生最小变形的模腔位于锻模边缘处，以减少作用在模锻设备上的偏心载荷。

10.3.3　胎膜锻

在自由锻设备上使用可移动模具生产模锻件的一种锻造方法，称为胎模锻。它是一种介于自由锻和模锻之间的锻造方法。胎模锻一般用自由锻方法制坯，在胎模中最后成型。胎模不固定在锤头或砧座上，需要时放在下砧铁上进行锻造。

胎模锻与自由锻相比，具有操作简便、生产率高，锻件尺寸精度高、表面粗糙度值小，余块少、节约金属，成本低等优点。与模锻相比，具有胎模制造简单，不需贵重的模锻设备，成本低，使用方便等优点。但胎模锻件尺寸精度和生产率比锤上模锻低，工人劳动强度大，胎模寿命短。胎模锻适于中、小批生产，在缺少模锻设备的中、小型工厂中应用较广。

常用的胎模按其结构主要有以下 3 种类型：

1. 扣　模

扣模由上、下扣组成或上扣由上砧代替，如图 10-9 所示。锻造时锻件不转动，初锻成型后锻件翻转 90°在锤砧上平整侧面。扣模常用来生产长杆非回转体锻件的全部或局部扣形，也可用来为合模制坯。

2. 套模（筒模）

开式套模只有下模，上模用上砧代替，如图 10-10（a）所示。它主要用于回转体锻件（如端盖、齿轮）的最终成型或制坯。当用于最终成型时，锻件的端面必须是平面。闭式套模由套筒、上模垫及下模垫组成，下模垫也可由下砧代替，如图 10-10（b）所示。它主要用于端面有凸台或凹坑的回转体类锻件的制坯和最终成型，有时也用于非回转体类锻件。

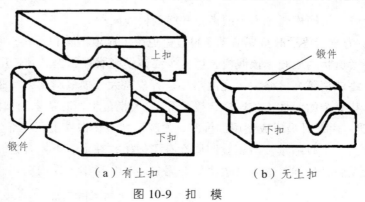

（a）有上扣　　　　　　（b）无上扣

图 10-9　扣　模

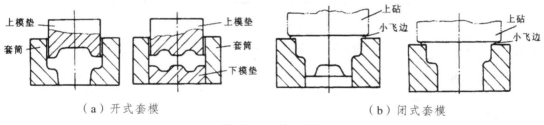

（a）开式套模　　　　　　　　　　　　（b）闭式套模

图 10-10　套　模

3. 合　模

合模由上、下模组成，如图 10-11 所示，为使上、下模吻合和不使锻件产生错差，常用导柱和导销定位。合模适于各类锻件的终锻成型，尤其是非回转体类复杂形状的锻件，如连杆、叉形件等。图 10-12 所示为端盖胎模锻造过程。

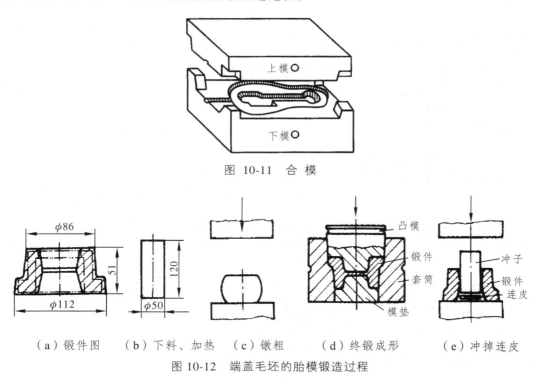

图 10-11　合　模

（a）锻件图　　（b）下料、加热　　（c）镦粗　　（d）终锻成形　　（e）冲掉连皮

图 10-12　端盖毛坯的胎模锻造过程

10.3.4　锻压件结构设计

在设计锻压件的结构和形状时，除满足使用性能要求外，还应考虑锻压设备和工具的特点。良好的锻压件结构工艺性应以结构合理、锻造方便、减少材料及工时的消耗和提高生产率为目的加以确定。在进行锻压件的结构设计时应注意的主要问题见表 10-4。

表 10-4　锻压件的合理结构

图　例		说　明
不 合 理	合 理	
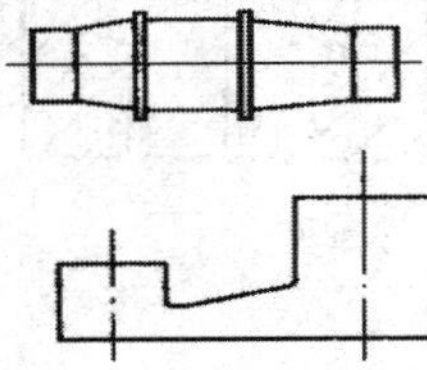	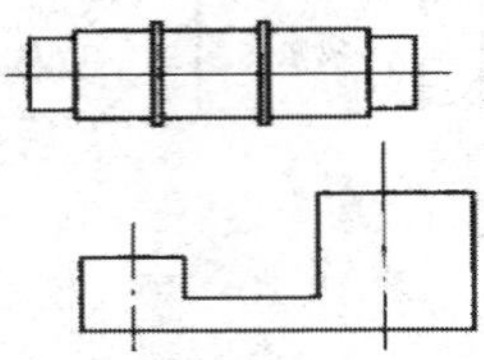	自由锻不易锻出锥形和楔形，设计时应尽量采用平直结构
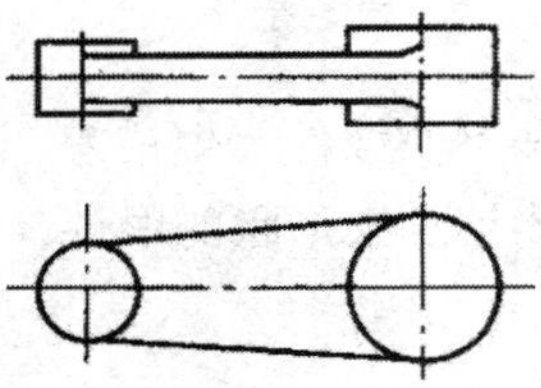	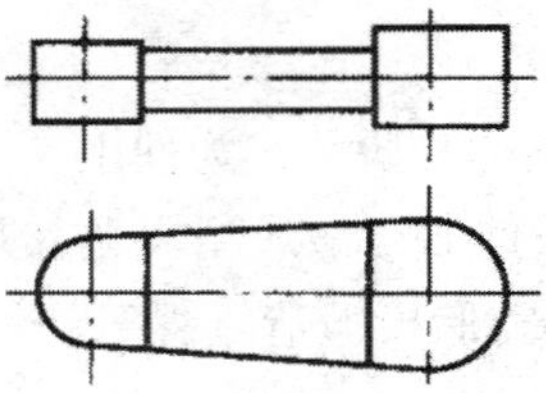	自由锻无法锻出几何形体（圆柱、立方体等）表面相贯的复杂形状。图例所示的圆柱体与平板相连接的形状比较复杂，采用自由锻制造困难
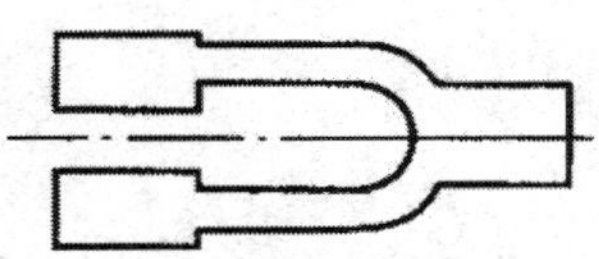	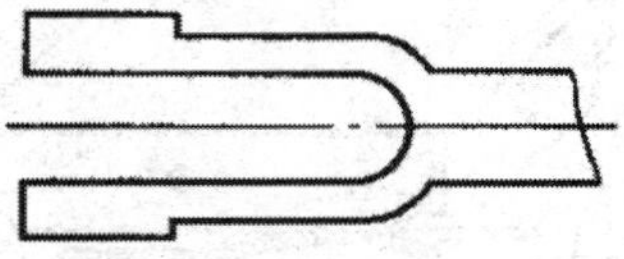	自由锻件的内部凸台是无法锻出的，应予以简化结构。如不合理图中叉形零件内部不应有凸台
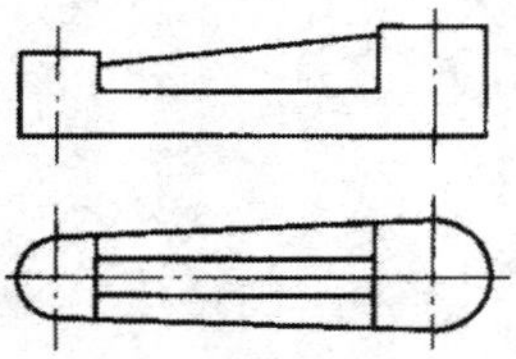	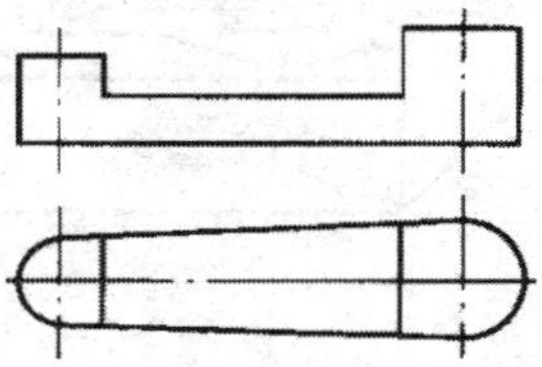	自由锻件不应有加强肋、工字形截面等复杂形状。避免用肋板
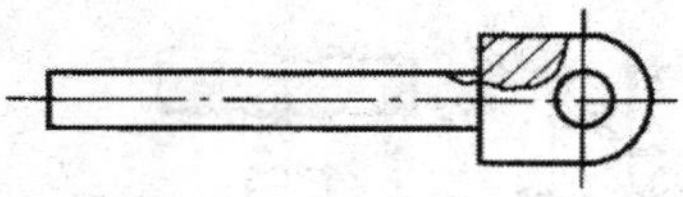	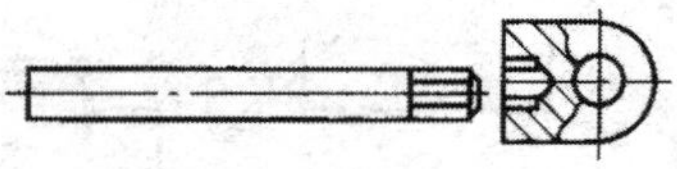	当锻件具有复杂的形状或细长柄时，应设法改用几个较简单的部分组合或焊接。锻件形状应尽量简单
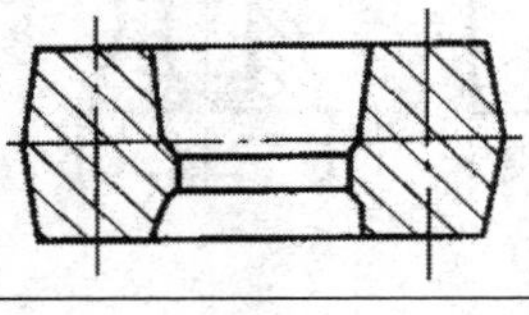	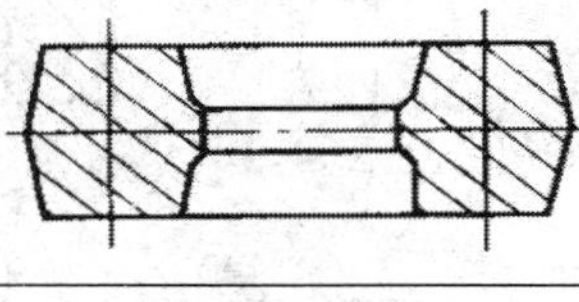	对称形状的零件便于分模，应将模锻件尽量设计成对称的外形
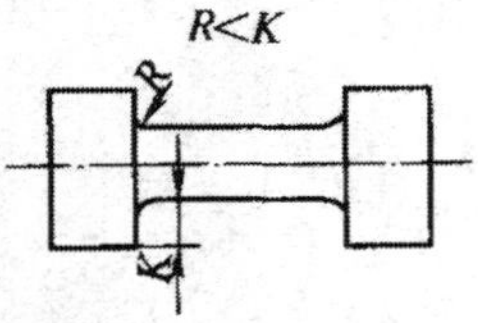 $R<K$	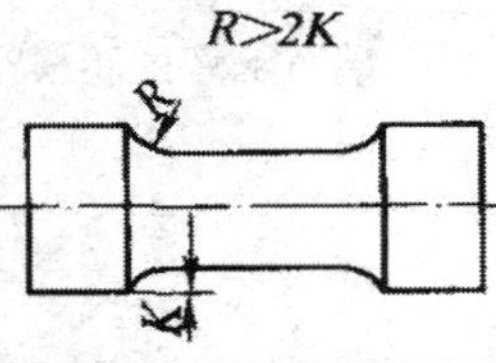 $R>2K$	模锻件的圆角半径通常应设计得大一些，既可以改善锻造工艺性，又可以减少应力集中
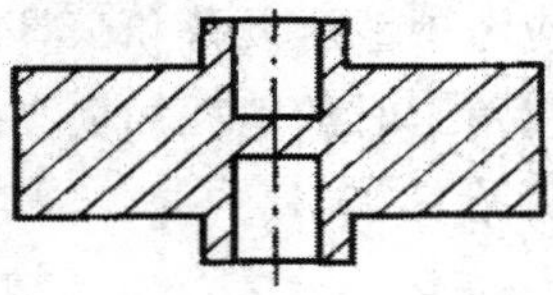	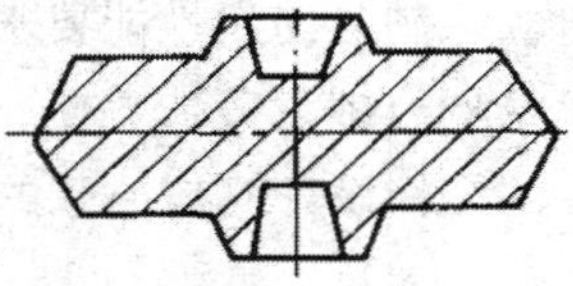	模锻件形状应便于脱模，内外表面都应有足够的拔模斜度，孔不宜太深，分模面尽量安排在中间

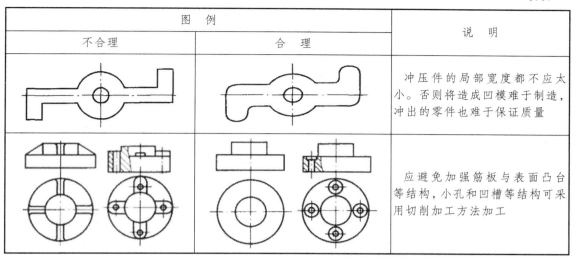

图　例		说　明
不合理	合　理	
		冲压件的局部宽度都不应太小。否则将造成凹模难于制造，冲出的零件也难于保证质量
		应避免加强筋板与表面凸台等结构，小孔和凹槽等结构可采用切削加工方法加工

10.4　板料冲压

板料冲压是指使板料经分离或成型而得到制件的加工方法。板料冲压的坯料通常都是较薄的金属板料，冲压时无须加热，故又称为薄板冲压或冷冲压，简称冷冲或冲压。只有当板料厚度超过 8 ~ 10 mm 时，才采用热冲压。冲压有以下特点：

（1）由于是在常温下通过塑性变形对金属板料进行的加工，原材料必须具有足够的塑性，并应有较低的变形抗力。

（2）金属板料经过塑性变形的冷变形强化作用获得一定的几何形状后，具有结构轻巧、强度和刚度较高的优点。

（3）冲压件尺寸精度高、质量稳定、互换性好，一般无须切削加工即可使用。

（4）冲压生产操作简单，生产率高，便于实现机械化和自动化。

（5）冲压模具结构复杂、精度要求高、制造费用高，因此只有在大批量生产的条件下，采用冲压加工方法在经济上才是合理的。

板料冲压在现代工业的许多领域都得到广泛应用，特别是在汽车制造、电机、电器、仪器仪表、兵器及日用品生产等工业领域中占有重要的地位。

10.4.1　冲压设备

板料冲压设备主要是剪床和冲床。

剪床的外形及传动机构如图 10-13 所示。电动机 1 通过带轮使轴 2 转动，再通过齿轮传动及离合器 3 使曲轴 4 转动，于是带有刀片的滑块 5 便上下运动，进行剪切工作。6 为工作台，7为滑块制动器。剪床用于将板料切成一定宽度的条料，以供冲压工序使用。

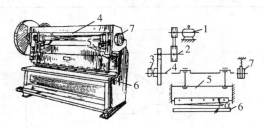

（a）外形图　　　　　（b）传动图

1—电动机；2—轴；3—离合器；4—曲轴；

5—滑块；6—工作台；7—滑块制动器。

图 10-13　剪床

冲床的种类很多，主要有单柱冲床、双柱冲床、双动冲床等。图 10-14 是单柱冲床外形及传动示意图。电动机 5 带动飞轮 4 通过离合器 3 与单拐曲轴 2 相接，飞轮可在曲轴上自由转动。曲轴的另一端则通过连杆 8 与滑块 7 连接。工作时，踩下踏板 6 离合器将使飞轮带动曲轴转动，滑块做上下运动。放松踏板，离合器脱开，制动闸 1 立即停止曲轴转动，滑块停留在待工作位置。

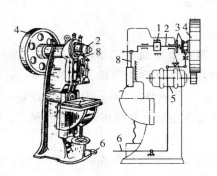

（a）外形图　　　　（b）传动图

1—制动；2—曲轴；3—离合器；4—飞轮；5—电动机；

6—踏板；7—滑块；8—连杆。

图 10-14　单柱冲床

10.4.2　板料冲压的基本工序

板料冲压的基本工序有冲裁、弯曲、拉深、成型等。

1. 冲　裁

冲裁是使板料沿封闭的轮廓线分离的工序，包括冲孔和落料。这两个工序的坯料变形过程和模具结构都是一样的，两者的区别在于冲孔是在板料上冲出孔洞，被分离的部分为废料，而周边部分是带孔的成品；落料是被分离的部分是成品，周边是废料。

冲裁时板料的变形和分离过程如图 10-15 所示。凸模和凹模的边缘都带有锋利的刃口。当凸模向下运动压住板料时，板料受到挤压，产生弹性变形并进而产生塑性变形，当上、下刃口附近材料内的应力超过一定限度后，即开始出现裂纹。随行凸模（冲头）继续下压，上、下裂纹逐渐向板料内部扩展直至汇合，板料即被切离。冲裁后的断面可明显地区分为光亮带、剪裂带、圆角和毛刺四部分。其中光亮带具有最好的尺寸精度和光洁的表面，其他 3 个区域，尤其是毛刺则降低冲裁件的质量。这 4 个部分的尺寸比例与材料的性质、板料厚度、模具结构和尺寸、刃口锋利程度等冲裁条件有关。为了提高冲裁质量、简化模具制造，延长模具寿命及节省材料，设计冲裁件及冲裁模具时应做如下考虑：

（1）冲裁件的尺寸和形状。在满足使用要求的前提下，应尽量简化，多采用圆形、矩形等规则形状，以便于使用通用机床加工模具，并减少钳工修配的工作量。线段相交处必须以圆弧过渡。冲圆孔时，孔径不得小于板料厚度 δ；冲方孔时，孔的边长不得小于 0.96δ；孔与孔之间或孔与板料边缘的距离不得小于 δ。

（2）模具尺寸。冲裁件的尺寸精度依靠模具精度来保证。凸凹模间隙对冲裁件断面质量具有重要影响，其间隙值要选择合理。在设计冲孔模具时，应使凸模刃口等于所要求孔的尺寸，凹模刃口尺寸则是孔尺寸加上两倍的间隙值。设计落料模具时，则应以凹模刃口尺寸为成品尺寸，凸模则减去两倍的间隙值。

（3）冲压件的修整。修整工序是利用修整模沿冲裁件的外缘或内孔，切去一层薄金属，以除去圆角、剪裂带和毛刺等，从而提高冲裁件的尺寸精度和降低表面粗糙度。只有对冲裁件的质量要求较高时，才需要增加修整工序。修整在专用的修整模上进行，模具间隙为 0.006 ~ 0.01 mm。修整时单边切除量为 0.05 ~ 0.2 mm，修整后的切面粗糙度 Ra 值可达 1.25 ~ 0.63 μm，尺寸精度可达 IT6 ~ IT7。

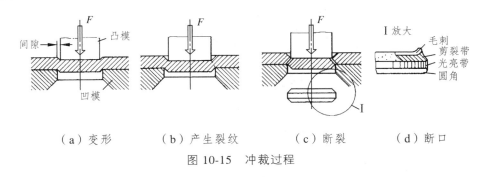

（a）变形　　　（b）产生裂纹　　　（c）断裂　　　（d）断口

图 10-15　冲裁过程

2. 弯　曲

弯曲是将平直板料弯成一定角度和圆弧的工序，如图 10-16 所示。弯曲时，坯料外侧的金属受拉应力作用，发生伸长变形。坯料内侧金属受压应力作用，产生压缩变形。在应变区之间存在一个不产生应力和应变的中性层，其位置在板料的中心部位。当外侧的拉应力超过材料的抗拉强度时，将产生弯裂现象。坯料越厚，内弯曲半径 r 越小，坯料的压缩和拉伸应力越大，越容易弯裂。为防止弯裂，弯曲模的弯曲半径要大于限定的最小弯曲半径 $r_{\min}$，通

常取 $r_{min} \geqslant (0.25 \sim 1)\delta$。此外，弯曲时，如图 10-17 所示，应尽量使弯曲线与坯料纤维方向垂直[见图 10-17（a）]，不仅能防止弯裂，也有利于提高其使用性能。

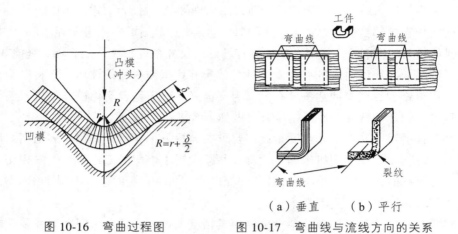

图 10-16　弯曲过程图　　　　图 10-17　弯曲线与流线方向的关系

在外加载荷的作用下，板料产生的变形由弹性变形和塑性变形两部分组成。当外载荷去除后，塑性变形保留下来，而弹性变形部分则要恢复，从而使板料产生与弯曲方向相反的变形，这种现象称为弹复，又称回弹，如图 10-18 所示。弹复后，弯曲角减小（由 a 变为 a'），弯曲半径增大（由 r 变为 r'）。弹复的程度通常以弹复角 Δa 表示：$\Delta a = a - a'$。

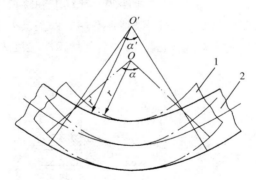

1—弹复前；2—弹复后。

图 10-18　弯曲时的弹复现象

显然，弹复现象会影响弯曲件的尺寸精度。弹复角的大小与材料的机械性能、弯曲半径、弯曲角等因素有关。材料的屈服强度越高、弯曲半径越大（即弯曲程度越小），则在整个弯曲过程中，弹性变形所占的比例越大，弹复角则越大。这就是曲率半径大的零件不易弯曲成型的道理。此外，在弯曲半径不变的条件下，弯曲角越大，变形区的长度就越大，因而弹复角也越大。

为了克服弹复现象对弯曲零件尺寸的影响，通常采取的措施是利用弹复规律，增大凸模压下量，或适当改变模具尺寸，使弹复后达到零件要求的尺寸。此外，也可通过改变弯曲时的应力状态，把弹复现象限制在最小的范围内。

3. 拉　深

拉深是利用拉深模使平面板料变为开口空心件的冲压工序，又称拉延。拉深可以制成筒形、阶梯形、球形及其他复杂形状的薄壁零件。

拉深过程如图 10-19 所示，原始直径为 D 的板料，经拉深后变成内径为 d 的杯形零件。凸模在压入过程中，伴随着坯料变形和厚度的变化。拉深件的底部一般不变形，厚度基本不变。其余环形部分坯料经变形成为空心件的侧壁，厚度有所减小。侧壁与底之间的过渡圆角部位被拉薄最严重。拉深件的法兰部分厚度有所增加。拉深件的成型是金属材料产生塑性流动的结果，坯料直径越大，空心件直径越小，则变形程度越大。

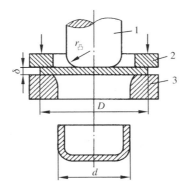

1—冲头；2—压板；3—凹模。

图 10-19　拉深过程

拉深件最容易产生的缺陷是拉裂和起皱。拉裂产生的最危险的部位是侧壁与底的过渡圆角处。为使拉深过程正常进行，必须把底部和侧壁的拉应力限制在不使材料发生塑性变形的限度内，而环形区内的径向拉应力，则应达到和超过材料的屈服极限，并且任何部位的应力总和都必须小于材料的强度极限，否则，就会造成如图 10-20（a）所示的拉穿缺陷。

起皱是拉深时坯料的法兰部分受到切向压应力的作用，使整个法兰产生波浪形的连续弯曲现象。环形变形区内的切向压应力很大，很容易使板料产生如图 10-20（b）所示的皱褶现象，从而造成废品。为此，必须采取以下措施：

（1）拉深模具的工作部分，必须加工成圆角。圆角半径为：$r_{凹} = 10\delta$；$r_{凸} = （0.6 \sim 1）r_{凹}$。

（2）控制凸模和凹模之间的间隙 $Z = (1.1 \sim 1.2)\delta$。间隙过小，容易擦伤工件表面，降低模具寿命。

（3）正确选择拉深系数。板料拉深时的变形程度通常以拉深系数（m）表示。

（a）拉穿　　　　　　　（b）皱褶

图 10-20　拉深废品

$$m = d/D$$

式中　d——拉深后的工件直径；

　　　D——坯料直径。

拉深系数越小，拉深件直径越小，变形程度越大，越容易产生拉裂废品。拉深系数一般为 0.5～0.8，甚至更大，塑性好的材料可取下限值。

（4）为防止产生皱折，通常都用压边圈将工件压住。压边圈上的压力不宜过大，能压住工件不致起皱即可。

（5）为了减少由于摩擦引起的拉深件内应力的增加和对模具的磨损，拉深前要在工件上涂润滑剂。

4. 成　型

成型是使板料或半成品改变局部形状的工序，包括压肋、压坑、胀形、翻边等。

（1）压肋和压坑（包括压字、压花）。压肋和压坑是压制出各种形状的凸起和凹陷的工序。采用的模具有刚模和软模两种。图 10-21 所示为用刚模压坑。与拉深不同，此时只有冲头下的这一小部分金属在拉应力作用下产生塑性变形，其大部分的金属并不发生变形。图 10-22 所示为用软模压肋，软模是用橡胶等柔性物体代替一半模具。这样，可以简化模具制造，冲制形状复杂的零件。但软模块使用寿命低，需经常更换。此外，也可采用气压或液压成型。

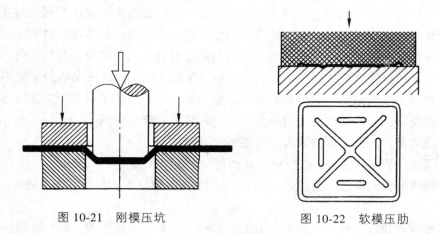

图 10-21　刚模压坑　　　　　　　图 10-22　软模压肋

（2）胀形。将拉伸件轴线方向上局部区段的直径胀大，可采用刚模（见图 10-23）或软模（见图 10-24）进行。刚模胀形时，由于芯子 2 的锥面作用，分瓣凸模 1 在压下的同时沿径向扩张，使工件 3 胀形。顶杆 4 将分瓣凸模顶回到起始位置后，即可将工件取出。显然，刚模的结构和冲压工艺都比较复杂，而采用软模则简便得多。因此，软模胀形得到广泛应用。

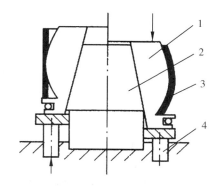

1—分瓣凸模；2—芯子；3—工件；4—顶杆。

图 10-23　刚模胀形

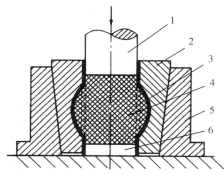

1—凸模；2—回模；3—工件；4—橡胶；5—外套；6—垫块。

图 10-24　软模胀形

（3）翻边。翻边是在板料或半成品上沿一定的曲线翻起竖立边缘的冲压工序。按变形的性质，翻边可分为伸长翻边和压缩翻边。当翻边在平面上进行时，称平面翻边；当翻边在曲面上进行时，又称曲面翻边，如图 10-25 所示。孔的翻边是伸长类平面翻边的一种特定形式，又称翻孔，其过程如图 10-26 所示。

成形工序使冲压件具有更好的刚度和更加合理的空间形状。

（a）平面伸长翻边

（b）曲面压缩翻边

图 10-25　翻边

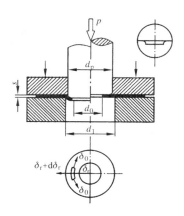

图 10-26　翻孔过程

261

10.4.3 冲模结构

冲模结构按压力机在一次行程中完成冲压工序的多少可分为以下三种模：

1. 简单模

简单模也称为单工序模，是指在压力机一次行程中只完成一道冲压工序的模具。图10-27所示为落料用单工序模，压板 6 将凹模 7 固定在下模板 5 上，下模板用螺栓固定在冲床工作台上，凸模 11 用压板 12 固定在上模板 2 上，上模板通过模柄 1 与凸模相连。利用导柱 4 和导套 3 的导向，可保证凸、凹模间的间隙均匀。工作时坯料沿两个导料板 8 之间送进，碰到挡料销 9 为止。冲下的零件落入凹模孔，凸模返回时由卸料板 10 将坯料推下，继续送料至挡料销，如此重复上述动作，可连续工作。单工序模结构简单，易制造、成本低、维修方便，但生产率低。

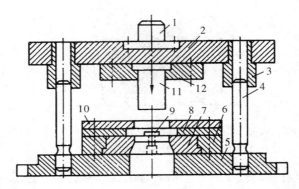

1—模柄；2—上模板；3—导套；4—导柱；5—下模板；6—压板；7—凹模；8—导料板；
9—挡料销；10—卸料板；11—凸模；12—压板。

图 10-27 单工序模

2. 复合模

复合模是指在压力机一次行程中，在模具的同一位置上，同时完成两道以上工序的模具，复合模生产率较高，加工零件精度高，适于大批量生产。

3. 连续模

连续模是指在压力机一次行程中，在模具的不同部位上，同时完成数道冲压工序的模具，又称级进模，如图 10-28 所示。连续模生产率高，但结构复杂，制造难，适于大批量生产精度要求不高的中小型零件。

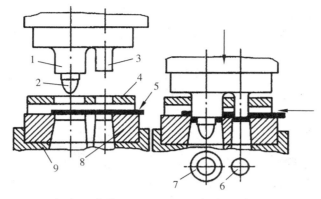

（a）工作前　　　（b）工作后

1—落料凸模；2—导正销；3—冲孔凸模；4—卸料板；5—坯料；6—废料；
7—成品；8—冲孔凹模；9—落料凹模。

图 10-28　连续模

10.4.4　冲压件的结构工艺性

在满足使用性能的条件下，为节约材料，减少模具磨损，提高生产率，降低成本和保证质量，冲压件结构还应具有良好的工艺性能。因此，设计时应考虑以下因素：

（1）落料件与冲孔件的形状应力求简单、对称，尽量采用矩形、圆形等规则形状，并应便于合理排样，以提高材料利用率。

排样是指冲裁件在板料或带料上的布置方法，搭边分为有搭边排样和无搭边排样两种类型。

有搭边排样就是在排样时各个落料件之间、落料件与坯料边缘之间均留有一定尺寸的坯料，如图 10-29（a）所示。有搭边排样，制件不易产生扭曲，毛刺小，而且在同一个平面上落料件尺寸准确，质量高，但材料利用率低。

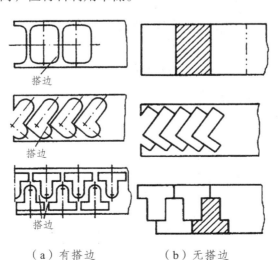

（a）有搭边　　　（b）无搭边

图 10-29　有搭边和无搭边排样法

263

无搭边排样是用落料件的一个边作为另一个落料件的边缘，如图 10-29（b）所示。无指边排样材料利用率高，但制件毛刺不在同一个平面上，而且尺寸不易准确。因此，只有在对落料件尺寸要求不高时才采用。

图 10-30 所示为落料件，在孔距相同的条件下，图 10-30（b）的结构比图 10-30（a）的合理，材料利用率高，而且又避免了细长悬臂结构。

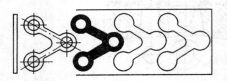 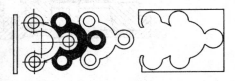

（a）不合理（材料利用率为 38%）　　　　（b）合理（材料利用率为 79%）

图 10-30　零件形状与材料利用率的关系

一般矩形件容易排样，产生的废料比其他形状少。大孔圆环形零件的材料消耗很大，因此生产中常将一个零件的废料作为另一个小零件的坯料。冲压件端面的形状最好为平直端面，其次是倒角端面和圆形端面。

为使冲模容易制造，延长寿命，冲压件上应避免有长槽与细长悬臂结构（见图 10-31）。

（2）孔间距或孔与零件边缘的距离不宜过小，孔径不宜过小。冲压件转角处应以圆弧过渡代替尖角，以防止因应力集中而被冲模冲裂。有关尺寸限制，如图 10-32 所示。

（3）弯曲件形状应力求对称，弯曲半径不能小于坯料许可的最小弯曲半径。尽量使弯曲部分的拉伸和压缩应力顺着坯料的流线方向（见图 10-17），以免弯裂。为改善弯曲件的受力状态，生产中常用成双压弯的办法（见图 10-33），然后用切削加工方法切开。

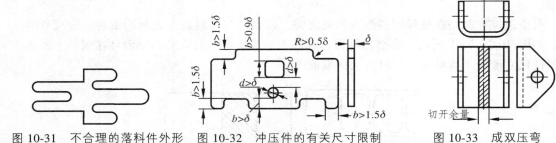

图 10-31　不合理的落料件外形　　图 10-32　冲压件的有关尺寸限制　　图 10-33　成双压弯

（4）弯曲边尺寸 b 过短不易成形，为防止弯曲时孔变形，b 应大于 1.5δ，如图 10-34 所示。为防止板料在冲压时偏移和窜动，应利用坯料上已有孔或另加定位孔与模具上的导正销配合定位（见图 10-27）。

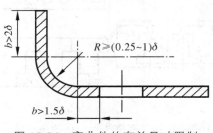

图 10-34　弯曲件的有关尺寸限制

（5）拉深件形状应简单对称，不要过深，以使模具制造简便、寿命长，并能减少拉深次数。

（6）零件的圆角半径应按图10-35确定，否则会增加拉深次数和整形工作，或产生拉裂。

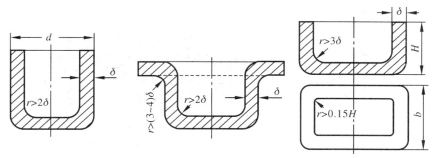

图 10-35　拉深件的最小许可圆角半径

（7）为简化冲压工艺，节约材料，对形状复杂的冲压件可先分别冲成若干个简单件最后再焊成整体件。即采用冲-焊结构，如图10-36所示。

（8）为减少组合件，可采用冲口工艺，如图10-37（b）所示。图10-37（a）所示为三件铆接或焊接结构。

（9）为减小冲压力和模具磨损，并节约材料，应尽量采用薄板。若局部刚度不够，可采用加强筋结构，如图10-38（b）所示。图10-38（a）所示为无加强筋结构。

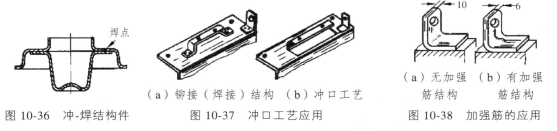

图 10-36　冲-焊结构件　　　　（a）铆接（焊接）结构　（b）冲口工艺　　　（a）无加强　（b）有加强
　　　　　　　　　　　　　　　图 10-37　冲口工艺应用　　　　　　筋结构　　　筋结构
　　　　　　　　　　　　　　　　　　　　　　　　　　　　　　　　图 10-38　加强筋的应用

（10）冲压件的精度要求，一般不能超过各冲压工序的经济精度，各冲压工序的经济精度为：落料为 IT10；冲孔为 IT9；弯曲为 IT10～IT9；拉深件高度为 IT10～IT8（经整修后可达 IT7～IT6）；直径为 IT9～IT8；厚度为 IT10～IT9。

对冲压件表面质量的要求，应避免高于原材料的表面质量，否则需增加切削加工等工序。

10.5　其他压力成型技术

10.5.1　轧　制

轧制是指金属坯料或非金属坯料在旋转轧辊的压力作用下，产生连续塑性变形，获得所要求的截面形状并改变其性能的方法，如图 10-39 所示。轧制具有生产率高、节约材料、成本低，产品质量和力学性能好等优点。轧制除了生产板材、无缝管材（见图 10-40）和型材（见

图 10-41）外，现已广泛用于生产各种零件。轧制分为纵扎、横扎和斜扎 3 种。

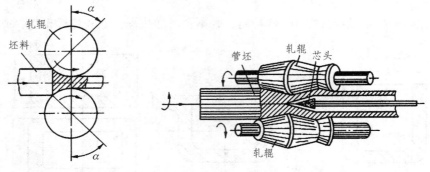

图 10-39　轧制示意图　　　图 10-40　无缝钢管轧制示意图

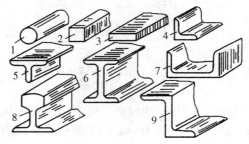

1—圆钢；2—方钢；3—扁钢；4—角钢；5—T 字钢。

图 10-41　型　材

10.5.2　挤　压

挤压是指坯料在封闭模腔内受三向不均匀压应力作用，从模具的孔口或缝隙中挤出，使其横截面积减小成为所需制品的加工方法。

10.5.3　拉　拔

拉拔是指坯料在牵引力作用下通过拉拔模的模孔拉出，使其产生塑性变形而得到截面缩小、长度增加的加工工艺。拉拔一般在室温下进行，故又称冷拉。拉拔的原始坯料为轧制或挤压的棒材或管材。拉拔可加工各种钢和有色金属。拉拔产品很多，如直径为 0.02～5 mm 的导线和特种型材。拉拔的钢管最大直径达 200 mm，最小的不到 1 mm；钢棒料直径为 3～150 mm。

拉拔产品的尺寸精度高（直径 1～1.6 mm 的钢丝，公差只有 0.02 mm），表面质量高，而且还可生产薄壁型材。

【知识广场】

1. 锻压生产的发展趋势

锻压生产虽然节约原材料，生产效率高，锻件综合性能高，但因其生产周期较长，成本较高，处于不利的竞争地位。锻压生产要跟上当代科学技术的发展，要不断改进技术、采用新工艺和新技术，进一步提高锻件的性能指标，同时缩短生产周期、降低成本。

当代科学技术的发展对锻压生产的完善和发展有着重大影响，主要表现在：

（1）新兴科学技术的出现，计算机技术在锻压技术各个领域的应用，如锻模计算机辅助设计与制造（CAD/CAM）技术，锻造过程的计算机有限元数值模拟技术等。这些新技术的应用，缩短了锻件的生产周期，提高锻模设计和生产水平。

（2）材料科学的发展对锻压技术有着最直接的影响。新材料的出现必然对锻压技术提出了新的要求，如高温合金、金属间化合物、陶瓷材料等难变形材料的成型问题。锻压技术在不断解决材料带来的问题的情况下将得以发展。

2. 锻压新技术简介

随着工业的不断发展，对锻压加工提出了越来越高的要求，出现了许多先进的锻压工艺方法。其主要特点是提高锻压件的尺寸精度和表面质量，可以减少或不进行切削而加工成为零件，节约金属，减少能源消耗和劳动工时，降低成本，提高生产率。

1）高速高能成型

高速高能成型有多种加工形式，其共同特点是在极短的时间内，将化学能、电能、电磁能和机械能传递给被加工的金属材料，使之迅速成型。高速高能成型的速度高，可以加工难加工材料，加工精度高，加工时间短，设备费用低。

（1）高速锤成型。

打击速度为 20 m/s 左右的锤锻称为高速锤。多为利用高压气体的短时间突然膨胀所产生的能量进行打击。高速锤的打击速度比普通锻锤高出几倍，坯料变形时间极短，为 0.001～0.002 s，热效应高，金属充满模膛能力强。对形状复杂、薄壁高筋的锻件，低塑性、高强度和难变形的材料都可以锻造。它适用于叶片等锻件的锻造。

（2）爆炸成型。

爆炸成型是利用炸药爆炸的化学能使金属材料变形的方法。在模膛内放入炸药，爆炸时产生大量高温高压气体，使周围介质的压力急剧上升，并在其中辐射状传递，使坯料成型。此种成型方法变形速度高，投资少，工艺装备简单，适用于多品种小批量生产，特别是一些难加工的金属材料，如钛合金、不锈钢的成型及大件的加工。

2）精密模锻

精密模锻是在普通的模锻设备上锻制出形状复杂的高精度锻件的一种模锻工艺。模具设计和制造要求精确，采用少、无氧化加热和良好的润滑条件，对高质量的坯料进行精锻。锻件公差、余量约为普通锻件的1/3。精密模锻适用于中小型零件的大批生产，如汽车直齿锥齿轮、发动机蜗轮叶片、航空零件、电器零件等的制造。

3）液态成型

液态模锻是一种介于铸造和模锻之间的加工方法。它是将定量的金属直接浇入金属模内，然后在一定时内以一定压力作用于液态或半液态金属上使之成型，并在此压力下结晶和塑性流动。用于液态模锻的金属可以是各种类型的合金，如铝合金、灰口铸铁、碳钢、不锈钢等。与一般模锻相比，液态模锻有如下特点：

（1）节约材料，可以利用金属废料熔炼后进行模锻，下料要求不严格，减少了工序和设备。

（2）锻件外形准确，表面粗糙度低，加工量小。

（3）节约模具，可以一次成型，不需要多个模膛，生产效率高。

（4）是在封闭的模具内成型，液态金属充型能力比一般模锻容易，因而所需设备吨位较低。

与压力铸造相比，液态模锻有如下特点。

（1）液态金属流速比压力铸造低，易产生气孔。

（2）金属冷却速度慢，在足够的压力下结晶成型，晶粒细化，组织均匀。

（3）不会产生液体的正面冲击和涡流现象。

（4）模具结构简单、紧凑。

（5）不需专门的设备。

4）超塑性成型

超塑性是指金属或合金在特定的条件下进行拉伸试验，其拉伸率超过100%以上的特性。特定的条件是指在一定的变形温度（约 $0.5T_r$），一定的晶粒度（晶粒平均直径为 $0.2\sim0.5\ \mu m$），低的形变速率（ $\varepsilon=0.01\sim0.0001/s$ ）。目前常用的超塑性成型材料主要是锌铝合金、铝基合金、钛合金和高温合金。超塑性状态下的金属在变形过程中不产生缩颈现象变形应力小，比常态低几倍至几十倍，因此极易成型，可采用多种方法制出复杂零件，超塑性成型工艺有如下特点：

（1）扩大了可锻金属的种类。过去只能铸造的一些金属，现在可以进行超塑性模锻成型。

（2）锻件尺寸精度高，加工余量小，甚至可以不加工，特别适合难加工的钛合金和高温合金。

（3）零件的力学性能好，能获得均匀细小的晶粒组织。

（4）对设备要求低，中、小型设备都可以进行模锻成型。

【学习小结】

本单元主要讲解了压力加工的基本原理、锻压生产的工艺方法、工艺规程的制定及锻件的结构工艺性、板料冲压的特点及其应用、冲压的基本工序等内容。在学习之后，应掌握以下几点内容：

（1）掌握金属塑性变形的实质、塑性变形对金属材料组织和性能的影响及冷变形强化金属加热时组织和性能的变化，并结合项目 2 的内容加深理解。

（2）掌握锻压的主要生产方式及金属的锻造性能与锻造比。

（3）熟悉锻压成形的分类、特点及应用。结合实例，掌握自由锻造的基本工序、工艺规程的制定。

（4）了解模锻的特点及模锻的成型方法。

（5）掌握板料冲压的特点及基本工序。

【综合能力训练】

一、名词解释

冷变形强化，再结晶，余块，热加工，可锻性，锻造流线，锻造比，冲裁，复合模，连续模。

二、填空题

1. _____与_____是衡量锻造性优劣的两个主要指标，_____越高，_____越小，金属的可锻性就越好。

2. 随着金属冷变形程度的增加，材料的强度和硬度_____，塑料和韧性_____，使金属的可锻性_____。

3. 金属塑性变形过程的实质就是_____过程。随着变形程度的增加，位错密度_____，塑性变形抗力_____。

4. 自由锻零件应尽量避免_____、_____、_____结构。

5. 弯曲件弯曲后，由于有_____现象，弯曲模角度应比弯曲零件弯曲角度_____一个回弹角α。

三、判断题

1. 细晶粒组织的可锻性优于粗晶粒组织。（　　　）

2. 非合金钢（碳素钢）中碳的质量分数越低，可锻性就越差。（　　　）

3. 零件工作时的切应力应与锻造流线方向一致。（　　　）

4. 常温下进行的变形为冷变形，加热后进行的变形为热变形。（　　　）

5. 因为锻造之前进行了加热，所以任何材料均可以进行锻造。（　　　）

6. 冲压件材料应具有良好的塑性。（　　　）

7. 弯曲模的角度必须与冲压弯曲件的弯曲角度相同。（　　　）

8. 落料和冲孔的工序方法相同，只是工序目的不同。（　　　）

四、简答题

1. 影响合金锻造性能的因素有哪些？

2. 如何确定锻造温度的范围？为什么要"趁热打铁"？

3. 冷变形强化对锻压加工有何影响？如何消除？

4. 自由锻零件结构工艺性有哪些基本要求？基本工序包括哪些？

5. 试比较自由锻和胎模锻的优缺点。

6. 试比较自由锻、锤上模锻、胎模锻造的优缺点。

7. 对拉深件如何防止皱折和拉裂？

五、分析题

1. 叙述绘制如图 10-42 所示的零件的自由锻件图应考虑的因素。

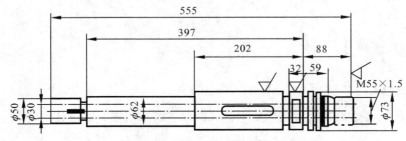

图 10-42　C618K 车床主轴零件图

2. 改正图 10-43 所示的模锻零件结构的不合理处，并说明理由。

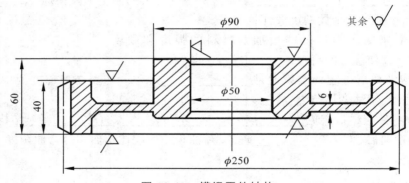

图 10-43　模锻零件结构

六、课外研究

观察生活或生产中小金匠锻制金银首饰的操作过程，分析整个操作过程中各个工序的作用或目的，并编制其制作工艺流程。

项目 11 焊 接

【学习目标与技能要求】

（1）掌握焊接的定义、分类、特点及应用。
（2）掌握焊条电弧焊的基本原理及平板对接操作技能。
（3）了解焊接缺陷的种类、特征、产生原因及焊接质量检验方法。

【教学提示】

（1）本项目应采用多媒体与实践操作一体化教学；通过实践操作体会手工焊接技能、焊接变形及焊接缺陷的控制。
（2）教学重点：焊条电弧焊。
（3）教学难点：焊缝组织与性能控制、应力及变形对接头质量的影响。

【案例导入】

焊接被称为工业的"裁缝"。从外层空间到深海水下，从 100 万吨的大油轮到头发丝的几十分之一的集成电路片，焊接都是主要工艺。随着工业生产和科学技术的发展，焊接结构越来越复杂，焊接工作量越来越大。例如，举世瞩目的三峡水轮机转轮直径为 10.7 m，高 5.4 m，质量为 440 t，是世界最大、最重的不锈钢焊接转轮，分别由上冠、下冠和 13 个或 15 个叶片焊接而成，每个转轮需要消耗 12 t 焊丝。新疆塔里木盆地到上海的西气东输管道工程，全长约 4 300 km。管线采用 X70 钢，直径为 1 016 mm 的焊接螺旋管和焊接直缝管。这是我国铺设的第一条高强度钢的长距离管线，并且在铺设中采用了自动化焊接技术和其他新型焊接材料和工艺。随着我国航天事业的发展，近年建成了国内最大的空间环境模拟装置，它是一个大型不锈钢整体焊接结构，主舱是一个直径 18 m、高 22 m 的真空容器，辅舱直径为 12 m，我国发射的"神舟"号载人飞船都曾在这个模拟舱中进行过试验。

11.1 焊接概述

11.1.1 焊接的概念与特点

焊接是通过加热或加压，或两者并用，并且用或不用填充材料，实现材料连接的方法。为了获得牢固的连接，在焊接过程中必须使被焊件彼此接近到原子间的力能够相互作用的程度。这对液体来说是很容易的，而对固体来说则比较困难，需要外部给予很大的能量，如电能、化学能、机械能、光能、超声波能等，因此焊接时必须对连接部位加热、加压或两者并用。

焊接广泛应用于航空航天、石油化工、交通运输、矿山机械、原子能、电工电子等领域。焊接技术具有许多其他连接方法不具备的优点：

（1）节省材料，减轻重量：焊接的金属结构件可比铆接节省材料 10%～25%；采用点焊的飞行器结构重量明显减轻，降低油耗，提高运载能力。

（2）简化复杂零件和大型零件的制造过程：焊接方法灵活，可化大为小，以简驭繁，加工快，工时少，生产周期短。

（3）适应性强：几乎所有的金属材料和部分非金属材料可以被焊接。可焊范围较广，而且连接性能较好。焊接接头可达到与母材等强度或相应的特殊性能。

（4）满足特殊连接要求：不同材料焊接在一起，能使零件的不同部分或不同位置具备不同的性能，达到使用要求。如防腐容器的双金属筒体焊接、钻头工作部分与柄的焊接、水轮机叶片耐磨表面堆焊等。

焊接的主要缺点是焊接热过程造成的内应力与变形，焊接中存在一定数量的缺陷，焊接过程产生有毒有害的物质等。

11.1.2 焊接方法的分类

按照焊接过程中金属所处的状态及工艺的特点，可以将焊接方法分为熔化焊、压力焊和钎焊三大类。

熔化焊是利用局部加热的方法将连接处的金属加热至熔化状态而完成的焊接方法。金属被加热至熔化状态形成液态熔池时，原子之间可以充分扩散和紧密接触，因此冷却凝固后，即可形成牢固的焊接接头。

压力焊是利用焊接时施加一定压力而完成焊接的方法。这类焊接有两种形式，一是将被焊金属接触部分加热至塑性状态或局部熔化状态，然后施加一定压力，以使金属原子间相互结合形成牢固的焊接接头；二是不进行加热，仅在被焊金属接触面上施加足够大的压力，借助于压力所引起的塑性变形，使原子相互接近而获得牢固的挤压接头。

钎焊是把比被焊金属熔点低的钎料金属加热至液态，然后使其渗透到被焊金属接缝的间隙中而达到结合的方法。焊接时被焊金属处于固体状态，工件只适当地进行加热，没有受到压力的作用，仅依靠液态金属与固态金属之间的原子扩散而形成牢固的焊接接头。焊接方法的分类如图 11-1 所示。

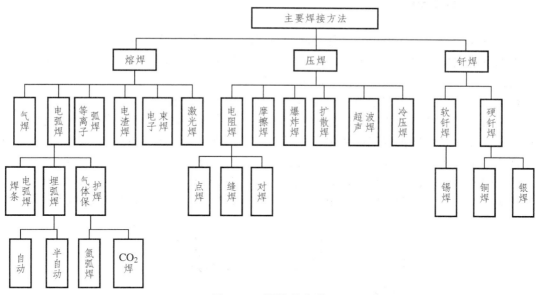

图 11-1　焊接的分类

11.2　焊条电弧焊

焊条电弧焊是熔化焊中最基本的一种焊接方法。焊条电弧焊设备简单、操作灵活，可以对不同焊接位置、不同接头形式的焊缝方便地进行焊接，因此是应用相当广泛的一种焊接方法。

图 11-2 所示为焊条电弧焊示意图，图中的电路是以弧焊电源为起点，通过焊接电缆、焊钳、焊条、工件、接地电缆形成回路。在有电弧存在时形成闭合回路，形成焊接过程。焊条和工件在这里既作为焊接材料，也作为导体。焊接开始后，电弧的高温瞬间熔化了焊条端部和电弧下面的工件表面，使之形成熔池，焊条端部的熔化金属以细小的熔滴状过渡到熔池中去，与母材熔化金属混合，凝固后成为焊缝。

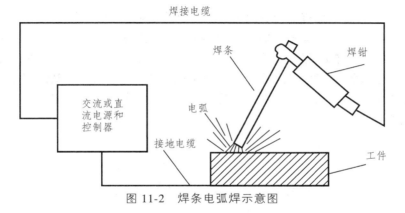

图 11-2　焊条电弧焊示意图

273

11.2.1 焊接电弧

焊接电弧是指发生在电极与工件之间的强烈而持久的气体放电现象。

常态下的气体由中性分子或原子组成,不含带电粒子。要使气体导电,首先要有一个使其产生带电粒子的过程。先将电极(焊条)和焊件接触形成短路[见图 11-3(a)],此时在某些接触点上产生很大的短路电流,温度迅速升高,为电子的逸出和气体电离提供能量条件,而后将电极提起一定距离(<5 mm),如图 11-3(b)所示。在电场力的作用下,被加热的阴极有电子高速逸出,撞击空气中的中性分子和原子,使空气电离成阳离子、阴离子和自由电子。这些带电粒子在外电场作用下做定向运动,阳离子奔向阴极,阴离子和自由电子奔向阳极。在它们的运动过程中,不断碰撞和复合,产生大量的光和热,形成电弧[见图 11-3(c)]。电弧的热量与焊接电流和电压的乘积成正比,电流越大,电弧产生的总热量就越大。

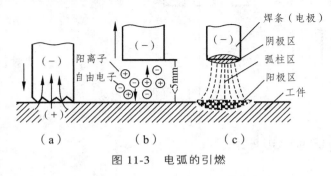

图 11-3　电弧的引燃

11.2.2 焊条电弧焊工艺参数

焊接工艺参数是指焊接时为保证焊接质量而选择的物理量。选择合适的焊接工艺参数,对提高焊接质量和生产率是十分重要的。焊接工艺参数很多,在此只介绍焊接电源及极性、焊条直径、焊接电流等几个主要参数。

1. 焊接电源种类和极性

焊条电弧焊采用的电源有交流和直流两类。通常,酸性焊条可采用交、直流两种电源,焊接低碳钢一般构件时,应优先考虑选用价格低廉、维修方便的交流弧焊机。碱性焊条由于电弧稳定性差,一般只能用直流焊机,使用碱性焊条焊接高压容器、高压管道等重要钢结构,或焊接合金钢、有色金属、铸铁时,则应选用直流弧焊机。当采用某些碱性药皮焊条(如 J507)时,必须选用直流电源,而且要注意此时应将电焊机的负极接工件,正极接焊条,称为直流反接法;反之称为正接法,如图 11-4 所示。

2. 焊条直径

焊条直径是指组成焊条的焊芯直径,焊条直径的选择应综合考虑焊件厚度(见表 11-1)、装配间隙、焊接位置等因素。

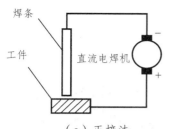
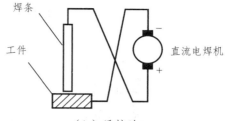

（a）正接法　　　　　　　　　　　（b）反接法

图 11-4　采用直流电焊接的极性接法

表 11-1　焊条直径与厚度的关系

焊件厚度/mm	2	3	4～5	6～12	＞13
焊条直径/mm	2	3.2	3.2～4	4～5	4～6

3. 焊接电流的选择

焊接电流是手工电弧焊最重要的工艺参数，也是焊接过程中唯一需要焊工调节的参数。焊接电流的选择主要由焊条直径、焊接位置和焊道层次来决定。焊条直径越粗，选择的焊接电流越大。每种直径都有一个最合适的电流范围（见表 11-2）。也可以根据经验公式来选择：$I = (35 \sim 55)d$。式中，I 为焊接电流（A）；d 为焊条直径（mm）。

表 11-2　各种直径焊条使用电流参考值

焊条直径/mm	1.6	2.0	2.5	3.2	4.0	5.0	6.0
焊接电流/A	25～40	40～65	50～80	100～130	160～210	260～270	260～300

在平焊位置焊接时，可选择较大的焊接电流，而横、立、仰位置焊接时，焊接电流应比平焊小 10%～20%。通常打底焊时，要使用较小的电流；为提高生产率，填充焊要使用较大的焊接电流；盖面焊时，为防止咬边，能够获得成形美观的焊缝，使用的电流要稍小些。

11.3　其他焊接方法

11.3.1　气体保护电弧焊

1. 氩弧焊

氩弧焊是以氩气作保护气体的电弧焊。按使用的电极不同，氩弧焊可分为非熔化极氩弧焊即钨极氩弧焊（TIG 焊）和熔化极氩弧焊（MIG）两种，如图 11-5 所示。在焊接过程中，从喷嘴中喷出的氩气排开空气，在焊接区造成一个保护层，在氩气的保护下，电弧在电极和工件之间燃烧，从而隔绝了空气对熔池的污染。

1）氩弧焊的特点

氩弧焊具有如下优点：

（1）保护效果好，焊缝质量高：氩气是惰性气体，不与金属起化学反应，能充分保护金属熔池不被氧化；氩气在高温时不溶于液态金属中，焊缝不易生成气孔，焊接过程基本上是金属熔化和结晶的简单过程。

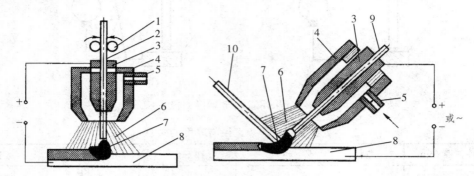

1—送丝轮；2—焊丝；3—导电嘴；4—喷嘴；5—进气管；6—氩气流；7—电弧；
8—工件；9—钨极；10—填充焊丝。

图 11-5　氩弧焊示意图

（2）焊接变形和应力小：电弧受氩气流的压缩和冷却作用，电弧热量集中，热影响区很窄，焊接应力和变形小，尤其适于薄板焊接。

（3）电弧稳定：氩气热导性差，对电弧的冷却作用小，因而电弧稳定。在各种气体保护焊中，氩弧的稳定性最好。

（4）易观察、易操作：由于是明弧焊，观察方便，操作容易，尤其适用于全位置焊接。

（5）易控制熔池尺寸：由于焊丝和电极是分开的，焊工能够很好地控制熔池尺寸和大小。

其缺点如下：

（1）成本较高：氩气和钨极价格高；氩气电离势高，引弧困难，需要采用高频引弧及稳弧装置。目前一般只用于打底焊、不锈钢和有色金属的焊接。

（2）不宜焊接厚板：由于钨极载流量有限，使电弧功率受到限制，致使焊接熔深小，焊接速度低，一般只适宜焊接厚度小于 6 mm 的工件。

（3）氩弧焊产生的紫外线是焊条电弧焊的 5~30 倍，生成的臭氧对焊工有危害，所以要加强防护。

2）氩弧焊的应用

氩弧焊是一种高质量的焊接方法，在工业中应用广泛。特别是一些化学性质活泼的金属，用其他电弧焊焊接困难，而用氩弧焊则可容易地得到高质量的焊缝。另外，在碳钢和低合金钢的压力管道焊接中，现在也越来越多地采用氩弧焊打底，以提高焊接接头的质量。

2. CO_2 气体保护焊

CO_2 气体保护焊是 20 世纪 50 年代初期发展起来的焊接方法。如图 11-6 所示，焊接时，焊丝由送丝机构通过软管经导电嘴送入焊接区，CO_2 气体从喷嘴中喷出，包围电弧和熔池，排开空气形成保护。

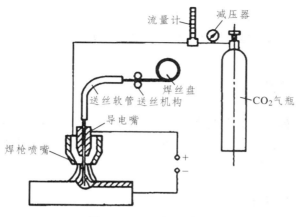

图 11-6　CO₂焊示意图

1）CO₂焊的优点

（1）焊接生产率高：焊接电流密度大，电弧穿透力强，熔深大，焊丝熔化率高，焊后无须清渣，生产率比普通的焊条电弧焊高 2～4 倍。

（2）焊接成本低：CO₂气体来源广，价格便宜，而且电能消耗少，通常 CO₂焊的成本只有埋弧焊或焊条电弧焊的 40%～50%。

（3）焊接变形小：由于电弧加热集中，焊件受热面积小，同时 CO₂气流有较强的冷却作用，所以焊接变形小，特别适宜于薄板焊接。

（4）焊缝抗锈能力强：CO₂气体高温分解出的氧原子可以与氢结合成不溶于液态金属的氢氧根离子，因此 CO₂气体保护焊的焊缝含氢量低，抗裂性能好。

（5）适用范围广：CO₂气体保护焊可以全位置焊接；可以焊接 1 mm 左右厚度的薄板，厚度几乎可以不受限制（多层焊）。

2）CO₂焊的缺点

（1）飞溅大：CO₂气体的导热性好，高温分解吸热以及电弧气氛的氧化性等因素，使 CO₂气体保护焊焊接飞溅大，焊缝表面成形较差。金属飞溅是 CO₂焊最主要的缺点。

（2）合金元素烧损严重：焊接时电弧中存在着大量具有氧化性的 CO₂、CO 和 O₂，因此合金元素的烧损比较严重。必须使用含有高合金化和脱氧剂元素的焊丝。焊接低碳钢和合金结构钢时，常用 H08 Mn2SiA 焊丝。

（3）很难用交流电源进行焊接，焊接设备比较复杂。

（4）不能焊接容易氧化的有色金属。

CO₂焊的缺点可以通过提高技术和改进焊接材料、焊接设备加以解决，而其优点是其他焊接方法所不能比的。因此，CO₂焊是一种高效率、低成本的节能焊接方法，在钢铁材料的焊接上有取代焊条电弧焊的趋势。

3）CO₂焊的应用

CO₂焊主要用于焊接低碳钢及低合金钢等黑色金属。对于不锈钢，由于焊缝金属有增碳现象，影响抗晶间腐蚀性能，只能用于对焊缝性能要求不高的不锈钢焊件。此外，CO₂焊还可用于耐磨零件的堆焊、铸钢件的焊补及电铆焊等方面。目前 CO_2 焊已在机车和车辆制造、化工机械、农业机械、矿山机械等领域得到了广泛的应用。

11.3.2 埋弧自动焊

埋弧焊（SAW）又称焊剂层下电弧焊。它是通过保持在光焊丝和工件之间的电弧将金属加热，使被焊件之间形成刚性连接。埋弧焊时电弧是在一层颗粒状的可熔化焊剂覆盖下燃烧，电弧不外露，埋弧焊由此得名。

1. 埋弧自动焊的焊接过程

如图 11-7 所示，埋弧自动焊时，焊剂由给送焊剂管流出，均匀地堆敷在装配好的焊件（母材）表面。焊丝由自动送丝机构自动送进，经导电嘴进入电弧区。焊接电源分别接在导电嘴和焊件上，以便产生电弧。给送焊剂管、自动送丝机构及控制盘等通常都装在一台电动小车上，小车可以按调定的速度沿着焊缝自动行走。

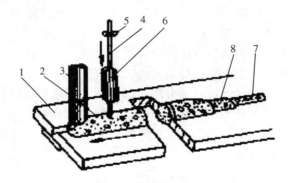

1—工件；2—焊剂；3—焊剂漏斗；4—焊丝；5—送丝滚轮；
6—导电嘴；7—焊缝；8—渣壳。

图 11-7　埋弧自动焊

2. 埋弧自动焊的特点

埋弧自动焊的优点是：

（1）焊接质量好：熔渣的保护效果好，焊缝中的含氮量和含氧量大大降低；自动化水平较高，焊接过程能够自动控制，各项工艺参数可以调节到最佳数值。焊缝的化学成分比较均匀稳定。焊缝光洁平整，熔池金属冶金反应充分，焊接缺陷较少。

（2）生产率高：一方面由于焊丝导电长度缩短，可以提高电流和电流密度；另一方面由于焊剂及熔渣的隔热作用，电弧基本没有热的辐射散失，热量集中，飞溅也小。一般不开坡口，单面一次焊接熔深可达 20 mm。以厚度为 8～10 mm 钢板对接焊为例，单丝埋弧焊接速度可达 30～50 m/h，而手工电弧焊则只有 6～8 m/h。

（3）节省焊接材料：焊件可以不开坡口或开小坡口，可减少焊缝中焊丝的填充量，也可减少因加工坡口而消耗掉的焊件材料。同时，焊接时金属飞溅小，又没有焊条头的损失，所以可节省焊接材料。

（4）易实现自动化，劳动条件好，劳动强度低，操作简单。

埋弧自动焊的缺点是：

（1）由于采用颗粒状焊剂，这种焊接方法一般只适用于平焊位置。其他位置焊接需采用特殊措施以保证焊剂能覆盖焊接区。

（2）不能直接观察电弧与坡口的相对位置，如果没有采用焊缝自动跟踪装置，则容易焊偏。

（3）埋弧焊电弧的电场强度较大，电流小于 100 A 时电弧不稳，因而不适于焊接厚度小于 1 mm 的薄板。

（4）只适用于长焊缝的焊接：由于调整时间长，设备较复杂，灵活性差，短焊缝的焊接体现不出埋弧焊生产率高的优点。

3. 埋弧自动焊的应用

埋弧焊熔深大，生产率高，机械化操作的程度高，因而适于焊接中厚板结构的长焊缝。在造船、锅炉与压力容器、桥梁、起重机械、铁路车辆、工程机械、重型机械和冶金机械、核电站结构、海洋结构等制造领域有着广泛的应用，是当今焊接生产中普遍使用的焊接方法之一。

11.3.3　气焊和气割

1. 气　焊

气焊是利用可燃气体与助燃气体混合燃烧的火焰去熔化工件接缝处的金属和焊丝而达到金属间牢固连接的方法。图 11-8 所示为气焊示意图，乙炔和氧气在焊炬中混合均匀后从焊嘴喷出燃烧，将焊件和焊丝熔化形成熔池，冷却凝固后形成焊缝。气焊设备简单，由氧气瓶、乙炔瓶、减压器、回火保险器及焊炬等组成，如图 11-9 所示。

1）气焊火焰的种类

气焊时通过调节氧气阀和乙炔阀，可以改变氧气和乙炔的混合比例，从而得到 3 种不同的气焊火焰：中性焰、碳化焰和氧化焰，如图 11-10 所示。

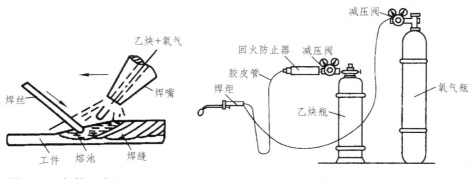

图 11-8　气焊示意图　　　　　　图 11-9　气焊设备及其连接

279

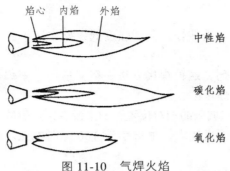

焰心　内焰　外焰

中性焰

碳化焰

氧化焰

图 11-10　气焊火焰

（1）中性焰（正常焰）。中性焰是指在一次燃烧区内既无过量氧又无游离碳的火焰，中性焰中氧和乙炔的比例为 1~1.2。其火焰由焰芯、内焰、外焰三部分组成。焰心呈亮白色清晰明亮的圆锥形，内焰的颜色呈淡橘红色，外焰为橙黄色不甚明亮。由于内焰温度高（约 3 150 ℃），又具有还原性（含有一氧化碳和氧气），故最适宜气焊工作。中性焰使用较多，如焊接低碳钢、中碳钢、低合金钢、紫铜、铝合金等。

（2）碳化焰。氧气和乙炔的比例小于 1 的火焰。向火焰中提供的氧量不足而乙炔过剩，使火焰焰芯拉长，白炽的碳层加厚呈羽翅状延伸入内焰区中。整个火焰燃烧软弱无力，冒有黑烟。用此种火焰焊接金属能使金属增碳，通常用于焊接高碳钢、高速钢、铸铁及硬质合金等。

（3）氧化焰。氧气和乙炔的比例大于 1.2 的火焰。火焰中有过量的氧，焰芯变短变尖，内焰区消失，整个火焰长度变短，燃烧有力并发出响声。用此种火焰焊接金属能使熔池氧化沸腾，钢性能变脆，故除焊接黄铜之外，一般很少使用。

2）气焊的特点及应用

（1）设备简单、不需电源，操作灵活方便。
（2）对铸铁及某些有色金属的焊接有较好的适应性。
（3）在电力供应不足的地方需要焊接时，气焊可以发挥更大的作用。
（4）热量分散，生产率低，焊接后工件变形和热影响区较大。
（5）较难实现自动化。

气焊应用不如电弧焊广泛，主要用于薄钢板、低熔点材料（有色金属及其合金）、铸铁件、硬质合金刀具等材料的焊接，以及磨损零件的补焊、构件变形的火焰矫正等。

2. 气　割

气割是利用高温的金属在纯氧中燃烧而将工件分离的加工方法。气割使用的气体和供气装置可与气焊通用，见图 11-11。气割时，先用氧-乙炔焰将金属加热到燃点，然后打开切割氧阀门，放出一股纯氧气流，使高温金属燃烧，燃烧后生成的液体熔渣，被高压氧流吹走，形成切口。气割所用的割炬与焊炬有所不同，多了一个切割氧气管和切割氧阀门。

1）气割金属应具备的条件

（1）金属的燃点应低于熔点，否则变为熔割，使切割质量降低，甚至不能切割。

（2）金属氧化物的熔点应低于金属本身的熔点。否则高熔点的氧化物会阻碍着下层金属与氧气流接触，使气割无法继续进行。另外，气割时所产生的氧化物应易于流动。

（3）金属的导热性不能太高，否则使气割处的热量不足，造成气割困难。

（4）金属在燃烧时所产生的大量热能应能维持气割的进行。

2）气割的特点及应用

（1）设备简单、使用灵活、成本低。

（2）对切口两侧金属的成分和组织产生一定的影响，以及引起被割工件的变形等。

气割主要用于碳素钢和低合金结构钢的切割。气割铸铁时，因其燃点高于熔点，且渣中有大量的黏稠的 SiO_2 妨碍切割的进行。气割铝和不锈钢，因存在高熔点 Al_2O_3 和 Cr_2O_3 膜，故也不能用一般气割方法切割。

11.3.4　电阻焊

电阻焊是当两块金属接触时，接触处的电阻远远超过金属内部的电阻。因此，如有大量电流通过接触处，则其附近的金属将很快地烧到红热并获得高的塑性。这时若施加压力，两块金属即会连接成一体。

电阻焊分为点焊、缝焊、对焊 3 种形式，如图 11-11 所示。

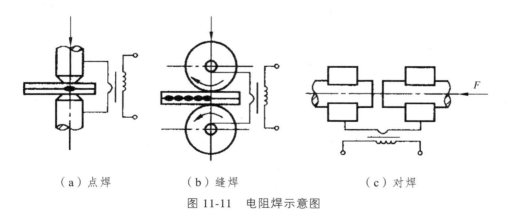

（a）点焊　　　　　（b）缝焊　　　　　（c）对焊

图 11-11　电阻焊示意图

1. 点　焊

如图 11-11（a）所示，点焊是将焊件装配成搭接接头，并压紧在两柱状电极之间，利用电阻热熔化母材金属，形成焊点的电阻焊方法。点焊的焊接过程分预压、通电加热和断电冷却几个阶段。

（1）预压：将表面已清理好的工件叠合起来，置于两电极之间预压夹紧，使工件欲焊处紧密接触。

（2）通电加热：由于电极内部通水，电极与被焊工件之间所产生的电阻热被冷却水带走，故热量主要集中在两工件接触处，将该处金属迅速加热到熔融状态而形成熔核，熔核周围的金属被加热塑性状态，在压力作用下发生较大塑性变形。

（3）断电冷却：当塑性变形量达到一定程度后，切断电源，并保持压力一段时间，使熔核在压力作用下冷却结晶，形成焊点。

点焊主要用于薄板结构，板厚一般在 4 mm 以下，特殊情况下可达 10 mm。这种焊接方法被广泛用于制造汽车车厢、飞机外壳等轻型结构。

2. 缝　焊

缝焊过程与点焊基本相似。缝焊焊缝是由许多焊点相互依次重叠而形成的连续焊缝。如图 11-11（b）所示，当两工件的搭接处被两个圆盘电极以一定的压力夹紧并反向转动时，自动开关按一定的时间间隔断续送电，两工件接触面间就形成许多连续而彼此重叠的焊点，这样就获得了缝焊焊缝，焊点相互重叠率在 50% 以上。

缝焊已广泛应用于家用电器（如电冰箱壳体）、交通运输（如汽车、拖拉机油箱）及航空航天（如火箭燃料贮箱）等工业领域中要求密封的焊件的焊接。

3. 对　焊

对焊是利用电阻热将两工件端部对接起来的一种压力焊方法。根据焊接过程不同，对焊又可分为电阻对焊和闪光对焊。

电阻对焊是将焊件装配成对接接头，使其端面紧密接触，利用电阻热加热至塑性状态，然后断电并迅速施加顶锻力完成焊接的方法，电阻对焊具有接头光滑、毛刺小、焊接过程简单等优点，但接头的机械性能较低。电阻对焊主要用于截面简单、直径或边长小于 20 mm 和强度要求不太高的焊件。

闪光对焊是将焊件装配成对接接头，接通电源，使其端面逐渐移近达到局部接触，利用电阻热加热这些接触点，在大电流作用下，产生闪光，使端面金属熔化，直至端部在一定深度范围内达到预定温度时，断电并迅速施加顶锻力完成焊接的方法。闪光对焊常用于重要焊件的焊接。

与其他焊接方法相比，电阻焊具有生产率高、焊件变形小、劳动条件好、无须填充材料和易于实现自动化等特点。但焊接质量只能靠工艺试样和工件的破坏性试验来检查，缺乏可靠的无损检测方法。点、缝焊的搭接接头不仅增加了构件的质量，且因在两板焊接熔核周围形成夹角，致使接头的抗拉强度和疲劳强度均较低。此外，设备较一般熔化焊复杂，耗电量大，适用的接头形式和可焊工件厚度受到一定限制。

11.4　金属材料焊接工艺

1. 金属材料的焊接性

1）焊接性的概念

焊接性就是金属是否能够适应焊接加工，从而获得优质焊接接头的难易程度。它包括两方面的内容：一是焊接时是否容易产生焊接缺陷，即结合性能；二是接头在一定的使用条件下可靠运行的能力，即使用性能。金属材料焊接性是一个相对概念，对于不同材料、不同工作条件下的焊件，焊接性的内容不同。

2）钢材焊接性的评定方法

碳当量法是判断钢铁材料焊接性的一种近似方法。碳当量，是指把钢种的合金元素（包括碳）的含量按其对焊接性的影响换算成碳的相当含量（常用 ω_{CE} 表示），作为评价钢材焊接性的一种参考指标。国际焊接学会推荐碳钢和低合金结构钢焊接的碳当量计算公式为

$$\omega_{CE} = \omega_C + \frac{\omega_{Mn}}{6} + \frac{\omega_{Ni} + \omega_{Cu}}{15} + \frac{\omega_{Cr} + \omega_{Mo} + \omega_V}{5}$$

式中，ω_{CE} 表示碳当量的质量分数；ω_C、ω_{Mn}、ω_{Ni}、ω_{Cu}、ω_{Cr}、ω_{Mo}、ω_V 分别表示碳、锰、镍、铜、铬、钼、钒的质量分数。

根据经验：$\omega_{CE} < 0.4\%$ 时，钢材的焊接性良好，焊接时不必预热，属于易焊材料；$\omega_{CE} = 0.4\% \sim 0.6\%$ 时，钢材的淬硬倾向逐渐明显，焊接时，需要采取适当预热和控制线能量等工艺措施，属于可焊材料；$\omega_{CE} > 0.6\%$ 时，淬硬倾向更大，焊接时需采取较高的预热温度和严格的工艺措施，属于难焊材料。

2. 碳钢的焊接

1）低碳钢的焊接

低碳钢的含碳量小于 0.25%，碳当量数值小于 0.40%，所以这类钢的焊接性良好，焊接时无淬硬倾向，也不易产生焊接裂纹，一般不需要采取特殊的工艺措施，用各种焊接方法都能获得优质焊接接头。只有厚大结构件在低温下焊接时，才应考虑焊前预热，如 20 mm 以下板厚、温度低于零下 10 ℃ 或板厚大于 50 mm、温度低于 0 ℃，应预热 100 ~ 150 ℃。

2）中、高碳钢的焊接

中碳钢含碳量在 0.25% ~ 0.6%，随含碳量的增加，淬硬倾向明显，中碳钢属于易淬火钢，热影响区被加热超过淬火温度的区段时，受工件低温部分的迅速冷却作用，将出现马氏体等淬硬组织。可焊性逐渐变差。会在淬火区产生热、冷裂缝。在实际生产当中，主要是焊接各种中碳钢的铸钢件与锻件。

高碳钢含碳量更高，可焊性变得更差，应采用更高的预热温度，更严格的工艺措施才能进行焊接。实际上，高碳钢的焊接只限于修补工作。

3. 低合金结构钢的焊接

焊接结构中，用量最大的是普通低合金结构钢。低合金结构钢焊接时易出现的主要问题有：

（1）热影响区的淬硬倾向：含碳量和合金元素越多，其淬硬倾向越大；焊后冷却速度越大，淬硬倾向越大，冷却速度取决于焊件的厚度、尺寸大小、接头形式、焊接方法焊接工艺参数和预热温度等。

（2）冷裂纹：在焊接强度级别高、厚板时，易在焊缝和热影响区产生冷裂纹。

（3）热裂纹：低合金钢产生热裂纹的可能性比冷裂纹小，只有 S、C 等超标时才有可能产生。

对于强度级别较低的钢材（如 Q345），在常温下焊接时采取与低碳钢同样的工艺。在低温或在大刚度、大厚度构件上进行小焊脚、短焊缝焊接时，应防止出现淬硬组织。要适当增大焊接电流、降低焊接速度、选用抗裂性高的低氢型焊条，必要时可采取预热措施。对锅炉、受压容器等重要结构，当厚度大于 20 mm 时，焊后必须进行退火处理，以消除应力。对强度级别高的低合金钢，焊前一般需进行预热。焊接时，应调整工艺参数以控制热影响区的冷却速度，焊后还应及时进行热处理以消除内应力。如生产中不能立即进行焊后热处理，可先进行消氢处理，即将工件加热到 200～350 ℃，保温 3～5 h，以加速氢的扩散逸出，防止产生冷裂缝。

4. 铸铁的焊补

铸铁中 C、Si、Mn、S、P 的含量比碳钢高，塑性很低，可焊性很差，生产上不考虑铸铁的焊接构件，铸铁的焊接主要是焊补工作。铸铁焊补的主要问题有两个：一是焊接接头易生成白口组织和淬硬组织，难以机加工；二是焊接接头易出现裂纹。根据焊前预热温度，将铸铁焊补分为不预热焊法和热焊法两种。

1）不预热焊法

焊前工件不预热（或局部预热至 300～400 ℃，称半热焊），焊后缓冷。常用的焊补方法是焊条电弧焊。铸铁件裂纹的不预热焊法：先将裂纹处清理干净，并在裂纹两端钻止裂孔，防止裂纹扩展。焊接时采用与焊条种类相适应的工艺，焊后采用缓冷和锤击焊缝等方法，防止白口组织生成，减少焊接应力。不预热焊法生产率高，劳动条件好，工件焊补成本低，应尽量多用。

2）热焊法

焊前把工件预热至 600～700 ℃，并在此温度下施焊，焊后缓冷或在 600～700 ℃ 保温消除应力。常用的焊补方法是焊条电弧焊和气焊。焊条电弧焊适于中等厚度以上（＞10 mm）的铸铁件，选用铁基铸铁焊条或低碳钢芯铸铁焊条。10 mm 以下薄件为防止烧穿，采用气焊，用气焊火焰预热和缓冷焊件，选用铁基铸铁焊丝并配合焊剂使用。热焊法劳动条件差，一般用于焊补后还需机械加工的复杂、重要铸铁件，如汽车的缸体、缸盖和机床导轨等。

5．非铁金属焊接

1）铝及铝合金的焊接

铝及铝合金有易氧化、热导性好、线胀系数大、高温强度小、颜色变化不明显等特点，给焊接带来了一定的困难。具体表现为：

（1）极易氧化：铝极易生成难熔的 Al_2O_3 薄膜（熔点为 2 050 ℃），覆盖在金属表面，阻碍母材熔合。薄膜比重大，易进入焊缝造成夹杂而脆化。

（2）易生成气孔：氢在液态铝合金中的溶解度比固态高 20 多倍，所以熔池凝固时氢气来不及完全逸出，造成焊缝气孔。另外 Al_2O_3 薄膜易吸附水分，使焊缝出现气孔的倾向增大。

（3）熔融状态难控制：铝及铝合金从固态转化为液态时无颜色的明显变化，令操作者难以识别，不易控制熔融时间和温度，有可能出现烧穿等缺陷。

（4）接头与母材不等强度：形变强化铝合金焊接后，接头强度低于母材；时效强化铝合金，无论是在退火状态还是在时效状态下焊接，接头强度均低于母材。在时效状态下焊接的硬铝，即使焊后经人工时效处理，其接头强度系数（接头的强度与母材强度之比的百分数）也不超过 60%。

目前，氩弧焊是焊接铝及铝合金最理想的熔焊方法。由于有"阴极破碎"作用可解决氧化问题，惰性气体保护等措施可以解决气孔问题，所以在氩弧焊条件下，纯铝、防锈铝合金、少部分铸造铝硅合金焊接性较好。

为保证焊接质量，焊前要严格清洗焊件、焊丝，并一定要干燥后再焊，否则焊缝中易出现气孔。焊接时尽量选用与母材化学成分相近的专用焊丝。若没有专用焊丝也可从母材上切下窄条替代焊丝（钨极氩弧焊和气焊时）。还可使用电阻焊、钎焊方法焊接铝材，但焊前必须清除焊件表面的氧化膜。气焊时需使用焊剂去除氧化物，但焊剂同时也使工件焊后的耐腐蚀性下降，且气焊生产率低，工件变形大。

2）铜及铜合金的焊接

铜及铜合金根据化学成分可以分为紫铜（纯铜）、黄铜、青铜和白铜。铜及铜合金的焊接性不好，其主要原因是：

（1）难熔合及易变形：铜的导热性很强，约为钢的 6 倍，焊接时热量极易散失。焊接铜及铜合金时，如果采用的焊接规范与同厚度的低碳钢焊接相同，则母材就很难熔化，填充金属与母材不能很好地熔合，产生焊不透现象。另外，铜的线膨胀系数和凝固时的收缩率都大，导热性强还使热影响区范围宽，因此焊接应力大，易变形。

（2）气孔：铜及铜合金焊接时产生气孔倾向远远大于钢材，其中一个直接原因是铜及铜合金的导热系数大，熔池凝固速度快的缘故。但根本原因是气体在金属中的溶解度随温度降低而急剧下降及熔池中化学反应产生气体所致。气孔的类型有氢溶解造成的扩散气孔和水蒸气造成的反应气孔。发生反应气孔的原因是在高温下铜与氧有较大的亲和力而生成 Cu_2O，它在 1 200 ℃ 以上能溶解于液态铜，在 1 200 ℃ 就从液态铜中开始析出，随着温度下降，其析出量也随之增加，与溶解在液态铜中的氢发生反应，生成铜与水。反应生成的水不溶于铜，当熔池凝固时来不及逸出就会形成气孔。

（3）热裂纹倾向大：铜和铜合金中一般含有 S，P，Bi 等杂质，铜在液态时氧化形成 Cu_2O，硫化形成 Cu_2S。Cu_2O，Cu_2S，P，Bi 都能与铜形成低熔点共晶体存在于晶界上，易引起热裂纹。

由于上述原因，铜及铜合金焊接接头的塑性和韧性下降明显，为此采用焊接强热源设备和焊前预热（150~550 ℃）来防止难熔合、未焊透现象并减少焊接应力与变形；严格限制杂质含量，加入脱氧剂，控制氢来源，降低溶池冷速等防止裂纹、气孔缺陷；焊后采用退火处理以消除应力等措施。

焊接铜和铜合金常用的焊接方法有氩弧焊、气焊、埋弧焊和钎焊。氩弧焊是焊接铜和铜合金应用最广的熔焊方法。气焊黄铜采用弱氧化焰，其他均采用中性焰，由于温度较低，除薄件外，焊前应将工件预热至 400 ℃ 以上，焊后应进行退火或锤击处理。埋弧焊适用于中、厚板长焊缝的焊接，厚度 20 mm 以上的工件焊前应预热，单面焊时背面应加成形垫板。铜及铜合金的钎焊性优良，硬钎焊时采用铜基钎料、银基钎料，配合硼砂、硼酸混合物等作为钎剂；软钎焊时可用锡铅钎料，配合松香、焊锡膏作为钎剂。

11.5　焊件结构设计

1. 焊缝的布置

焊缝布置是否合理，直接影响结构的焊接质量和生产率。因此，设计焊缝位置时应考虑下列原则：

（1）焊缝应尽量处于平焊位置。

（2）焊缝要布置在便于施焊的位置，如图 11-12 所示。

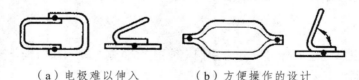

　　（a）电极难以伸入　　　　（b）方便操作的设计

图 11-12　点焊、缝焊焊缝位置

（3）焊缝布置要有利于减少焊接应力与变形。

① 尽量减少焊缝数量及长度，缩小不必要的焊缝截面尺寸，如图 11-13 所示。

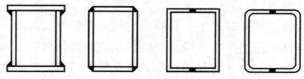

图 11-13　减少焊缝数量示例

② 焊缝布置应避免密集或交叉，如图 11-14 所示。

③ 焊缝布置应尽量对称，如图 11-15 所示。图（a）中焊缝布置在焊件的非对称位置，会产生较大弯曲变形，不合理；图（b）和图（c）将焊缝对称布置，均可减少弯曲变形。

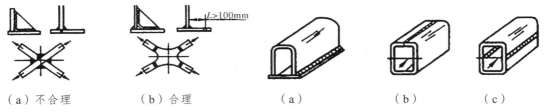

（a）不合理　　（b）合理　　　　（a）　　　　　（b）　　　　　（c）

图 11-14　焊缝布置应避免密集和交叉　　图 11-15　焊缝布置应对称

④ 焊缝布置应尽量避开最大应力位置或应力集中位置，如图 11-16 所示。

⑤ 焊缝布置应避开机械加工表面。如图 11-17 所示，为避免内孔加工精度受焊接变形影响，必须采用图（b）结构，焊缝布置离加工面远些。对机加工表面要求高的零件，由于焊后接头处的硬化组织，影响加工质量，焊缝布置应避开机加工表面，图（d）的结构比图（c）合理。

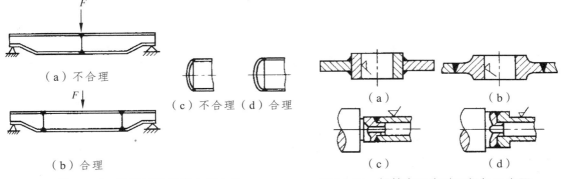

（a）不合理

（b）合理

图 11-16　焊缝应避开应力集中处

（a）　　　　（b）

（c）　　　　（d）

图 11-17　焊缝布置应避开机加工表面

2. 接头形式选择与设计

焊接接头设计包括焊接接头形式设计和坡口形式设计。设计接头形式主要考虑焊件的结构形状和板厚、接头使用性能要求等因素。设计坡口形式主要考虑焊缝能否焊透、坡口加工难易程度、生产率、焊条消耗量、焊后变形大小等因素。

1）焊接接头形式设计

焊接接头按其结合形式分为对接接头、盖板接头、搭接接头、T 形接头、十字形接头、角接接头和卷边接头等，如图 11-18 所示。

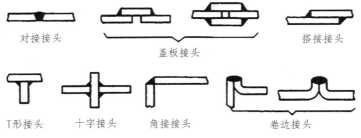

对接接头　　　　　盖板接头　　　　　搭接接头

T形接头　　十字接头　　角接接头　　　卷边接头

图 11-18　常见焊接接头形式

对接接头应力分布均匀，节省材料，易于保证质量，是焊接结构中应用较多的一种，但对下料尺寸和焊前定位装配尺寸要求精度高。搭接接头不在同一平面，接头处部分相叠，应力分布不均匀，会产生附加弯曲力，降低了疲劳强度，多耗费材料，但对下料尺寸和焊前定位装配尺寸要求精度不高，且接头结合面大，增加了承载能力。点焊、缝焊工件的接头为搭接，钎焊也多采用搭接接头，以增加结合面。角接接头和 T 形接头根部易出现未焊透，引起应力集中，因此接头处常开坡口，以保证焊接质量。

　　2）焊接接头坡口形式设计

　　开坡口的根本目的是为使接头根部焊透，同时也使焊缝成型美观。焊条电弧焊的对接接头、角接接头和 T 形接头中有各种形式的坡口，其选择主要取决于焊件板材厚度。

　　（1）对接接头坡口形式设计，如图 11-19 所示。

　　（2）角接接头坡口形式设计，如图 11-20 所示。

　　（3）T 形接头坡口形式设计，如图 11-21 所示。

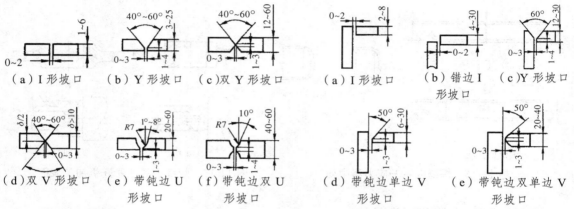

图 11-19　几种对接接头坡口形式图　　　　图 11-20　几种角接接头坡口形式

　　当焊条电弧焊板厚 < 6 mm 时，一般采用 I 形坡口；但重要结构件板厚 > 3 mm 就需开坡口，以保证焊接质量。板厚在 6～26 mm 可采用 Y 形坡口，这种坡口加工简单，但焊后角变形大。板厚在 12～60 mm 可采用双 Y 形坡口；同等板厚情况下，双 Y 形坡口比 Y 形坡口需要的填充金属量约少 1/2，且焊后角变形小，但需双面焊。

　　带钝边 U 形坡口比 Y 形坡口省焊条，省焊接工时，但坡口加工麻烦，需切削加工。埋弧焊焊接较厚板采用 I 形坡口时，为使焊剂与焊件贴合，接缝处可留一定间隙。对于不同厚度的板材，为保证焊接接头两侧加热均匀，接头两侧板厚截面应尽量相同或相近，如图 11-22 所示。

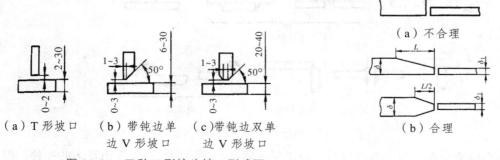

图 11-21　三种 T 形接头坡口形式图　　　　图 11-22　不同板厚对接

11.6　焊接质量及其控制

11.6.1　焊接接头的组织与性能

图 11-23 所示为低碳钢焊接接头由于受到电弧不同加热而产生的金属组织与性能的变化。左侧下部是焊件的横截面，上部是相应各点在焊接过程中被加热的最高温度曲线（并非某一瞬时该截面的实际温度分布曲线）。图中 1，2，3 等各段金属组织性能的变化，可从右侧所示的部分铁-碳合金状态图来对照分析。工件截面图上已示出了相应各点的金属组织变化情况。

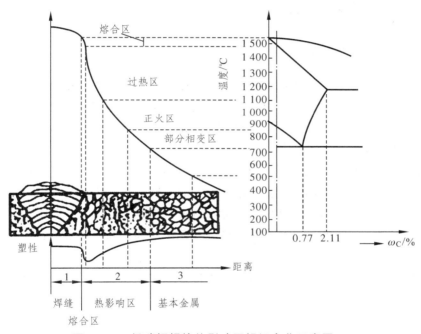

图 11-23　低碳钢焊接热影响区组织变化示意图

焊缝两侧因焊接热作用而发生组织性能变化的区域为热影响区。由于焊缝附近各点受热情况不同，热影响区可分为熔合区、过热区、正火区和部分相变区等。

（1）熔合区：是焊缝和基本金属的交界区，焊接过程中母材部分熔化，所以也称为半熔化区。熔化的金属凝固成铸态组织，未熔化金属因加热温度过高而成为过热粗晶。在低碳钢焊接接头中，熔合区虽然很窄（0.1～1 mm），但因强度、塑性和韧性都下降，而此处接头断面变化，引起应力集中，在很大程度上决定着焊接接头的性能。

（2）过热区：在焊接热影响区中具有过热组织或晶粒显著粗大的区域，对低碳钢来说为 1 100～1 490 ℃ 的区域。该区域中的铁素体和珠光体全部转变为奥氏体，所以奥氏体晶粒急剧长大，冷却后使金属的冲击韧性大大降低，一般比基本金属低 25%～30%，是热影响区中的薄弱区域。

（3）正火区：被加热到 Ac_3 至 Ac_3 以上 $100 \sim 200°C$ 的区域。该区母材中的铁素体和珠光体全部变为奥氏体，由于温度升得不高，晶粒长大得较慢，空冷后得到均匀而细小的铁素体和珠光体，相当于热处理中的正火组织。正火区由于晶粒细小均匀，既具有较高的强度，又有较好的塑性和韧性，是热影响区中综合力学性能最好的区域。

（4）部分相变区：相当于加热到 $Ac_1 \sim Ac_3$ 温度区间。珠光体和部分铁素体发生重结晶，使晶粒细化；部分铁素体来不及转变，冷却后晶粒大小不匀，因此力学性能稍差。

从图 11-23 所示的性能变化曲线可以看出，在焊接热影响区中，熔合区和过热区的性能最差，产生裂缝和局部破坏的倾向性也最大，应使之尽可能减小。

11.6.2 焊接应力与变形

1. 焊接变形的基本形式

焊接变形的基本形式如图 11-24 所示。所有的变形都是由焊缝纵向和横向收缩引起的。

（1）收缩变形：工件焊接后，纵向和横向尺寸发生缩短的现象叫收缩变形。收缩一般是随焊缝长度的增加而增加的。另外，母材线膨胀系数大，焊后焊件的纵向收缩量也大。多层焊时，第一层收缩量最大。

（2）角变形：焊后构件两侧钢板离开原来位置向上翘起一个角度，这种变形叫角变形。角变形的发生是由于横向收缩变形在厚度方向上的不均匀造成的。

（3）波浪变形：在焊接薄板结构时，由于薄板在焊接应力作用下失稳而引起波浪变形。

（4）扭曲变形：由于焊缝在构件横截面上布置不对称或装焊工艺不合理等原因等都会产生扭曲变形。

（5）弯曲变形：在焊接梁、柱、管道等焊件时尤为常见。焊缝的纵向收缩和横向收缩都会造成弯曲变形。

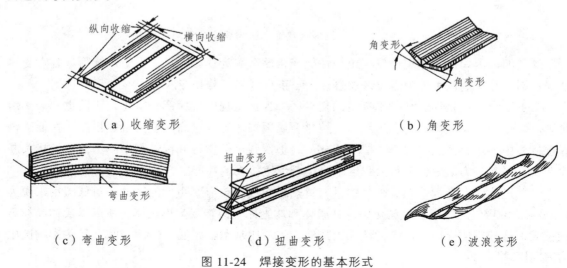

（a）收缩变形   （b）角变形

（c）弯曲变形   （d）扭曲变形   （e）波浪变形

图 11-24 焊接变形的基本形式

2. 预防和减少焊接变形与应力的措施

预防和减少焊接变形与应力一般从两方面着手：一是从设计方面考虑，设计合理的结构；二是采取合理的工艺措施。下面仅简单介绍工艺方面的措施。

1）选择合理的焊接顺序

① 应先焊收缩量大的焊缝，使焊缝可以自由收缩，这样可以有效减小焊接应力。

② 先焊错开的短焊缝，后焊直通长焊缝。在拼接钢板时，可以减小焊接应力。

③ 采取对称焊接顺序，能有效减少焊接变形。所以，当结构具有对称布置的焊缝时，应尽量采用对称焊接。

④ 先焊焊缝少的一侧。对于焊缝布置不对称的结构，先焊焊缝少的一侧，后焊焊缝多的一侧，可以使后焊的变形抵消另一侧的变形。

2）反变形法

焊接前先将焊件向与焊接变形相反的方向进行人为的反变形，以抵消焊接变形，这种方法称为反变形法。图11-25所示为平板对接焊的反变形。

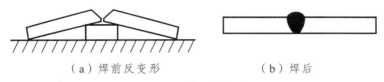

（a）焊前反变形 （b）焊后

图 11-25　平板对接反变形

3）刚性固定法

焊接之前对焊件采用刚性拘束，强制焊件在焊接时不能自由变形，这种防止焊接变形的方法称为刚性固定法。

4）加余量法

根据经验，在工件下料尺寸上增加一定的余量，以补充焊接收缩，也是预防和减少焊接变形与应力的一项有效措施。

11.6.3　焊接接头的主要缺陷及检验

1. 焊缝外部缺陷

（1）余高过大：如图 11-26（a）所示，当焊接坡口的角度开得太小或焊接电流过小时余高过大，焊件焊缝的危险平面已从 $M\text{-}M$ 平面过渡到熔合区的 $N\text{-}N$ 平面，由于应力集中易发生破坏。

（2）焊缝过凹：如图 11-26（b）所示，因焊缝截面的减小而使接头处的强度降低。

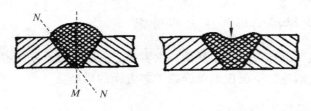

（a）余高过大　　　（b）凹陷

图 11-26　余高过大和凹陷

（3）焊瘤：熔化金属流到未熔化的工件上，堆积形成焊瘤，它与工件没有熔合，如图 11-27（a）所示。焊瘤对静载强度无影响，但会引起应力集中，使动载强度降低。

（4）烧穿：如图 11-27（b）所示，烧穿是指部分熔化金属从焊缝反面漏出，甚至烧穿成洞，它使接头强度下降。

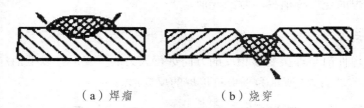

（a）焊瘤　　　　　（b）烧穿

图 11-27　焊瘤和烧穿

以上 4 种缺陷存在于焊缝的外表，肉眼就能发现，并可及时补焊。如果操作熟练，一般是可以避免的。

2. 焊缝内部缺陷

（1）未焊透和未熔合：如图 11-28 所示，焊接时接头根部未完全熔透的现象称为未焊透。与焊道之间未完全熔化结合的部分叫未熔合。未焊透和未熔合减弱了焊缝工作截面，造成严重的应力集中，大大降低接头强度，它往往成为焊缝开裂的根源。

（2）夹渣：焊缝中夹有非金属熔渣，即称夹渣。夹渣减少了焊缝工作截面，造成应力集中，会降低焊缝强度和冲击韧性。

（3）气孔：焊缝金属在高温时，吸收了过多的气体（如 H_2）或由于溶池内部冶金反应产生的气体（如 CO），在溶池冷却凝固时来不及排出，而在焊缝内部或表面形成孔穴，即为气孔。气孔的存在减少了焊缝有效工作截面，降低接头的机械强度。若有穿透性或连续性气孔存在，会严重影响焊件的密封性。

（4）咬边：在工件上沿焊缝边缘所形成的凹陷叫咬边。它不仅减少了接头的工作截面，而且在咬边处造成严重的应力集中。

（5）裂纹：焊接过程中或焊接以后，在焊接接头区域内所出现的金属局部破裂叫裂纹。裂纹是最危险的一种缺陷，它除了减少承载截面之外，还会产生严重的应力集中，在使用中裂纹会逐渐扩大，最后可能导致构件的破坏。所以焊接结构中一般不允许存在这种缺陷，一经发现须铲去重焊。

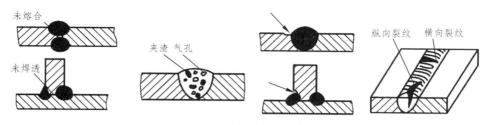

图 11-28　焊缝常见内部缺陷

3. 焊接质量检验

焊接质量的检验包括外观检查、无损探伤和机械性能试验三个方面。这三者是互相补充的，而且以无损探伤为主。

1）外观检查

外观检查一般以肉眼观察为主，有时用 5～20 倍的放大镜进行观察。通过外观检查，可发现焊缝表面缺陷，如咬边、焊瘤、表面裂纹、气孔、夹渣及焊穿等。焊缝的外尺寸还可采用焊口检测器或样板进行测量。

2）无损探伤

隐藏在焊缝内部的夹渣、气孔、裂纹等缺陷的检验。目前使用最普遍的是采用 X 射线检验，还有超声波探伤和磁力探伤。

X 射线检验是利用 X 射线对焊缝照相，根据底片影像来判断内部有无缺陷、缺陷多少和类型，再根据产品技术要求评定焊缝是否合格。基本原理如图 11-29 所示。

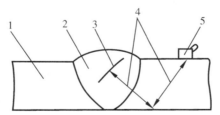

1—工件；2—焊缝；3—缺陷；4—超声波束；5—探头。

图 11-29　超声波探伤示意图

超声波束由探头发出，传到金属中，当超声波束传到金属与空气界面时，它就折射而通过焊缝。如果焊缝中有缺陷，超声波束就反射到探头而被接收，这时荧光屏上就出现了反射波。根据这些反射波与正常波比较、鉴别，就可以确定缺陷的大小及位置。对于离焊缝表面不深的内部缺陷和表面极微小的裂纹，还可采用磁力探伤。

3）水压试验和气压试验

对于要求密封性的受压容器，须进行水压试验或气压试验，以检查焊缝的密封性和承压能力。其方法是向容器内注入 1.25～1.5 倍工作压力的清水或等于工作压力的气体，停留一定的时间，然后观察容器内的压力下降情况，并在外部观察有无渗漏现象，根据这些可评定焊缝是否合格。

【知识广场】

焊接技术的发展与展望

焊接技术是随着铜铁等金属的冶炼生产、各种热源的应用而出现的。古代的焊接方法主要是铸焊、钎焊、锻焊、铆焊。战国时期制造的刀剑，刀刃为钢，刀背为熟铁，一般是经过加热锻焊而成的。古代焊接技术使用的热源是炉火，温度低、能量不集中，无法用于大截面、长焊缝工件的焊接，只能用以制作装饰品、简单的工具、生活器具和武器。

20世纪初，出现了薄药皮焊条电弧焊，电弧比较稳定，焊接熔池受到熔渣保护，焊接质量得到提高，成为现代焊接工艺发展的开端。20世纪40年代，为适应铝、镁合金和合金钢焊接的需要，钨极和熔化极惰性气体保护焊相继问世。1951年苏联的巴顿电焊研究所创造电渣焊，成为大厚度工件的高效焊接法。1953年，苏联的柳巴夫斯基等人发明二氧化碳气体保护焊，促进了气体保护电弧焊的应用和发展，如出现了混合气体保护焊、药芯焊丝气渣联合保护焊和自保护电弧焊等。1957年美国的盖奇发明等离子弧焊；20世纪40年代德国和法国发明的电子束焊，也在20世纪50年代得到实用和进一步发展；20世纪60年代激光焊等离子、电子束和激光焊接方法的出现，标志着高能量密度熔焊的新发展，大大改善了材料的焊接性，使许多难以用其他方法焊接的材料和结构得以焊接。

时至今日，焊接行业面貌已经发生了巨大的变化。昔日那些戴着防护面具、顶烈日、冒风雪、在建设工地上点动闪闪火花的电焊工，如今只是焊接大军的一小部分，现代焊接在能源利用、焊接方法、工艺技术及控制手段等方面都取得了巨大的进步：焊接生产率大幅提高，例如三丝埋弧焊，$50 \sim 60$ mm的钢板可一次焊透成型，其熔敷率与焊条电弧焊相比在100倍以上；采用电子束焊、等离子焊、激光焊等高能束焊时，可采用对接接头，且不用开坡口，焊缝深宽比可达 $70 : 1$；焊接自动化从单一的焊接工序自动化逐步发展到包括材料运输、表面去油、喷砂、涂保护漆、钢板划线、切割、开坡口装配、焊接、缺陷检验的焊接生产全过程的自动化、智能化，使焊接质量稳定性和效率大大提高，同时极大改善了从业者的劳动条件；在焊接方法上，新兴工业的发展仍然迫使焊接技术不断前进。例如，微电子工业的发展促进微型连接工艺和设备的发展；陶瓷材料和复合材料的发展促进了真空钎焊、真空扩散焊的发展。宇航技术的发展也将促进空间焊接技术的发展。在焊接设备方面，节能的逆变焊机、多丝高速埋弧焊机、搅拌摩擦焊机、高能束焊机、数控切割、机器人焊接、精细等离子切割、全数字化焊接设备、焊接柔性生产系统等已越来越多地用于大型、重型、精密焊接结构的生产。总之，随着科学技术的进步，焊接技术将会呈现出一个机器人本身与外围设备相结合，设备与工艺相结合，硬件与软件相结合配套发展的局面。

【技能训练】

焊条电弧焊操作

1. 实训目的

（1）掌握焊条电弧焊的引弧、调节、保持和熄灭方法。

（2）掌握低碳钢普通低合金钢的平对接焊条电弧焊的基本操作技能。

2. 实训内容

1）引　弧

引弧方法（见图11-30）通常有两种。

（1）划擦引弧法：将焊条像擦火柴一样擦过焊件表面，随即将焊条提起距焊件表面 4～5 mm 便产生电弧。

（2）直击引弧法：电焊条垂直对焊件碰击，然后迅速将焊条离开焊件表面 4～5 mm，便产生电弧，多适用于酸性焊条或在狭窄的地方焊接。

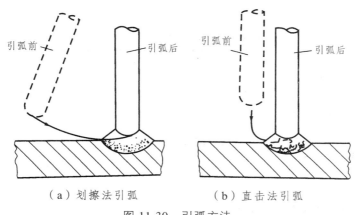

（a）划擦法引弧　　　　　（b）直击法引弧

图 11-30　引弧方法

2）运　条

（1）送条动作：它的要求是填满熔池并保持适当的电弧长度。随着焊接的进行焊条不断地熔化，焊条下端与焊件之间的距离越来越大，为了保持适当的电弧长度和把熔池填满，必须沿着焊条轴心向熔池送焊条。焊条电弧焊正常弧长通常为焊条直径的 0.5～1.2 倍，具体根据焊接条件和焊条牌号而定。电弧过短，容易短路或黏住工件；电弧过长，使飞溅增加，焊缝成型和力学性能变坏。

（2）纵向运条：其动作是沿焊缝纵方向移动焊条，其目的是形成焊道。纵向运条要求做横向摆动，横向摆动的目的是使焊缝具有一定的宽度。直线形（ ⟶ ）运条和锯齿形（ ⩘ ）运条，两种手法适用在薄小构件和要求焊肉小的地方，焊缝宽度为焊条直径的 0.8～1.5 倍。一般平焊正常成型焊缝的宽度为焊条直径的 3～5 倍，常采用小齿锯的锯齿形摆动。

3）熄　弧

（1）将焊条端部逐渐往坡口边斜前方拉，同时逐渐抬高电弧。这样，由于熔池的缩小，液体金属量减少及热量的降低，就使熄弧处不致产生裂纹、气孔等。

（2）用灭弧法堆高弧坑的焊缝金属使熔池饱满过度，焊好后，应将多余的部分锉去或铲去。

3. 安全注意事项

（1）敲渣时，应戴眼镜或用面罩挡住，以免焊渣溅入眼内或灼伤皮肤。

（2）为了安全和延长焊机的使用寿命，调节电流时，应在焊机空载状态下进行。

（3）实训结束，必须切断电源，收好所用的工具，打扫工位。

【学习小结】

本项目阐述了焊接的基本原理及其分类、焊条电弧焊焊接原理及其他焊接方法、焊接应力与变形、常用金属材料的焊接性、焊接缺陷控制及焊接质量检验方法、焊件结构的工艺性。常用焊接方法的比较见表 11-3。

表 11-3　常用焊接方法的比较

焊接方法	特　点	应　用
焊条电弧焊	（1）焊接质量好； （2）焊接变形小； （3）生产率高； （4）设备简单； （5）适应性强，可焊全位置和短、曲焊缝	（1）单件小批生产； （2）全位置焊接； （3）短、曲焊缝； （4）板厚>1 mm
气焊	（1）熔池温度易控制； （2）焊接质量较差； （3）生产率低； （4）焊接变形大； （5）无须电源，可野外作业； （6）设备简单	（1）铸铁补焊； （2）管子焊接； （3）薄板 1～3 mm； （4）野外作业
埋弧自动焊	（1）操作技术要求低； （2）劳动强度高； （3）焊接质量稳定，成型美观； （4）生产率高，成本低； （5）设备较复杂； （6）适应性差，只适合平焊	（1）成批生产； （2）能焊长直缝和环缝； （3）中厚板平焊
氩弧焊	（1）焊接质量优良； （2）电弧稳定； （3）可全位置焊； （4）成本高	（1）薄板； （2）打底焊； （3）管子焊接； （4）有色金属不锈钢焊接
CO_2气体保护焊	（1）成本低； （2）焊薄板变形大； （3）生产率高； （4）可全位置焊； （5）不有氧化性； （6）成型较差； （7）设备使用和维修不方便	（1）单件或成批生产； （2）非合金钢和强度级别低的低合金结构钢； （3）薄板或中板
电阻焊	（1）焊接变形小； （2）生产率高； （3）设备复杂，成本高	（1）大批量生产； （2）可焊异种金属； （3）可点、对和缝焊
钎焊	（1）焊接变形小； （2）生产率高； （3）接头强度低； （4）可焊接异种金属； （5）可焊复杂的特殊结构	（1）电子工业； （2）异种金属； （3）仪器仪表及精密机械； （4）复杂难焊的特殊结构

【综合能力训练】

一、填空题

1. 按照焊接过程中金属所处的状态及工艺的特点，可以将焊接方法分为＿＿＿＿＿＿＿、＿＿＿＿＿＿＿、＿＿＿＿＿＿＿。

2. 焊条由＿＿＿＿＿＿和＿＿＿＿＿＿两部分组成。

3. 焊接电弧包括＿＿＿＿＿＿、＿＿＿＿＿＿和＿＿＿＿＿＿三部分。

4. 焊接接头包括＿＿＿＿＿＿和＿＿＿＿＿＿两部分。

二、选择题

1. 焊接时硫的主要危害是产生（　　　）的缺陷。

    A. 气孔　　　　　　　B. 飞溅　　　　　　C. 热裂纹　　　　　　D. 冷裂纹

2. Q345 钢手弧焊接时，应选用的焊条型号是（　　　）。

    A. E4303　　　　　　B. E4313　　　　　C. E5015　　　　　　D. E6515

3. 焊接接头冷却到较低温度时产生的焊接裂纹称为（　　　）。

    A. 热裂纹　　　　　　B. 冷裂纹　　　　　C. 再热裂纹　　　　　D. 延迟裂纹

4. 下列焊接缺陷中危害最大的是（　　　）。

    A. 咬边　　　　　　　B. 气孔　　　　　　C. 裂纹　　　　　　　D. 余高过大

三、简答题

1. 焊条药皮有什么作用？

2. 气割的材料必须满足哪些条件？

3. 为什么用碳当量法判断钢材的焊接性只是一种近似的方法？

4. 焊接铝时容易出现哪些焊接缺陷？焊接时应采取哪些工艺措施？

5. 简述焊接结构设计的一般原则。

6. 常用的控制和矫正焊接变形的方法有哪些？

7. 焊接热影响区分几个组织变化区？各有哪些特点？

8. 常见的焊接检验方法有哪些？检查机理和应用范围是什么？

项目 12　工程材料的选用与毛坯的选择

【学习目标与技能要求】

（1）掌握机械零件失效的形式及原因。

（2）掌握零件选材的一般原则、一般步骤和方法，能根据机械零部件的不同要求进行合理选材及热处理。

（3）熟悉毛坯的种类、毛坯的选择基本原则和选择的依据。

（4）熟悉典型零件毛坯的选择。

【教学提示】

（1）本项目将前面所学的知识与技能和其他相关课程内容的综合运用，讲授时注意联系与所学的内容及其运用，培养学生的综合能力与创新思维。教学建议采用课堂探究与生产实例、案例相结合的方式。可以分组研讨，相互探究，引导学生思考。

（2）教学重点与难点：零件的选材、毛坯的种类及毛坯的选择，典型零件的选材及热处理。

【案例导入】

一部机器由许多零部件组成，每一个零部件承担工作、工作环境、工作条件等不同，机器零件的设计不单是结构设计，还应该包括材料与工艺的设计、零件的结构与材料、制造工艺及装配等环节非常重要。掌握各种工程材料的特性，正确地选择和使用材料，并能初步分析机器及零件使用过程中出现的各种材料问题，是对从事机械设计与制造的工程技术人员的基本要求。

在机械制造业中，新设计的机械产品中的每一个机械零件或工程构件、工艺装备和非标准设备，机械产品的改型，机械产品中某些零件需要更换材料，进口设备中某些零配件需用国产零配件代用等，都会遇到材料的选用。一般机械零件，在设计和选材时，大多以使用性能指标作为主要依据。而对机械零件起主导作用的机械性能指标，则是根据零件的工作条件和失效形式提出的。

12.1 工程材料的选用

12.1.1 机械零件的失效与失效分析

1. 机械零件的失效

零件在工作过程中最终都会发生失效。一般机械零件或构件的失效有以下情况：

（1）完全破坏，不能继续工作，如轴的断裂、叶片断裂、锅炉等压力容器爆炸等。

（2）虽然能安全工作，但不能完成设计的功能，如模具磨损过大导致加工尺寸精度下降、换热器污垢堵塞使传热系数下降等。

（3）严重损伤，继续工作不能保证安全，如安全阀失灵、刹车失灵等。

2. 失效的形式及原因

按失效的性质可将失效分为变形、断裂和表面损伤三大类，如图 12-1 所示。零件在工作时的受力情况一般比较复杂，实际零件往往承受多种应力的复合作用。所以零件或构件在工作中往往不只是一种失效方式起作用。例如，一个齿轮，齿面之间的摩擦导致表面磨损失效，而齿根可能产生疲劳断裂失效，两种方式同时起作用。但一般来讲，造成一个零件失效时总是一种方式起主导作用，很少有两种方式同时都使零件失效。

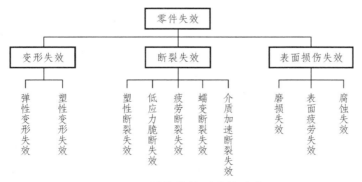

图 12-1 零件失效形式的分类

失效可以由多种原因引起，大体上可分为设计、材料、加工和安装使用 4 个方面。如图 12-2 所示。

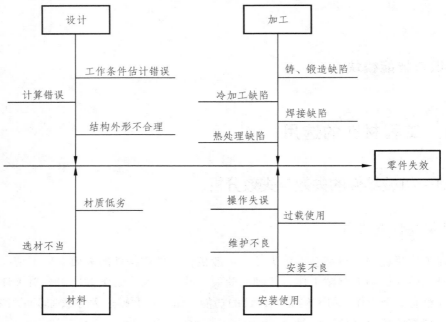

图 12-2　导致零件失效的主要原因

（1）设计问题。设计时考虑不周密或认识的局限性，如设计中零件的结构或形状不合理导致零件高应力处明显存在应力集中源（如各种尖角、缺口和过小的过渡圆角等），对零件的工作条件估计不足出现过载，零件工作的主要力学性能考虑不周等可导致失效。

（2）选材不当及材料缺陷。选材不当是导致失效的主要原因，要根据零件的使用性能要求合理地选择材料。一般金属材料的生产要经过冶炼、铸造、锻压等几个阶段，这些工艺工程中出现的缺陷往往会造成零件或构件的早期失效，因此，对原材料加强检验是很重要的步骤。

（3）制造过程中工艺问题。在制造和装配过程中产生的，如金属切削加工中的刀痕、粗糙度过高、磨削裂纹等；铸造缩孔、夹杂、偏析、应力等；锻造过程中的裂纹、夹杂等；焊接时产生的裂纹、气孔、夹杂、热影响区组织脆化等；热处理中的过热、脱碳、淬火裂纹、回火脆性、渗碳层不合适等；装配过程中错位、不同心度、强行装配等引起的应力等。这些缺陷超过一定界限就可能导致零件或构件的失效。

（4）使用操作和维护维修不当。如违章操作，超载、超速、超温，判断错误，主观臆断、责任心不强，不进行定期维护、检修，管理混乱等引起的失效。

3. 零件的失效分析

失效分析的目的是寻找失效的原因，以便进行合理的改进。为了更准确地找出失效原因，首先要从零件的工作条件分析入手，判断零件在工作中所受载荷的性质和大小，计算载荷引起的应力分布。载荷的性质是决定材料使用性能的主要依据之一，计算应力是确定材料使用性能的数量依据。其次，考虑零件的工作环境。环境因素会与零件的力学状态综合作用，提出更为复杂的性能要求，最后还应充分考虑材料的某些特殊要求。

（1）受力状况：分析零件的受力类型（如静载、动载、冲击或循环载荷等），零件所受载荷的作用形式（如拉伸、压缩、弯曲或扭转等），载荷的大小及分布特点（如均布载荷或集中载荷）。实际零件所受的应力往往不是单一的，应力的形式、大小及分布也可能变化。

（2）环境状况：温度（如低温、高温、常温或变温）及介质情况（如有无腐蚀或摩擦作用）等。例如，热作模具有温度的交替变化；工业锅炉材料在高温下工作；一些管道经常腐蚀，机器零件也有程度不同的腐蚀。由于零件工作的环境不同，对材料的性能要求有很大差别，因此选材环节应特别注意。

（3）特殊功能：导电性、磁性、热膨胀性、比重、外观、色泽等，这些特殊功能有的时候很重要。

零件要求的主要使用性能是选材和选择毛坯的最重要依据。通常机械零件的使用性能主要指力学性能，正确地分析零件的受力情况、准确地把握造成零件失效的主要力学性能指标非常重要。实践中积累的大量工作经验数据也是很重要的，更需借鉴和利用。表 12-1 列举了一些常见零件（工具）的工作条件、失效形式及要求的力学性能。

表 12-1　几种零件（工具）工作条件、失效形式及要求的力学性能

零件（工具）	工作条件			常见失效形式	要求的主要力学性能
	应力种类	载荷性质	其他		
普通紧固螺栓	拉、切应力	静	—	过量变形、断裂	屈服强度及抗剪强度、塑性
传动轴	弯、扭应力	循环、冲击	轴颈处摩擦、振动	疲劳断裂、过量变形、轴颈处磨损、咬蚀	综合力学性能
传动齿轮	压、弯应力	循环、冲击	强烈摩擦、冲击	磨损、麻点剥落、断齿	表面硬度及弯曲疲劳强度、接触疲劳抗力、心部屈服强度、韧性
钢丝绳	拉应力	静、偶有冲击		脆性断裂，磨损	抗拉强度，硬度
弹簧	扭应力（螺旋）弯应力（板簧）	循环、冲击	振动	弹性丧失、疲劳断裂	弹性极限、屈强比、疲劳强度
油泵柱塞副	压应力	循环、冲击	摩擦、油的腐蚀	磨损	硬度、抗压强度
冷冲模	复杂应力	循环、冲击	强烈摩擦	磨损、脆断	硬度、足够的强度、韧性
压铸模	复杂应力	循环、冲击	高温、摩擦、金属液腐蚀	热疲劳、脆断、磨损	高温强度、热疲劳抗力、韧性与红硬性
滚动轴承	压应力	循环、冲击	强烈摩擦	疲劳断裂、磨损、麻点剥落	接触疲劳抗力、硬度、耐蚀性
曲轴	弯、扭应力	循环、冲击	轴颈摩擦	脆断、疲劳断裂、咬蚀、磨损	疲劳强度、硬度、冲击疲劳抗力、综合力学性能
连杆	拉、压应力	循环、冲击	—	脆断	抗压疲劳强度、冲击疲劳抗力

12.1.2　零件的选材原则与步骤

1. 选择零件材料的一般原则

合理地选材应考虑以下三个基本原则：材料的使用性能、工艺性能和经济性，其中使用性能最重要。三者之间有联系，也有矛盾，选材的任务就是上述原则的合理统一。

1）使用性能原则

材料的使用性能是满足零件工作要求的根本条件，包括力学性能、物理性能和化学性能，是选材应首先考虑的因素。大多数零件的性能要求是多方面的，在选材时必须经过分析，分清楚材料性能要求的主次，在满足主要性能时，也要兼顾其他性能。对于一般机械零件使用性能主要考虑力学性能，同时要兼顾抵抗周围介质侵蚀的能力。对于非金属材料制成的零件更应注意工作环境，非金属材料对温度、光、水、油等的敏感度比金属材料大得多。

由表 12-1 可知，零件实际受力条件是较复杂的，而且还应考虑到短时过载、润滑不良、材料内部缺陷等影响因素，因此力学性能指标成为选材的主要依据。力学性能指标可分为设计指标和安全指标两类。前者有屈服强度 R_{eL}、抗拉强度 R_m、疲劳强度 R_{-1}、弹性模量 E、断裂韧性 K_{IC} 等，用于设计计算；后者有断后伸长率 A、截面收缩率 Z、冲击韧性 a_K（或冲击吸收能量 K）等，不直接用于计算，作为安全储备，作用是增加零件的抗过载能力和安全性。生产中通常在图样上标注硬度值来说明对零件力学性能的要求，这是因为硬度值和许多力学性能指标之间存在一定的对应关系，如低碳钢的抗拉强度，$R_m \approx 3.6\,HBW$，并且不需破坏零件或制作专用试样就可测定硬度。尽管这种传统的硬度标注方法为生产所接受，并成功地应用于许多机械产品的设计和制造中，但仍应指出这种方法的局限性。同样硬度的材料，由于处理状态不同，其他力学性能相应不同。例如，45 钢经正火处理后，R_{eL} 为 355 MPa，而经调质处理到同样硬度，但 R_{eL} 为 490 MPa。故在标注硬度值的同时，应注明材料的处理状态，对重要零件则应标注更严格的技术要求。

2）工艺性能

在选材中，材料的工艺性能一般处于次要地位，但在某些情况下，工艺性能也可成为选材考虑的主要依据。例如，大批量生产时，为保证材料的切削加工性，就应选用易切削钢。当某一可选材料极难加工或加工成本很高时，尽管它的其他性能很理想，但选用该材料也已失去意义。因此，选材时必须考虑材料的工艺性能。

高分子材料的成形工艺比较简单，切削加工性尚好，但它的导热性较差，在切削过程中不易散热，易使工件温度急剧升高，可能使热固性塑料焦化，使热塑性塑料软化。

陶瓷材料压制、烧结成型后，硬度极高，除了可用碳化硅或金刚石砂轮外，几乎不能进行任何其他加工。

金属材料制造零件的基本方法有铸造、压力加工、焊接和切削加工。热处理作为改善材料的切削加工性能和赋予零件使用性能而安排在有关工序之间进行。零件的毛坯用铸造成形，应选用铸造性能较好的共晶或接近共晶成分的合金；若是锻造成型，最好选用在一定温度范围内呈固溶体的合金，因其可锻性好；焊接成型最适宜的材料是低碳钢或低碳合金钢，因其焊接性良好；钢铁材料的硬度一般在 170～230 HBW 便于切削加工；不同材料的热处理性能是不同的，碳钢的透性差，加热时晶粒容易长大，淬火时容易产生变形甚至开裂，所以制造高强度、大截面、形状复杂的零件，都需要选用合金钢。

3）经济性

用最低的成本生产出所需的产品，是指导生产的基本法则。在设计和生产中，满足零件的使用性能和工艺性能要求的材料不止是一种，这时经济性就成为选材的重要依据。经济性不仅指材料的价格低，还有材料的供应是否充足，零件加工工艺过程的复杂程度，加工成品率和加工效率的高低，零件的使用寿命长短，等等。选材时应尽可能选用价廉、量足、加工方便、总成本低的材料，通常能用碳素钢的，不用合金钢；能用硅锰钢的，不用铬镍钢。常用材料的相对价格见表 12-2。

表 12-2　常用材料的相对价格

材　料	相对价格	材　料	相对价格
碳素结构钢	1	碳素工具钢	1.4～1.5
低合金结构钢	1.2～1.7	低合金工具钢	2.4～3.7
优质碳素结构钢	1.4～1.5	高合金工具钢	5.4～7.2
易切削钢	2	高速钢	13.5～15
合金结构钢	1.7～1.9	铬不锈钢	8
铬镍合金结构钢	3	铬镍不锈钢	20
滚动轴承钢	2.1～2.9	普通黄铜	13
弹簧钢	1.6～1.9	球墨铸铁	2.4～2.9

此外，在选材时还应该从我国的国情和生产实际情况出发，如采用我国资源丰富的合金钢系列的钢种，用含 Mn、Si、B、Mo、V 等元素的合金钢代替含 Cr、Ni 等元素的合金钢，所选材料的牌号应按照国家新标准，尽量压缩材料规格和品种，以便于采购和管理。选材应有利于推广新材料、新工艺，能满足组织现代化生产的需要。

2. 零件材料选择的一般步骤

（1）分析零件的工作条件、形状、尺寸、应力状态等，确定零件的主要、次要性能要求。

（2）通过分析和试验，结合同类零件失效分析的结果，找出零件在实际使用中的主要和次要的失效抗力指标。如轴类零件的主要抗力指标为屈服强度和疲劳强度，冷挤压模具的主要抗力指标为硬度和冲击韧性。

（3）根据力学计算或试验，确定零件应具有的主要力学性能指标数值和物理、化学性能指标。

（4）对若干备选材料的性能指标进行综合分析和筛选，预选出合理的材料，同时考虑材料的工艺性能要求，以保证生产。

（5）审核所选材料的经济性。

（6）进行实验室试验，以检验选用材料是否达到各项性能要求，并进行小批试生产，以检验材料在制造过程中工艺性是否满足要求。小批试验产品质量合格后，选材方案即可确定下来。

3. 选材的方法

零件的工作条件差别较大，往往受力复杂，因此零件选择材料时，先找出主要的性能要求作为选材的依据，选材的主要性能考虑之后再关注次要的性能。

（1）综合力学性能为主的选材。对于连杆、锻模、气缸螺栓等零件，工作时承受冲击和变动载荷，这类零件的性能要求较好的综合力学性能，要求具有较高的强度、疲劳强度、塑性和韧性。考虑零件具体形状尺寸和受力大小，选材时常用中碳钢或中碳合金钢，一般采用调质处理。

（2）疲劳强度为主的选材。曲轴、齿轮、弹簧、滚动轴承等零件的失效形式以疲劳断裂最常见。这些零件受力尽管也复杂，但主要考虑零件材料的疲劳强度。

（3）磨损为主的选材。各种量具、顶尖、钻套、冷冲模、刀具等零件，工作时磨损较大，主要以耐磨性要求为主。耐磨性主要与材料的硬度和组织有关。选材时，钢的含碳量一般要高，以保证钢的硬度，通常选择高碳钢或高碳合金钢，采用淬火、低温回火热处理。

12.2　典型零件的选材及热处理

12.2.1　齿轮类零件的选材及热处理

1. 齿轮的工作条件及性能要求

齿轮是机械、汽车、拖拉机中应用最广的零件之一，主要用于功率的传递和速度的调节。

1）工作时的受力状况

（1）由于传递扭矩，齿根承受较大的交变弯曲应力；

（2）齿面相互滑动和滚动，承受较大的接触应力，并发生强烈的摩擦；

（3）由于换挡、启动或啮合不良，齿部承受一定的冲击。

2）主要失效形式

（1）轮齿折断。有两类断裂形式：一类为疲劳断裂，主要发生在齿根，常常一齿断裂引起数齿、甚至更多的齿断裂；另一类是过载断裂，主要是冲击载荷过大造成的断齿。

（2）齿面磨损。由于齿面接触区摩擦，使齿厚变小，齿隙增大。

（3）齿面的剥落。在交变接触应力作用下，齿面产生微裂纹并逐渐发展，引起点状剥落。

3）齿轮用材应具有的性能

（1）高的弯曲疲劳强度和接触疲劳强度；

（2）高的硬度和耐磨性；

（3）轮齿心部要有足够的强度和韧度。

2. 齿轮零件的选材

根据工作条件，列出了一般齿轮的选材（典型钢号）和热处理方法，见表 12-3。

表 12-3　齿轮的选材和热处理方法

序号	工作条件	选用材料	热处理方法	硬　度
1	尺寸较小，主要传递运动，低速、润滑条件差，要求一定的耐磨性，如仪表齿轮	尼龙或铜合金		
2	中等尺寸，低速，主要传递运动，润滑条件差，工作平稳，如机床中的挂轮	HT200	正火	170～230 HBW
		45 钢		170～200 HBW
3	中等尺寸、中速、中等载荷，要求一定耐磨性，如机床变速箱中的次要齿轮	45 钢	调质+表面淬火+低温回火	心部：200～250 HBW 齿面：45～50 HRC
4	齿轮截面较大，中速，中等载荷，耐磨性好，如机床变速箱、走刀箱中的齿轮	40Cr 钢	调质+表面淬火+低温回火	心部：230～280 HBW 齿面：48～53 HRC
5	中等尺寸，高速，受冲击，中等载荷，耐磨性高，如机床变速箱齿轮或汽车、拖拉机的传动齿轮	20Cr 钢	渗碳+淬火+低温回火	齿面：56～62 HRC
6	中等或较大尺寸，高速，重载，受冲击，要求高耐磨性，如汽车中的驱动齿轮和变速箱齿轮	20CrMnTi 钢	渗碳+淬火钢+低温回火	齿面：58～63 HRC

陶瓷脆性大，不能承受冲击，不宜用来制造齿轮。常用齿轮的材料有：

（1）锻钢：主要为调质钢和渗碳钢，是齿轮制造中应用最广泛的一类材料；

（2）铸钢（如 ZG270-500、ZG310-570）：主要用来制造尺寸较大、形状较复杂的齿轮；

（3）铸铁：主要用来制造轻载、低速、不受冲击和较难进行润滑的齿轮；

（4）铜合金：主要用来制造仪器、仪表中要求有一定耐蚀性的轻载齿轮（即主要用于传递运动）；

（5）非金属材料（如塑料、尼龙、聚碳酸酯等），用来制造受力不大、润滑条件较差和一定耐蚀性要求的小型齿轮。

3. 典型齿轮的选材

（1）机床齿轮。图 12-3 所示为 C6132 车床传动齿轮，其工作时受力不大，转速中等，工作较平稳，无强烈冲击，强度和韧性度要求均不高，一般用中碳钢（如 45 钢）制造。经调质处理后心部有足够的强韧性，能承受较大的弯曲应力和冲击载荷。表面采用高频淬火强化，一方面提高了耐磨性，硬度可达 52 HRC 左右；另一方面在表面造成一定压应力，也提高了抗疲劳破坏的能力。它的工艺路线为：下料→锻造→正火→粗加工→调质→精加工→高频淬火、低温回火→精磨。

（2）汽车齿轮。图 12-4 所示为 JN-150 汽车变速齿轮，其工作条件比机床齿轮差，主传动系统中的齿轮尤其差。它们承受较大的力和较频繁的冲击，因此对材料要求较高。由于弯曲与接触应力都很大，重要齿轮都需渗碳、淬火、低温回火处理，以提高耐磨性和疲劳抗力。为保证心部有足够的强韧性，材料的溶透性要求较高，心部硬度应在 35 ~ 45 HRC。另外，汽车生产特点是批量大，因此在选用钢材时，在满足力学性能的前提下，对工艺性能必须予以足够的重视。

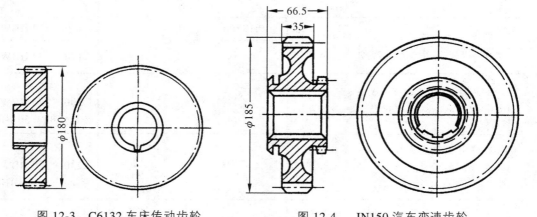

图 12-3   C6132 车床传动齿轮   图 12-4   JN150 汽车变速齿轮

20 CrMnTi 钢在渗碳、淬火、低温回火后，具有较好的力学性能，表面硬度可达 58 ~ 62 HRC，心部硬度达 30 ~ 45 HRC。正火态切削加工工艺性和热处理工艺性均较好。为进一步提高齿轮的耐用性，渗碳、淬火、回火后，还可再应用喷丸处理，以增大表面压应力。渗碳齿轮的工艺路线为：下料→锻造→正火→切削加工→渗碳、火及低温回火→喷丸→磨削加工。

12.2.2　轴类零件的选材及热处理

在机床、汽车、拖拉机等制造工业中，轴类零件是另一类重要的结构件轴类零件的主要作用是支承传动零件并传递运动和动力，它们在工作时受多种应力的作用，因此，材料应有较高的综合力学性能。局部承受摩擦的部位如车床主轴的花键、曲轴轴颈等处，要求有一定的硬度，以提高其耐磨性能。

对于要求以综合力学性能为主的结构零件的选材，还需根据其应力状态和负荷种类考虑材料的淬透性和抗疲劳性能。实践证明：受交变应力的轴类零件、连杆螺栓等结构件，其损坏多数是由疲劳裂纹引起的。

下面以车床主轴、汽车半轴、内燃机曲轴等典型零件为例进行分析。

1．机床主轴

（1）选材应考虑的问题　在选用机床主轴的材料和热处理工艺时，必须考虑以下几点：

①　受力的大小。不同类型的机床，工作条件有很大差别，如高速机床和精密机床主轴的工作条件与重型机床主轴的工作条件相比，无论弯曲还是扭转疲劳特性差别都很大。

②　轴承类型。如在滑动轴承上工作时，轴颈需要有高的耐磨性。

③　主轴的形状及其可能引起的热处理缺陷。结构形状复杂的主轴在热处理时易变形甚至开裂，因此在选材上应给予重视。

（2）机床主轴的工作条件和性能要求　C6140 车床主轴如图 12-5 所示。该主轴的工作条件如下：

①　承受交变的弯曲应力与扭转应力，有时受到冲击载荷的作用；

②　主轴大端内锥孔和锥度外圆经常与卡盘、顶针有相对摩擦；

③　花键部分经常有磕碰或相对滑动。

总之，该主轴是在滚动轴承中运转，承受中等负荷，转速中等，有装配精度要求，且受到一定的冲击力作用。

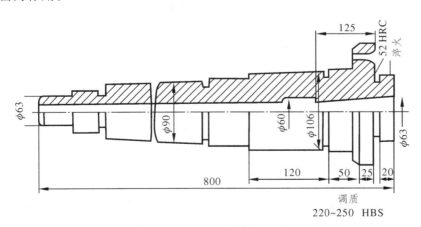

图 12-5　C6140 型车床主轴

热处理技术条件为：整体调质硬度达 200 ~ 230 HBW，内锥孔和外圆锥面处硬度为 45 ~ 50 HRC，花键部分的硬度为 48 ~ 53 HRC。

（3）主轴用钢及热处理　C6140 型车床主轴属于中速、中负荷、在滚动轴承中工作的轴类零件，因此选用 45 钢。整体调质以获得高的综合力学性能和疲劳强度；内锥孔和外圆锥面处采用盐浴局部淬火和回火，以便耐磨和保证装配精度；花键部分高频火、低温回火，以确保强度硬度要求。机床主轴加工工艺路线如下：锻造→正火→粗加工→调质→精加工→表面淬火及低温回火→磨削加工。

若这类机床主轴承受载荷较大，可用 40Cr 钢制造。当承受较大的冲击载荷和疲劳载荷时，则可用合金渗碳钢制造，其热处理工艺也发生相应变化。

2. 汽车半轴

汽车半轴是驱动车轮转动的直接驱动件。中型载重汽车的半轴目前选用 40Cr 钢，而重型载重汽车的半轴则选用性能更高的 40 CrMnMo 钢。

（1）汽车半轴的工作条件和性能要求。图 12-6 所示为某型载质量为 2 500 kg 的汽车的半轴简图，半轴在工作时承受冲击、反复弯曲疲劳和扭转应力的作用，这就要求材料有足够的强度和较好的韧性。

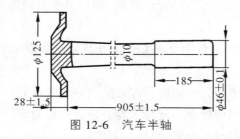

图 12-6　汽车半轴

热处理技术条件：杆部硬度为 37 ~ 44 HRC，盘部外圆硬度为 24 ~ 34 HRC。

（2）材料选用及热处理根据技术条件要求，可选用 40Cr 钢。热处理工艺为：正火，消除锻造应力，改善切削加工性；调质，使半轴具有高的综合力学性能。其工艺路线如下：下料→锻造→正火→切削加工→调质→钻孔→磨削。

3. 内燃机曲轴

（1）工作条件及性能要求。曲轴是内燃机中形状复杂而又重要的零件之一。它在工作时受到内燃机周期性变化着的气体压力、曲柄连杆机构的惯性力（假想力）、扭转和弯曲应力及冲击力等的作用。在高速内燃机中曲轴还受到扭转振动的影响，会造成很大的应力。

因此，对曲轴的性能要求为：高强度，一定的冲击韧度和弯曲、扭转疲劳强度，轴颈处要求有高的硬度和较好的耐磨性。

（2）内燃机曲轴用料的选择。一般以静力强度和冲击韧度作为曲轴的设计指标，并考虑疲劳强度。

内燃机曲轴材料的选择主要取决于内燃机的使用情况、功率大小、转速高低及轴瓦材料等因素。一般选材规律如下：

① 低速内燃机曲轴采用正火状态的碳素钢或球墨铸铁；

② 中速内燃机曲轴采用调质状态的碳素钢或合金钢，如 45、40Cr、45 Mn2、50 Mn2 钢等或球墨铸铁；

③ 高速内燃机曲轴采用高强度合金钢，如 35CrMo、42CrMo、18Cr2Ni4WA 钢等。

12.3 零件毛坯的选择

12.3.1 毛坯的种类

1. 型　材

用各种炼钢炉冶炼成的钢在浇注成钢锭后，除少量用来制造大型锻件外，85% ～ 95% 的铸钢锭通过轧制等压力加工方法制成各种型材。型材具有流线（或纤维）组织，其力学性能具有方向性，即顺着流线方向的抗拉强度高，塑性好，而垂直于流线方向的抗拉强度低，塑性差，但抗剪强度高。型材是大量生产的产品，可直接从市场上购得，价格便宜，可简化制造工艺和降低制造成本。尽管其尺寸精度与表面质量稍差，在不影响零件性能的情况下，一般还是优先选用型材。

型材的截面形状和尺寸有多种，常见的型材有型钢、钢板、钢管、钢丝、钢带等。

（1）型钢一般采用热轧和冷轧方法生产。一般冷轧产品的尺寸精确，表面质量好，力学性能高，但价格比热轧产品高。

用普通质量钢制成的称为普通型钢，用优质钢或高级优质钢制成的称为优质型钢。型钢的种类有圆钢、方钢、六角钢、等边角钢、不等边角钢、工字钢和槽钢等多种。

（3）钢板的规格以"厚度×宽度×长度"表示。根据钢板的厚薄和表面状况，钢板分为厚钢板、薄钢板、镀锌薄钢板、酸洗薄钢板和花纹钢板等。

厚钢板是指厚度为 4.5 ～ 60 mm 的钢板。习惯上常将厚度不大于 20 mm 的钢板称为中板，厚度为 20 ～ 60 mm 的钢板称为厚板。厚钢板一般用热轧方法生产，薄钢板有厚度为 0.35 ～ 4.0 m 的热轧薄钢板和厚度为 0.2 ～ 4.0 mm 的冷轧薄钢板。薄钢板表面经过镀锌或酸洗后称为镀锌薄钢板或酸洗薄钢板。镀锌薄钢板有较好的耐腐蚀能力，酸洗薄钢板有较好的表面质量。这两种薄钢板的厚度为 0.25 ～ 2 mm。

花纹钢板由于表面呈菱形或扁豆形的凸棱，有较好的防滑能力，可用来制造扶梯、踏脚板、平台、船舶甲板等。

（4）钢带。钢带（又称带钢）是厚度较薄、宽度较窄、长度很长的钢板。一般成卷供应，其规格以"厚度×宽度"表示。

热轧普通钢带的厚度为 2 ～ 6 mm，宽度为 50 ～ 300 mm；冷轧普通钢带的厚度为 0.05 ～ 3 mm、宽度为 5 ～ 200 mm。低碳钢冷轧钢带的厚度为 0.05 ～ 3.60 mm，宽度为 4 ～ 300 mm。

优质碳素结构钢、弹簧钢、工具钢和不锈钢也可通过冷轧制成钢带。

（4）钢管。钢管分为无缝钢管和焊接钢管两类；按截面形状可分为圆管、异形管（如矩形、椭圆形、半圆形、六角形等）和变截面管（如阶梯形、锥形、周期截面管等），常用圆形管。

（5）钢丝圆钢丝一般是圆盘料拉制而成，其规格用直径（mm）表示。实际工作中也常用线号表示规格，线号越大，线径越细。圆钢丝的直径在 0.16 ～ 8 mm 范围的低碳钢丝俗称"铁丝"，一般为普通质量钢。低碳钢丝有一般用途的低碳钢丝、镀锌低碳钢丝和架空通信用镀锌低碳钢丝。除此之外，还有优质碳素结构钢丝、弹簧钢丝、冷顶锻用钢丝、不锈钢丝和焊条钢丝等。

2. 铸　件

用铸造方法获得的零件或毛坯称为铸件。几乎所有的金属材料都可进行铸造，其中铸铁应用最广，而且铸铁件也只能用铸造的方法来生产。常用于铸造的碳钢为低、中碳钢。铸造既可生产几克到二百余吨的铸件，也可生产形状简单到复杂的各种铸件，特别是内腔复杂的毛坯常用铸造方法生产，铸件形状和尺寸与零件较接近，可节省金属材料和切削加工工时，一些特种铸造方法成为少、无切削加工的重要方法之一。同时，铸造所用的设备简单，原材料来源广泛，价格低廉。因此，在一般情况下铸造的生产成本较低，是优先选用的方法。

但是铸件的组织较粗大，内部易产生气孔、缩松、偏析等缺陷，这些都使铸件的力学性能比相同材料的锻件低，特别是冲击韧性差，所以一些重要零件和承受冲击载荷的零件不宜用铸件作零件的毛坯。可是，随着科学技术的不断发展，一些传统毛坯（如曲轴、连杆、齿轮等）也逐渐被球铸铁件等所取代。

3. 锻　件

锻件是固态金属材料在外力作用下通过塑性变形而获得的。由于塑性变形，锻件内部的组织较致密，没有铸造组织中的缺陷，所以锻件比相同材料铸件的力学性能高，尤其是塑性变形后型材中纤维组织重新分布，符合零件受力的要求，更能发挥材料的潜力。锻件常用于强度高、耐冲击、抗疲劳等重要零件的毛坯。与铸造相比，锻造方法难以获得形状较复杂（特别内腔）的毛坯，且锻件成本一般比铸件要高，金属材料的利用率也较低。

自由锻造适用于单件、小批生产，形状简单的大型零件的毛坯。其缺点是精度不高、表面不光整、加工余量大、消耗金属多。模锻件的形状可比自由锻件复杂，且尺寸准确，表面较光整、可减少切削加工成本，但模锻锤和锻模价格高，所以模锻适用于中小型件的成批、大量生产。

4. 冲压件

冲压可制造形状复杂的薄壁零件，冲压件的表面质量好，形状和尺寸精度高（取决于冲模质量），一般可满足互换性的要求，故一般不必再经切削加工便可直接使用。冲压生产易于实现机械化与自动化，所以生产率较高，产品的合格率和材料利用率高，故冲压件的制造成本低。但冲压件只适合大量生产，因为模具制造的工艺复杂、成本高、周期较长，只有在大量生产中才能显示其优越性。

5. 焊接件

焊接件是借助于金属原子间的扩散和结合的作用，把分离的金属制成永久性的结构件。

焊接件的尺寸、形状一般不受限制，可以小拼大，结构轻便，材料利用率高，生产周期短，主要用来制造各种金属结构件，也用来制造零件的毛坯和修复零件，特别适合用来制造单件、大型、形状复杂的零件或毛坯，不需要重型与专用设备，产品改型方便。焊接件接头的力学性能与母材接近，可以采用钢板或型钢焊接，或采用铸-焊、锻-焊或冲-焊联合工艺制成。但是焊接过程是一个不均匀加热和冷却的过程，焊接构件内易产生内应力和变形，接头的热影响区力学性能有所下降。

12.3.2　毛坯选择的基本原则

在选择毛坯种类时，应在保证零件的使用要求前提下，力求毛坯的质量好、成本低和制造周期短，即应遵循适用性原则和经济性原则。

1. 适用性原则

适用性原则就是满足零件的使用要求。零件的使用要求体现在其形状、尺寸、加工精度、表面粗糙度等外部质量上，也体现在其化学成分、金属组织、力学性能、物理性能和化学性能等内部质量上。即使同一类零件，由于使用要求不同，从选择材料到选择毛坯类型和加工方法，也可以完全不同。例如，机床的主轴和手柄都是轴类零件，但主轴是机床的关键零件，尺寸、形状和加工精度要求很高，受力复杂，在长期使用过程中只允许发生很微小的变形，因此，要选用 45 钢或 40Cr 钢等具有良好综合力学性能的材料，经过锻造制坯及严格的切削加工和热处理制成。而机床手柄则采用低碳钢圆棒料或普通灰铸铁件为毛坯，经简单的切削加工即可完成，不需要热处理。再如，燃气轮机上的叶片和风扇叶片，虽然同是具有空间几何曲面形状的叶片，但前者要求采用优质合金钢，经过精密锻造和严格的切削加工及热处理，并且需要经过严格的检验，其尺寸的微小偏差都会影响工作效率，而某些内部缺陷则可能造成严重的后果；而一般的风扇叶片，采用低碳钢薄板冲压成型就基本可行。

2. 经济性原则

一个零件的制造成本包括其本身的材料费，以及所消耗的燃料、动力费用、工资和工资附加费、各项折旧费、其他辅助性费用等分摊到该零件上的份额。因此，在选择毛坯的类型及其具体的制造方法时，应在满足零件使用要求的前提下，把几个可供选择的方案从经济上进行分析比较，从中选择成本低廉的。这里，首先要把满足使用要求和降低制造成本统一起来。脱离使用要求，对零件材质和加工质量提出过高的要求，会造成无谓的浪费，相反，一台含有不合格零件的机器，虽然制造成本有所降低，但其后果是或者达不到原设计的工作要求，或者大大缩短使用寿命，甚至造成严重的生产事故，这是不允许的。考虑经济性，不能只从选材和选择毛坯成形方法的角度考虑，而应从降低整体的生产成本考虑。例如，手工造型的铸件和自由锻件，毛坯的制造费用一般较低，但原材料消耗和切削加工费用都比机器造型的铸件和模锻的锻件高，零件的整体生产成本不一定低。此外，某些单件、小批生产的零件，采用焊接件代替铸件或锻件，有时可能使成本降低。

3. 毛坯选择时应考虑的其他因素

（1）材料的工艺性对毛坯选择的影响。由于材料加工工艺性不同，毛坯的成型方法也各异。如铸铁、铸造铝合金、铸造铜合金等铸造性能好的材料，一般只适合用铸造方法生产毛坯（铸件）；用塑性成形方法（锻造、冲压）生产毛坯，就要求材料具有良好的塑性。又如选用焊接生产毛坯时，一般要用低碳钢或低碳合金钢作为零件的材料，因其含碳量低、合金元素少，材料的焊接性较好。

（2）零件的结构、形状与尺寸大小对毛坯生产方法选择的影响。毛坯的结构特征，如形状的复杂程度、体积和尺寸大小、壁和壁间的连接形式、壁的厚薄等都影响毛坯生产方法的选择。铸造生产的毛坯形状可较复杂（特别是内腔形状复杂和壁厚较薄的箱体），焊接也可拼焊出形状复杂的坯件，其质量较铸件好，重量较铸件轻，但批量较大时生产率低。锻压方法一般只能生产形状较简单的毛坯，若生产形状复杂的零件，经锻件毛坯简化后，机械加工的余量将增多，这不仅会增加机械加工的工作量，还会浪费很多材料。

（3）零件性能的可靠性对毛坯选择的影响。铸件内易形成各种缺陷，如晶粒粗大（特别在大截面处）、缩孔、缩松、气孔、偏析和夹杂等，废品率也较高，铸件的力学性能，特别是冲击韧性不如同样材料的锻件，故一般受动载荷的零件，不宜采用铸件作毛坯。对强度、冲击韧性、疲劳强度等要求高的重要零件，大多用锻件作毛坯。由于焊接结构件主要采用轧制型材焊接而成，故焊接件的性能也较好。

（4）零件生产的批量对毛坯选择的影响。一般当零件的产量较大时，宜采用高精度和高生产率的毛坯制造方法；如冲压、模锻、压力铸造、金属型铸造等，以减少切削加工量，节省金属材料，降低生产成本。相反，在零件批量较小时，宜采用砂型铸造和自由锻等方法生产毛坯。有些单件产品，特别是形状复杂、尺寸较大的零件（如箱体、支架等），用焊接方法生产周期短，成本低。

12.3.3 选择毛坯的依据

1. 零件的类别、用途和工作条件及其形状、尺寸和设计技术要求

根据零件的类别、用途和工作条件及其形状、尺寸和设计技术要求，就可以知道是什么样的零件，在什么条件下工作，对其外部和内部的质量有哪些要求，就可基本确定选用什么材料和何种类型的毛坯。其中工作条件是指零件工作时的运动、受力情况、工作温度和接触的介质等。例如，汽车的曲轴，它是具有空间弯曲轴线的形状复杂的轴类零件，在常温下工作，承受交变的弯曲和冲击载荷，应具有良好的综合力学性能。参照已有的生产经验和资料，这类零件选用 40、45 等中碳钢或 40Cr、35CrMo 等中碳低合金高强钢的锻钢毛坯或 QT600-2、QT700-2 等牌号的球墨铸铁毛坯。再如机床床身，它是机床的主体，要支承和连接机床的各个部件，本身是非运动的零件，以承受压应力和弯曲应力为主，同时，为保证工作的稳定性，它还应有较好的刚度和减振性。机床床身一般都是形状复杂并带有内腔的零件，在大多数情况下，应选用 HT150 或 HT200 铸件为毛坯。少数重型机械，如轧钢机、大型锻压机械的机身，可选用中碳钢件或合金铸钢件，个别特大型的机械还可采用铸-焊联合结构。

2．零件的生产批量

生产批量对选定毛坯的制造方法影响很大。一般的规律是：单件、小批生产时，铸件选用手工砂型铸造方法，锻件采用自由锻或胎模锻方法，焊接件则以手工或半自动的焊接方法为主，薄板件则采用钣金钳工成型的方法；批量生产时，铸件、锻件、焊接件、薄板件则分别采用机器造型，模锻，埋弧自动焊或自动、半自动的气体保护焊，板料冲压的方法。

在一定的条件下，生产批量也可影响毛坯的类型。如机床床身，一般情况下都采用铸件为毛坯。但在单件生产的条件下，由于其形状复杂，造型、制芯等工作耗费材料和工时很多，经济上往往并不合算。若采用焊接件，则可能大大降低生产成本，缩短生产周期，但焊接件的减振、耐磨性均不如铸铁件。

3．生产条件

制定生产方案必须与有关企业部门的具体生产条件相结合，才能兼顾适用性和经济性的原则，保证生产方案合理和切实可行。生产条件是指一个特定的企业部门（如一个工厂）的设备条件、工程技术人员与工人的数量、技术水平及管理水平等。在一般的情况下，应充分利用本企业的现有条件完成生产任务。

当生产条件不能满足产品生产的要求时，可选择的几种方案：

（1）在本厂现有的条件下，适当改变毛坯的生产方式或对设备条件进行适当的技术改造，以采用合理的生产方式。

（2）扩建厂房，更新设备，虽提高了企业的生产能力和技术水平，但往往需要较多的投资。

（3）与厂外进行协作。究竟采取何种方式，需要结合生产任务的要求、产品的市场需求状况及远景、本企业的发展规划和外企业的协作条件等，进行综合的技术经济分析，从中选定经济合理的方案。

12.4　典型零件毛坯的选择

1．轴杆类零件

轴杆类零件一般是指其长度大于直径的回转体零件。轴的主要作用是支承传动零件（如齿轮、带轮、凸轮等），传递运动和动力。按其结构形状可分为光滑轴、阶梯轴、空心轴、曲轴和杆件等；按承载不同可分为转轴（承受弯矩和扭矩，如机床主轴）、传动轴（承受转矩，如车床的光杠）、心轴（主要承受弯矩，如自行车和汽车的前轴）等。轴杆类零件除承受上述载荷外，还要承受冲击和摩擦的作用。因此，轴杆类零件需要具有优良的综合力学性能、抗疲劳性能和耐磨性等。

属于这类零件的有各种传动轴、机床主轴、丝杠、光杠、曲轴、偏心轴、凸轮轴、齿轮轴、连杆拨叉、锤杆、摇臂，以及螺栓、销子等，如图 12-7 所示。

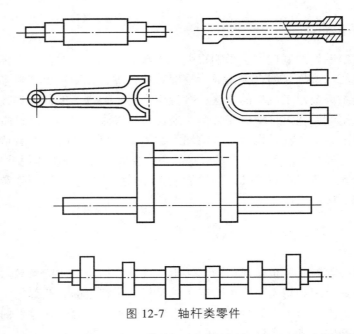

图 12-7　轴杆类零件

　　轴杆类零件的毛坯，常选用圆钢和锻件。光滑轴的毛坯一般选用圆钢；阶梯轴的毛坯应根据阶梯直径之比，选用圆钢或锻件；当零件的力学性能要求较高时，常选用锻件作毛坯，对于中、低速内燃机和柴油机的曲轴、连杆、凸轮轴等零件，可选用高强度的球铸铁、合金铸铁等材料的铸件作毛坯，以降低制造成本。单件、小批生产的轴用自由锻件作毛坯；成批生产的中小型轴常选用模锻件为毛坯对于大型复杂的轴类件，可选用锻焊结构件或焊接结构件作毛坯。例如，图 12-8 所示为焊接件汽车排气阀，合金耐热钢的阀帽与普通碳素钢的阀杆接成一体，节约了合金耐热钢材料。图 12-9 所示为我国 20 世 60 年代初期制造 12 000 N 水压机立柱采用的结构。该立柱每根的质量为 80 t，在当时的生产技术条件下，只能采用整体铸造或锻造均不可能，只能采用铸钢 ZG270-500 分段铸造，粗加工后拼焊（电渣焊）成整体毛坯。

图 12-8　焊接的汽车气阀

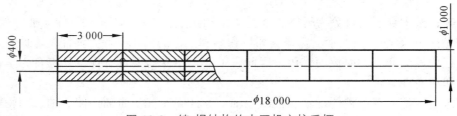

图 12-9　铸-焊结构的水压机立柱毛坯

2. 盘套类零件

盘套类零件一般是轴向尺寸小于径向尺寸，或者两个方向尺寸相差不大，此类零件的有齿轮、飞轮、带轮、法兰、联轴器、手轮、刀架等。这些零件在机械设备中的作用、要求和工作条件差异很大，且零件用材不同，故毛坯的生产方法也各异。

带轮、飞轮、手轮、垫块等一类受力不大（且主要承受压力），结构复杂的零件，常选用灰铸铁制造，故用铸造方法生产的铸铁件作为毛坯；单件大型零件也可用低碳钢焊接而成。对于法兰、套环、垫圈等零件，根据受力大小、形状和尺寸，可选用铸铁、钢、非铁合金等制造，分别用铸件、锻件或型材下料后作毛坯。

齿轮是典型的轮盘类零件，其材料的选用前面已分析过。齿轮毛坯的选择根据其受力的性质与大小、材料种类、结构形状、尺寸大小、生产批量等不同而应有所不同。一般中小型传力齿轮常用锻件为毛坯；当生产批量较大时用热轧或精密模锻件作毛坯，以提高性能、减少切削加工量；直径较小的齿轮可直接用圆钢作毛坯；结构复杂尺寸较大的齿轮可采用铸钢件或球墨铸铁件；单件大型齿轮可用焊接件作毛坯；尺寸较小、厚度薄、产量大的传动齿轮可用冲压方法直接生产零件；对一般非传力的低速齿轮，可用灰铸铁件作毛坯。

3. 箱体类零件

箱体类零件一般结构较复杂，具有不规则的外形与内腔，壁厚不均匀，如各种设备的机身、机座、机架、工作台、齿轮箱、轴承座、泵体等。其工作条件差异较大，但一般以承受压应力为主，并要求有较好的刚性和减振性，且同时受压、弯和冲击作用；对工作台和导轨等要求有较高的耐磨性。

由于箱体形状比较复杂等特点，一般选用铸造毛坯成型，根据力学性能要求常用灰口铸铁、球墨铸铁、铸钢等。工作平稳的用 HT150、HT200、HT250 等；受力较小，要求导热良好、质量小的箱体可用铸造铝合金；受力较大的箱体可考虑铸钢；单件生产时可用低碳钢焊接而成。箱体加工前一般要进行时效处理，目的是消除毛坯的内应力。

灰铸铁工艺性能好，可用来制造形状复杂的毛坯。单件、小批生产的箱体类零件则可用焊接件。为减小箱体类零件质量，可选用铝合金件（如航空发动机箱体等），尺寸较大的支架，可采用铸-焊或锻-焊组合件作毛坯。

【知识广场】

材料与热加工的发展

1. 新材料的发展方向

根据材料科学技术本身的发展情况，以及高技术对新材料的需求与促进，将高技术新材料的发展方向概括如下：

（1）高性能化：即从强度、塑性、韧性等方面发展，提高结构材料的力学性能。

（2）高功能化：利用材料所具有的特殊的热、声、光、电、磁、辐射等物理性能而得以使用并发展的材料称为功能材料。它在电子信息技术、能源技术、空间技术、海洋工程、生物工程等领域有着广泛的用途。目前新材料的研究重点已由结构材料转向功能材料，功能材料也由单一功能转向多种功能。

（3）仿生化：通过研究自然界中生物体的物质结构及其特有的功能，学到一种制造新材料的思路和途径，并在某些材料的设计和制造中加以模仿。

（4）智能化：材料科学与信息科学紧密结合产生了智能材料，它是一种模仿生命系统，同时具有感知和激励双重功能的材料，即能对外界环境变化因素产生感知，自动作出适时、灵敏和恰当的响应，并具有自我诊断、自我调节、自我修复和预报寿命等功能。

（5）轻量化：随着科学技术的发展，要求产品的重量越轻越好，同时，节能工作也要求产品轻量化。研究和采用高比强度、高比刚度的轻合金、工程塑料、陶瓷材料和各种先进的复合材料来代替常用的钢铁结构材料，是一个重要的发展趋势。

（6）复合化：单一的金属材料、无机非金属材料、有机高分子材料都存在着各自固有的缺点和局限性，难以满足当代高技术中综合性能的要求。现代材料科学的发展，促进了这三大类材料之间日趋密切的结合，使得单一材料纵向发展的传统局面被材料复合的横向发展所取代。

（7）低维化：低维材料是指超细粉（零维）、纤维（一维）、薄膜（二维）等新材料。它们与一般常用的固体块状（三维）材料不同，由于存在着尺寸效应和量子效应，从而导致电学、磁学和光学性质的奇异变化。超细粉的粒度一般在 100 nm 以下，因其颗粒小、表面积增大、表面能增加、化学活性强、吸附性好，在电、磁、光、热等方面具有许多优异的特性，可用作高效催化剂、助焊剂、烧结助剂、磁记录材料、高灵敏度的传感器和隐形材料等。一维材料主要有光导纤维、碳纤维、硼纤维、氧化铝纤维、碳化硅纤维和各种晶须等。薄膜是一种厚度从几纳米到几十微米的特殊形态的材料，具有一些独特的功能，有利于实现薄型化、轻量化和集成化。

（8）极限化：是指某一项技术的发展已大幅度超越常规或现有的技术水平，或是日益趋近自然界的各种意义上的最高限度。在极限条件下，物质结构往往会发生巨大变化而出现新的性能。未来高温超导材料的应用，将使电子计算机的运算速度更快、体积更小、成本更低、功能更新、应用更广。

（9）设计化：随着材料研究逐步由经验性的认识提高到科学规律性的认识，由宏观现象的观测深入到微观本质上的探讨，人们掌握了材料的组成、结构、工艺与性能之间的变化规律，已有可能利用原子、分子结构理论来预测材料的性能，并从被动选择材料到主动优化设计新材料。

（10）综合化：材料科学技术发展到今天，不仅继续向微观领域深入，而且向着宏观、交叉和综合化的方向发展，综合性越来越强。

2. 材料热加工工艺模拟

目前，金属材料仍是应用范围最为广泛的机械工程材料，材料热加工（包括铸造、锻压、焊接、热处理等）是机械制造业重要的加工工序，也是材料与制造两大行业的交叉和接口技术。材料经热加工才能成为零件或毛坯，它不仅使材料获得一定的形状、尺寸，更重要的是赋予材料最终的成分、组织与性能。由于热加工兼有成型和改性两个功能，因而与冷加工及系统的材料制备相比，其过程质量控制具有更大的难度。因此，对材料热加工过程进行工艺模拟进而优化工艺设计，就成为更为迫切的需求。近20多年来，材料热加工工艺模拟技术得到迅猛发展，成为该领域最为活跃的研究热点及技术前沿。

【学习小结】

1. 零件选材的步骤

工作条件分析→失效形式→主要性能指标→材料的组→初步选材及热处理→分析备选材料的工艺性和经济性→确定材料。

（1）工作条件包括受力状况、环境状况、特殊功能等。

（2）失效形式主要分为变形失效、断裂失效、磨损失效和腐蚀失效。

（3）主要性能指标一定要找准。

（4）材料的组织决定性能，达到性能要求的组织可能不止一种，要分析比较。

（5）根据组织确定合理的材料牌号及热处理方法，最好多考虑几个方案。

（6）比较铸、锻、焊、热处理等工艺性，考虑材料费、加工费等，综合选出合理的零件材料。

2. 零件毛坯的选择

零件的毛坯分析→毛坯初选←→可行性分析→确定毛坯。

（1）零件的毛坯分析包括分析零件的性能要求、形状尺寸精度、材料、数量等。

（2）毛坯初选可以考虑满足零件要求的各类毛坯。

（3）可行性分析要结合企业的现状和社会需求，进行综合分析。

本项目学习以典型零件材料与毛坯的选择为突破口，力求掌握教材的核心内容。

【综合能力训练】

一、填空题

1. 零件选材的一般原则是在满足＿＿＿＿＿＿的前提下，再考虑＿＿＿＿＿＿、＿＿＿＿＿＿。

2. 零件的工作条件分析应从＿＿＿＿＿、＿＿＿＿＿、＿＿＿＿＿等几方面分析。

3. 零件的变形失效包括＿＿＿＿＿、＿＿＿＿＿、＿＿＿＿＿等。

4. 零件常用的毛坯包括＿＿＿＿＿、＿＿＿＿＿、＿＿＿＿＿等。

5. 零件毛坯选择的依据包括＿＿＿＿＿、＿＿＿＿＿、＿＿＿＿＿、＿＿＿＿＿等。

二、热处理应用

1. 某齿轮要求具有良好的综合力学性能，表面硬度为 50~55 HRC，选择 45 钢制造。加工工艺路线为：下料→锻造→热处理→机械粗加工→热处理→机械精加工→热处理→精磨。试说明工艺路线中各热处理工序的名称、目的。

2. 拟用 T12 钢制成锉刀，其工艺路线如下：锻打→热处理→机械加工→热处理→精加工。试写出各热处理工序的名称，并制定最终热处理工艺。

三、分析题

指出下列工件在选材与热处理技术中的错误，说明理由，并提出改正意见。

1. 用 45 钢制作表面耐磨的凸轮，淬火、回火要求 60~63 HRC。

2. 用 40Cr 制作直径为 30 mm、要求良好综合力学性能的传动轴，采用调质要求 40~45 HRC。

3. 用 45 钢制作直径为 15 mm 的弹簧丝，淬火、回火要求 55~60 HRC。

4. 制造转速低、表面耐磨性及心部强度要求不高的齿轮选用 45 钢，渗碳淬火要求 58~62 HRC。

5. 选用 9SiCr 制造 M10 板牙，热处理技术条件为淬火、回火要求 50~55 HRC。

6. 选用 T12 钢制作钳工用的凿子，淬火、回火要求 60~62 HRC。

7. 一根直径为 100 mm、心部强度要求较高的传动轴，选用 45 钢，采用调质要求 220~250 HBS。

8. 大批量生产直径为 5 mm 的塞规，以检验零件的内孔，选用 T7 钢，淬火、回火要求 60~64 HRC。

四、综合练习

1. 大型矿山载重汽车变速箱齿轮，传递功率大，受到大的冲击、极大的摩擦，对齿轮的要求为：心部应有很高的冲击韧性及强度，齿轮表面应有高的硬度、耐磨性和疲劳强度。其材料为合金钢 20CrMnTi。试选择毛坯类型并安排工艺路线，说明热处理工序的作用。

2. 某轴类零件承受较大的冲击力、变动载荷，其失效形式主要是：过量变形与疲劳断裂，要求材料具有高的强度与疲劳强度、较好的塑性与韧性，即要求较好的综合力学性能，轴上有一部位应耐磨、耐疲劳。试选择材料及毛坯并安排热处理工序位置。

3. 制造一件齿轮减速器箱体，试选择材料及毛坯。如果成批生产减速箱，这时你又如何考虑材料与毛坯？

4. 确定下列工具的材料及最终热处理：
（1）M6 手用丝锥；（2）中径为 10 mm 的麻花钻头。

5. 切削工具中的铣刀、钻头，由于需重磨刃口并保证高硬度，因而要求淬透层深；而板牙、丝锥一般不需要重磨刃口，但要防止螺距变形，所以要求淬透层浅。试问在选材和热处理方法上如何予以保证？

五、思考题

1. 机械零件有哪些失效形式？失效的基本原因有哪些？它们要求材料的主要性能指标分别是什么？

2. 选材应遵循哪些原则？分析说明如何根据机械零件的服役条件选择零件用钢的碳质量分数及组织状态。

3. 简述钢件的材料与热处理选用方法。

4. 坐标镗床主轴要求表面硬度 900 HV 以上，其余硬度为 28～32 HRC，且精度极高，试选择材料与热处理工艺。

5. 简述钢件最终热处理工序位置的安排。

6. 零件毛坯选择有哪些基本原则？零件毛坯选择的依据有哪些？

7. 按形状特征和用途不同，常用机械零件有哪些主要类型？简述各类零件常用毛坯类型及生产方法。

8. 汽车、拖拉机变速箱齿轮常用渗碳钢来制造，而机床变速箱齿轮又多采用调质钢制造，原因是什么？

9. 某工厂用 T10 钢制造的钻头对一批铸件进行钻 ϕ10 mm 深孔加工，在正常切削条件下，钻几个孔后钻头很快磨损。据检验钻头材料、热处理工艺、金相组织及硬度均合格。试问：失效原因和解决办法有哪些？

10. 生产中某些机器零件常选用工具钢制造。试举说明哪些机器零件可选用工具钢制造，并可得到满意的效果，分析其原因。

参考文献

[1] 罗军明，谢世坤，杜大明. 工程材料及热处理[M]. 北京：航空工业出版社，2018.

[2] 王贵斗. 金属材料与热处理[M]. 北京：机械工业出版社，2011.

[3] 王学武. 金属材料与热处理[M]. 北京：机械工业出版社，2016.

[4] 程晓宇. 工程材料与热加工技术[M]. 西安：西安电子科技大学出版社，2006.

[5] 吴元徽. 热处理工[M]. 北京：机械工业出版社，2011.

[6] 齐宝森，张琳，刘西华. 新型金属材料——性能与应用[M]. 北京：化学工业出版社，2015.

[7] 柴增田. 金属工艺学[M]. 北京大学出版社，2009.

[8] 骆莉，陈仪先，王晓琴. 工程材料及机械制造基础[M]. 武汉：华中科技大学出版社，2012.

[9] 徐自立，陈慧敏，吴修德. 工程材料[M]. 武汉：华中科技大学出版社，2012.

[10] 于永泗，齐民. 机械工程材料[M]. 9 版. 大连：大连理工大学出版社，2012.

[11] 王俊勃，屈虎，贺辛亥. 工程材料及应用[M]. 2 版. 北京：电子工业出版社，2016.

[12] 王毅坚，索忠源. 金属学及热处理[M]. 北京：化学工业出版社，2014.

[13] 堵永国. 工程材料学[M]. 北京：高等教育出版社，2015

[14] 刘宗昌，冯佃臣. 热处理工艺学[M]. 北京：冶金工业出版社，2015.

[15] 史文. 金属材料及热处理[M]. 2 版. 上海：上海科学技术出版社，2011.

[16] 高聿为，刘永. 金属学与热处理实验教程[M]. 北京：北京大学出版社，2013.

[17] 朱上秀，王世辉. 机械制造基础[M]. 广州. 华南理工大学出版社，2006.

[18] 潘金生，全健民，田民波. 材料科学基础[M]. 修订版. 北京：清华大学出版社，2011.

[19] 刘智恩. 材料科学基础[M]. 4 版. 西安：西北工业大学出版社，2013.

[20] 艾云龙，刘长虹，罗军明. 工程材料及成形技术[M]. 北京：机械工业出版社，2016.

[21] 胡风期，于艳丽. 工程材料及热处理[M]. 2 版. 北京：北京理工大学出版社，2012.

[22] 王周让. 航空工程材料[M]. 北京：北京航空航天学出版社，2010.

[23] 崔忠圻，覃耀春. 金属学与热处理[M]. 2 版. 北京：机械工业出版社，2011.

[24] 崔振铎，刘华山. 金属材料及热处理[M]. 长沙：中南大学出版社，2010.

[25] 朱张校，姚可夫. 工程材料[M]. 5 版. 北京：清华大学出版社，2011.

[26] 黄维刚，薛冬峰. 材料结构与性能[M]. 上海：华东理工大学出版社，2010.

[27] 马行驰. 工程材料[M]. 西安：西安电子科技大学出版社，2015.

[28] 吕广庶，张远明. 工程材料及成形技术基础[M]. 2 版. 北京：高等教育出版社，2011.

[29] 北京航空材料研究院. 航空材料技术[M]. 北京：航空工业出版社，2013.

[30] 李清. 工程材料及机械制造基础[M]. 武汉：华中科技大学出版社，2016.

[31] 贾泽春，徐向棋，姚建峰. 机械工程材料与热处理[M]. 北京：兵器工业出版社，2016.

[32] 约翰·坎贝尔. 铸造原理[M]. 李殿中，李依依，译. 北京：科学出版社，2011.

[33] 张卫. 热处理实训[M]. 北京：机械工业出版社，2010.

[34] 罗继相，王志海. 金属工艺学[M]. 2 版. 武汉：武汉理工大学出版社，2010.

[35] 李书田. 金属材料与热处理[M]. 2 版. 武汉：武汉理工大学出版社，2010.

附　表

附表A　毛坯铸件典型的机械加工余量

方法	要求的机械加工余量								
	铸件材料								
	钢	灰铸铁	球墨铸铁	可锻铸铁	钢合金	锌合金	轻金属合金	镍基合金	钴基合金
砂型铸造（手工造型）	G~K	F~H	F~H	F~H	F~H	F~H	F~H	G~K	G~K
砂型铸造（机器造型和壳型）	F~H	E~G	E~G	E~G	E~G	E~G	E~G	F~H	F~H
金属型（重力造型和低压铸造）	—	D~F	D~F	D~F	D~F	D~F	D~F	—	—
压力铸造	—	—	—	—	B~D	B~D	B~D	—	—
熔模铸造	E	E	E	E	E	E	E	E	E

附表B　小批量生产或单件生产的毛坯铸件的公差等级

方法	造型材料	公差等级							
		铸件材料							
		钢	灰铸铁	球墨铸铁	可锻铸铁	钢合金	轻金属合金	镍基合金	钴基合金
砂型铸造手工造型	黏土砂	13~15	13~15	13~15	13~15	13~15	11~13	13~15	13~15
	化学黏结剂砂	12~14	11~13	11~13	11~13	10~12	10~12	12~14	12~14

附表C　与铸件尺寸公差配套使用的铸件的机械加工余量　（单位：mm）

尺寸公差等级	11				12				13				14	15
加工余量等级	E	F	G	H	F	G	H	J	G	H	J	H	J	H	J
基本尺寸	加工余量数值													
~100	3.0 / 2.0	3.5 / 2.5	4.0 / 3.0	4.5 / 3.5	4.0 / 2.5	4.5 / 3.0	5.0 / 3.5	6.0 / 4.0	5.5 / 3.5	6.0 / 4.0	6.5 / 4.5	7.5 / 5.5	7.5 / 5.0	8.5 / 6.0	9.0 / 5.5	10 / 6.5
>100~160	3.5 / 2.5	4.0 / 3.0	4.5 / 3.5	5.5 / 4.5	5.0 / 3.5	5.5 / 4.0	6.5 / 5.0	7.5 / 6.0	6.5 / 4.5	7.0 / 5.5	8.0 / 6.5	9.0 / 6.0	9.0 / 7.0	10 / 7.0	11 / 12	8.0
>160~250	4.5 / 3.5	5.0 / 3.5	6.0 / 4.5	7.0 / 5.5	6.0 / 4.0	7.0 / 5.0	8.0 / 6.0	9.5 / 7.5	7.5 / 6.0	8.5 / 7.0	9.5 / 8.5	11 / 7.5	11 / 9.0	13 / 8.5	13 / 15	10
>250~400	5.0 / 3.5	6.0 / 4.5	7.0 / 5.5	8.5 / 7.0	7.0 / 5.0	8.0 / 6.0	9.5 / 7.5	11 / 9.0	8.5 / 5.5	9.5 / 6.5	11 / 8.0	13 / 10	13 / 9.0	15 / 11	15 / 17	10 / 12
>400~630	5.5 / 4.0	6.5 / 5.0	7.5 / 6.0	9.5 / 8.0	8.0 / 5.5	9.0 / 6.5	11 / 8.5	14 / 11	10 / 6.5	11 / 7.5	13 / 9.5	16 / 12	18 / 11	17 / 13	20 / 14	12
>630~1000	6.5 / 4.5	7.5 / 5.5	9.0 / 7.0	11 / 9.0	9.0 / 6.5	11 / 8.0	13 / 10	16 / 13	12 / 7.5	13 / 9.0	15 / 11	18 / 14	17 / 12	20 / 15	20 / 14	23 / 17

注：表中每栏有两个加工余量数值，上面的数值为一侧为基准，进行单侧加工的加工余量值。下面的数值为进行双侧加工时每侧的加工余量值。

附表 D　黏土砂造型时模样外表面的起模斜度

测量面高度 H/mm	起模斜度 ≤			
	金属模样		塑料模样	
	a	a/mm	a	a/mm
≤10	2°20′	0.4	2°55′	0.6
>10～40	1°10′	0.8	1°25′	1.0
>40～100	0°30′	1.0	0°40′	1.2
>100～160	0°25′	1.2	0°30′	1.4
>160～250	0°20′	1.6	0°25′	1.8
>250～400	0°20′	2.4	0°25′	3.0

附表 E　垂直芯头尺寸参考数值

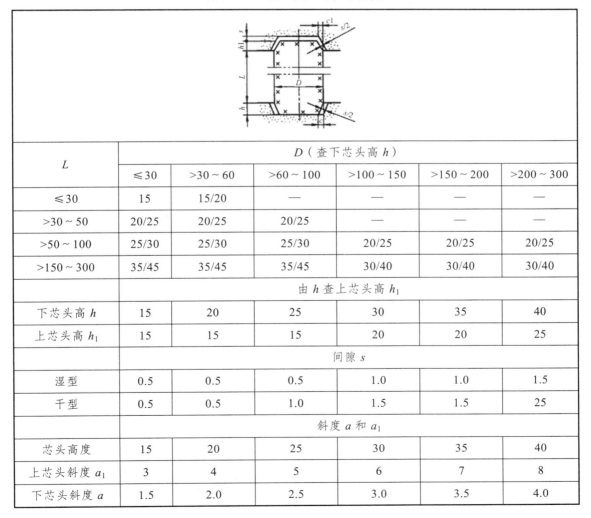

L	D（查下芯头高 h）					
	≤30	>30～60	>60～100	>100～150	>150～200	>200～300
≤30	15	15/20	—	—	—	—
>30～50	20/25	20/25	20/25	—	—	—
>50～100	25/30	25/30	25/30	20/25	20/25	20/25
>150～300	35/45	35/45	35/45	30/40	30/40	30/40
由 h 查上芯头高 h_1						
下芯头高 h	15	20	25	30	35	40
上芯头高 h_1	15	15	15	20	20	25
间隙 s						
湿型	0.5	0.5	0.5	1.0	1.0	1.5
干型	0.5	0.5	1.0	1.5	1.5	25
斜度 a 和 a_1						
芯头高度	15	20	25	30	35	40
上芯头斜度 a_1	3	4	5	6	7	8
下芯头斜度 a	1.5	2.0	2.5	3.0	3.5	4.0